F. Ferri

Diagnostikscout

Diagnostikscout

Laborwerte und Bildgebung

Fred F. Ferri, MD, FACP
Clinical Professor
Brown University Medical School
Providence, Rhode Island

Übersetzt und bearbeitet von
Dr. med. Manuel Abels

ELSEVIER
URBAN & FISCHER

URBAN & FISCHER
München · Jena

Zuschriften und Kritik an:
Elsevier GmbH, Urban & Fischer Verlag, Lektorat Medizinstudium, Karlstraße 45, 80333 München, medizinstudium@elsevier.de

Titel der Originalausgabe: Fred F. Ferri, Ferri's Best Test, A practical Guide to Clinical Laboratory Medicine and Diagnostic Imaging, Elsevier, Mosby, 2004, ISBN 0-323-02453-X

Wichtiger Hinweis für den Benutzer

Die Erkenntnisse in der Medizin unterliegen laufendem Wandel durch Forschung und klinische Erfahrungen. Herausgeber und Autoren dieses Werkes haben große Sorgfalt darauf verwendet, dass die in diesem Werk gemachten therapeutischen Angaben (insbesondere hinsichtlich Indikation, Dosierung und unerwünschten Wirkungen) dem derzeitigen Wissensstand entsprechen. Das entbindet den Nutzer dieses Werkes aber nicht von der Verpflichtung, anhand der Beipackzettel zu verschreibender Präparate zu überprüfen, ob die dort gemachten Angaben von denen in diesem Buch abweichen und seine Verordnung in eigener Verantwortung zu treffen.

Wie allgemein üblich wurden Warenzeichen bzw. Namen (z. B. bei Pharmapräparaten) nicht besonders gekennzeichnet.

Bibliografische Information Der Deutschen Bibliothek

Die Deutsche Bibliothek verzeichnet diese Publikation in der Deutschen Nationalbibliografie; detaillierte bibliografische Daten sind im Internet unter http://dnb.ddb.de abrufbar.

1. Auflage 2006

Der Urban & Fischer Verlag ist ein Imprint der Elsevier GmbH.

06 07 08 09 10 5 4 3 2 1

Um den Textfluss nicht zu stören, wurde bei Patienten und Berufsbezeichnungen die grammatikalisch maskuline Form gewählt. Selbstverständlich sind in diesen Fällen immer Frauen und Männer gemeint.

Planung: Dr. med. D. Hennessen
Lektorat: Verena Pilger
Übersetzung und Bearbeitung: Dr. med. M. Abels
Herstellung: Cornelia Reiter
Satz: Mitterweger & Partner, Plankstadt
Druck und Bindung: Legoprint, Italien
Bearbeitungen der Fotos/Zeichnungen: Stefan Dangl, München
Umschlaggestaltung: SpieszDesign, Neu-Ulm

ISBN-13: 978-3-437-41017-8
ISBN-10: 3-437-41017-2

Aktuelle Informationen finden Sie im Internet unter www.elsevier.com und www.elsevier.de

Vorwort zur englischen Ausgabe

Dieses Buch ist als praktischer und übersichtlicher Ratgeber für die klinische Labormedizin und diagnostische Bildgebung gedacht. Es richtet sich an alle, die täglich mit Labordiagnostik und Bildgebung zu tun haben: Medizinstudenten, Assistenzärzte und medizinisches Personal.

Aufgrund der konstanten technischen Weiterentwicklung werden Mediziner mit einer Vielzahl von sich ständig ändernden Bildgebungsverfahren und Labortests konfrontiert, die Sie im klinischen Alltag bei der Diagnosefindung unterstützen sollen. Überdies verlangt unser Gesundheitssystem von den Ärzten zunehmend ökonomisches und kostenbewusstes Handeln.

Ziel dieses Buchs ist es, beim Anfordern von Tests, seien es Laborwerte oder Bildgebungsverfahren, als praktischer Ratgeber zu fungieren. Damit ist es bisher einzigartig. Dieser Leitfaden ist in drei Hauptteile gegliedert, die nacheinander Bildgebung, Labordiagnostik und Diagnostische Algorithmen behandeln.

Teil I befasst sich mit der allgemein gebräuchlichen Bildgebung. Jedes Verfahren wird nach einem festen Muster vorgestellt: Indikationen, Vorteile, Nachteile, Kommentar und Kostenschätzung.

Teil II deckt mehr als 200 der gängigen Labortests ab. Jeder Laborwert wird nach folgendem Schema dargestellt:

1. Labortest

2. Referenzbereich bei Erwachsenen

3. Häufigste Abweichungen (z.B. positiver Test, erhöhte oder erniedrigte Werte)

4. Mögliche Ursachen für Abweichungen vom Normalwert

Teil III beinhaltet diagnostisches Vorgehen und Methodik (Bildgebung und Labordiagnostik) und Algorithmen zum klinischen Vorgehen bei 222 häufigen Krankheitsbildern und Symptomen.

Ich hoffe, dass dieses Buch mit seinem neuartigen Ansatz eine Hilfe im Labyrinth der Test- und Bildgebungsverfahren sein wird und dem Leser den besten Weg zeigt, um seine klinischen Fähigkeiten optimal zu ergänzen.

Fred F. Ferri, M.D., F.A.C.P.

Abkürzungsverzeichnis

βhCG	Beta-humanes Choriongonadotropin
γGT	Gammaglutamyltransferase
A.	Arteria
AAA	abdominales Aortenaneurysma
ACE	Angiotensin-Converting-Enzyme
ACTH	adrenocorticotropes Hormon
ACVB	Aortokoronare Venen-Bypass-Operation
AK	Antikörper
ALS	amyotrophische Lateralsklerose
ANA	antinukleäre Antikörper
ANCA	antineutrophil cytoplasmic antibodies
AP	alkalische Phosphatase
APLS	Antiphospholipid-Antikörpersyndrom
ARDS	acute respiratory distress syndrome (akutes Lungenversagen)
ARQ	Aldosteron-/Renin-Quotient
ASD	Vorhofseptumdefekt
AVK	arterielle Verschlusskrankheit
BB	Blutbild
BGA	Blutgasanalyse
BKS	Blutkörperchensenkung
BPH	benigne Prostatahyperplasie
BSG	Blutsenkungsgeschwindigkeit; syn. BKS und (engl.) ESR
CA	cancer antigen
cAMP	Cyclo-Adenosinmonophosphat
cANCA	zytoplasmatische ANCA
CCT	kraniales CT
CK	Creatinkinase
Cl	Chlor
CML	chronische myeloische Leukämie
CMV	Cytomegalie-Virus
CO_2	Kohlendioxid
COPD	chronisch-obstruktive Lungenerkrankung
CREST	Calcinosis cutis, Raynaud-Syndrom, ösophageale Motilitätsstörung, Sklerodaktylie, Teleangiektasien
CT	Computertomographie/-tomogramm
CTG	Kardiotokographie
CTM	CT-Myelographie
DHEA	Dehydroepiandrosteron
DHEA-S	Dehydroepiandrosteronsulfat
DIC	disseminierte intravasale Gerinnung
DXA	duale Röntgenabsorptiometrie
EBV	Epstein-Barr-Virus
EEG	Elektroenzephalographie
EF	ejection fraction (Auswurffraktion)
EIA	Enzym-Immunoassay
EKG	Elektrokardiographie/ Elektrokardiogramm
ELISA	enzyme-linked immuno sorbent assay (heterogener Enzym-Immuno-assay)
EMG	Elektromyographie
ERCP	endoskopische retrograde Cholangiopankreatikographie
ESR	Erythrozytensedimentationsrate
EUG	Extrauteringravidität
EVB	Erythrozytenverteilungsbreite

FDG	F-18 Fluorodeoxyglukose
FE_{Na}	fraktionelle Natriumexkretion
FLAIR	fluid-attenuated inversion recovery
FNH	fokal-noduläre Hyperplasie
FOBT	fäkaler Okkultbluttest
FSH	follikelstimulierendes Hormon
FSP	Fibrinogen-Spaltprodukte
fT_4	freies T_4
GFR	glomeruläre Filtrationsrate
γGT	Gammaglutamyltransferase
GH	Wachstumshormon
GI	Gastrointestinal
GnRH	Gonadotropinfreisetzungshormon
GOT	Glutamat-Oxalacetat-Transaminase
GPT	Glutamat-Pyruvat-Transaminase
HAV	Hepatitis A-Virus
Hb	Hämoglobin
HbA	adultes Hämoglobin
HBcAg	Hepatitis B-Kernantigen
HBeAg	Hepatitis B-Membranantigen
HBsAg	Hepatitis B-Oberflächenantigen
HBV	Hepatitis B-Virus
HCO_3	Bicarbonat
HCV	Hepatitis C-Virus
HIDA	hepatobiliäre Iminodiazetatessigsäure
HIES	Hydroxyindolessigsäure
HIT	Heparin induzierte Thrombopenie
HIV	human immunodeficiency virus
Hkt	Hämatokrit
HMPAO	Hexamethyl-Propylenamin-Oxim
HPV	human papilloma virus
HSG	Hysterosalpingographie
HSV	Herpes simplex-Virus
i.v.	intravenös
IBZM	Iodobenzamid
IEP	Immunelektrophorese
Ig	Immunglobulin
IGF	insulinähnliche Wachstumsfaktoren
INR	International normalized ratio (Thromboplastinzeit)
ITP	idiopathische thrombozytopenische Purpura
ITT	thrombotisch-thrombozytopenische Purpura
IUP	Intrauterinpessar
KHK	koronare Herzkrankheit
KrCl	Kreatinin-Clearance
LDH	Laktatdehydrogenase
LE	Lungenembolie
LGV	Lymphogranuloma venereum
LH	luteinisierendes Hormon
LKM-AK	Antikörper gegen Leber- und Nierenmikrosomen
LOQ	linker oberer Quadrant
LUQ	linker unterer Quadrant
LVH	linksventrikuläre Hypertrophie
LWS	lumbale Wirbelsäule
M	Musculus
MCV	mittleres Volumen des einzelnen Erythrozyten
MDP	Methylendiphosphonat ODER Magen-Darm-Passage
MI	Myokardinfarkt

MIBG	Metaiodobenzylguanidin
MRCP	Magnetresonanz-Cholangiopankreatikographie
MRDTI	direkte Thrombusdarstellung mittels MRT
MRT	Magnetresonanztomographie/-tomogramm
Na	Natrium
NASH	nichtalkoholbedingte Steatohepatitis
NLG	Nervenleitgeschwindigkeit
NSAR	nichtsteroidale Antirheumatika
O_2	Sauerstoff
ÖGD	Ösophagogastroduodenoskopie
OHP	Hydroxyprogesteron
OS	Oberschenkel
pANCA	perinukleäre ANCA
pAVK	periphere arterielle Verschlusskrankheit
pCO_2	Kohlendioxidpartialdruck
PET	Positronen-Emissions-Tomographie
PM	Polymyositis
PMN	polymorphkerniger Leukozyt
PPH	Protonenpumpenhemmer
PSA	Prostataspezifisches Antigen
PTA	perkutane transluminale Angioplastie
PTC	perkutane Cholangiographie
PTH	Parathormon
PTT	partielle Thromboplastinzeit
PTZ	Plasma-Thrombinzeit
QCT	quantitative Computertomographie
RNA	Ribonukleinsäure
Rö	Röntgen
ROQ	rechter oberer Quadrant
RTA	renale tubuläre Azidose
RUQ	rechter unterer Quadrant
SD	Schilddrüse
SDH	subdurales Hämatom
SHT	Schädel-Hirn-Trauma
SIADH	Syndrom der inadäquaten ADH-Sekretion
SMA	smooth muscle antigen
Sono	Sonographie
SPECT	Single Photonen-Emissions-Computertomographie
TB	Tuberkulose
Tc	Technetium
TCD	transkranielle Dopplersonographie
TEE	transösophageale Echokardiographie
TfS	Transferrin-Sättigung
TPHA	Treponema-pallidum-Hämagglutination (Lues-Suchtest)
TRH	Thyreotropinfreisetzungshormon
TSH	Thyreoideastimulierendes Hormon
TTE	transthorakale Echokardiographie
TVT	tiefe Venenthrombose
Tx	Thorax
UKG	Ultraschall-Kardiographie
US	Unterschenkel
V.	Vena
V.a.	Verdacht auf
V/Q-Scan	Ventilations-Perfusions-Szintigraphie
VDRL	Syphilis-Test nach den Venereal Diseases Research Laboratories
VSD	Ventrikelseptumdefekt
vWF	von Willebrand-Faktor

WPW-Syndrom	Wolff-Parkinson-White-Syndrom
z.A.	zum Ausschluss
ZNS	Zentralnervensystem

Inhaltsverzeichnis

Teil I Bildgebung

Teil III Entscheidungsbäume – Symptome und Krankheiten

Teil I
Bildgebung

Dieser Teil des Buches handelt die üblichen bilddiagnostischen Methoden ab. In der Regel sind die Tests innerhalb der Kapitel alphabetisch geordnet. Die Darstellung der einzelnen Methoden folgt einer einheitlichen Struktur: Indikationen, Vorteile, Nachteile und Kommentar. Auch die geschätzten Kosten der jeweiligen Methode sind angegeben, allerdings kann es dabei in der täglichen Praxis zu erheblichen Abweichungen kommen. Die hier angegebenen Kosten folgen der Gebührenordnung für Ärzte (GoÄ), Stand 2005.

€	<100 €
€€	100–300 €
€€€	301–500 €
€€€€	501–800 €
€€€€€	>800 €

A. Bildgebende Diagnostik des Abdomens/ Gastrointestinaltrakts (GI)

1. Abdomenleeraufnahme

Indikationen
- Schmerzen im Abdomen
- V.a. freie intraperitoneale Luft (Pneumoperitoneum)
- Überblähter Darm (V.a. Ileus)

Vorteile
- Geringe Kosten
- Schnell verfügbar
- Niedrige Strahlenbelastung

Nachteile
- Geringe diagnostische Aussagekraft
- Kontraindiziert bei Schwangerschaft
- Bariumrückstände von vorherigen Untersuchungen können die Auswertung beeinflussen
- Ungenaue Untersuchungsmethode

Kommentar
- Eine typische Abdomenserie beinhaltet Aufnahmen in stehender und liegender Position
- Hilfreich zur Erstdiagnostik bei Schmerzen und anderen pathologischen Prozessen im Abdomen (z.B. Pneumoperitoneum, Darmobstruktion, Kalzifikationen). Abb. 1–1 zeigt ein normales Darmgasverteilungsmuster
- Geringe Kosten, aber am wenigsten sensitive Methode, um eine Darmobstruktion radiologisch zu beurteilen
- Kosten: €

2. Barium-Kontrasteinlauf

Indikationen
- Kolorektales Karzinom
- Divertikulose (bei V.a. Divertikulitis wasserlösliches KM wegen Perforationsgefahr)
- Tumorsuche im unteren GI-Trakt
- Blutungen im unteren GI-Trakt
- Polyposis-Syndrome
- Chronische Obstipation

Vorteile
- Schnell verfügbar
- Geringe Kosten
- Gute bildliche Darstellung der Mukosa mittels einer Doppelkontrastuntersuchung

Nachteile
- Unangenehme Vorbereitung und Untersuchung für die Patienten
- Gefahr einer Darmperforation mit Peritonitis
- Kontraindiziert bei Schwangerschaft
- Ein schlecht gesäuberter Darm kann die Ergebnisse verfälschen
- Kann besonders bei älteren Patienten zu schwerer Verstopfung führen

Kommentar
- Bei V.a. kolorektale Läsionen besitzt die Koloskopie eine höhere Sensitivität und Spezifität
- Sollte nicht angewandt werden bei: V.a. Perforation, fulminanter Kolitis,

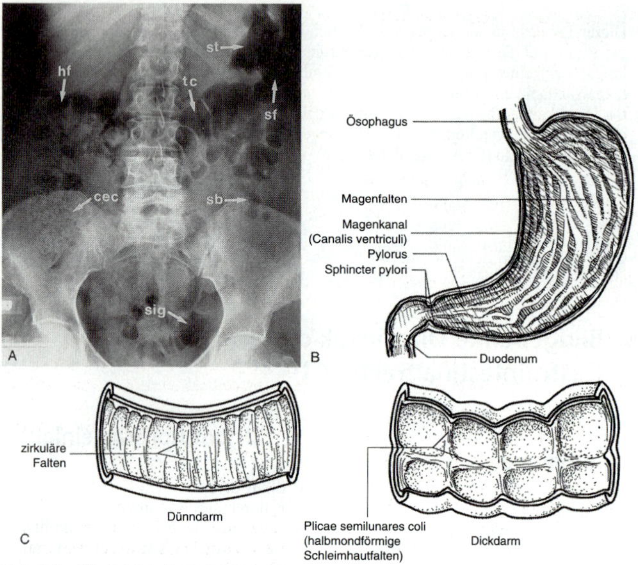

Abb. 1-1. A bis C: Normales Darmgasverteilungsmuster. Die verschluckte Luft wird im Magen (st) sichtbar. Kleine Mengen Luft sind normalerweise im Dünndarm (sb) zu sehen, gewöhnlich im linken Mittelbauch oder umbilikal. Bei diesem Patienten ist Luft im gesamten Kolon einschließlich des Coecums (cec) erkennbar. In den Bereichen, in denen sich Luft und Stuhl vermischen, ist ein geflecktes Muster sichtbar. Kleeblattförmige Ansammlungen von Luft sind zudem in der rechten Flexur (hf), im Kolon transversum (tc), in der linken Flexur (sf) und im Sigma (sig) erkennbar.
[Aus: Mettler FA: Primary Care Radiology. Philadelphia, WB Saunders, 2000]

schwerer pseudomembranöser Kolitis, toxischem Megakolon oder akuter Divertikulitis

- Beim einfachen Barium-Kontrasteinlauf wird relativ dünnflüssiges Barium oder auch wasserlösliches KM verwendet; die Untersuchung kommt vor allem beim Ausschluss einer Divertikulose zum Einsatz. Bei der Doppelkontrastuntersuchung wird die Darmwand mit dickflüssigem Barium überzogen; nach der Darmentleerung wird zudem Luft insuffliert, um das Lumen zu weiten. Die Untersuchung wird bevorzugt eingesetzt, um die Kolonmukosa zu beurteilen und kleine Läsionen und entzündliche Darmerkrankungen aufzuspüren
- Kosten: €

3. Bariumbreischluck (Ösophagogramm)

Indikationen

- Achalasie
- Ösophagus-Neoplasie (primär oder durch Metastasen)
- Ösophagus-Divertikel (z. B. Zenker-Divertikel), Pseudodivertikel
- Ösophagus-Stenose/Obstruktion
- Kompression des Ösophagus von außen (z. B. retrosternale Struma)
- Dysphagie
- Ösophagotracheale Fistel
- In seltenen Fällen bei Ösophagitis (infektiös, chemisch)
- Mukosale Ringbildung am gastroösophagealen Übergang (z. B. Schatzki-Ring)

- Intraösophageale Membranen (z. B. Plummer-Vinson-Syndrom)

Vorteile
- Geringe Kosten
- Schnell verfügbar

Nachteile
- Kontraindiziert bei Schwangerschaft
- Erfordert die Mitarbeit des Patienten

Kommentar
- Bei der Bariumbreischluck-Untersuchung beobachtet der Radiologe den Schluckmechanismus unter Durchleuchtung des zervikalen und thorakalen Ösophagus
- Barium kommt zum Einsatz, da es die anatomischen Details gut darstellt. Trotzdem sollten bei V.a. Perforation oder Anastomosen-Nahtinsuffizienz besser wasserlösliche Kontrastmittel wie Diatrizoat (z. B. Gastrografin) verwendet werden, da freies Barium in der Peritonealhöhle zu Peritonitis bzw. Mediastinitis führen kann
- Kosten: €

4. Abdomen-CT/Becken-CT

Indikationen
- Bauch- bzw. Beckentrauma
- V.a. Darmobstruktion
- Abszesse in Bauch, Becken oder Retroperitoneum
- Pankreatitis bzw. V.a. Komplikationen einer Pankreatitis (z. B. Abszess, Pseudozyste)
- Appendizitis
- Ikterus
- Beurteilung von Raumforderungen im Abdomen oder Becken
- Tumorsuche
- V.a. Metastasen im Bereich des Abdomen/Beckens
- Staging bei Neoplasien der Bauch- bzw. Beckenorgane
- V.a. Lymphom
- V.a. Abszess im Abdomen/Becken

Vorteile
- Schnell (kurze Aufnahmedauer – wichtig für instabile Patienten)
- Nicht-invasiv
- Bildliche Darstellung des gesamten Abdomens und Beckens während der Patient den Atem anhält
- Keine Beeinflussung durch Gasüberlagerungen (im Gegensatz zur Sonographie)

Nachteile
- Gefahr einer signifikanten Kontrastmittelreaktion
- Geringe Sensitivität bei traumatisch bedingten Verletzungen von Pankreas, Zwerchfell, Dünndarm und Mesenterium
- Bariumrückstände von vorherigen Untersuchungen können die Auswertung beeinflussen
- Teuer
- Gefahr einer signifikanten Kontrastmittelreaktion
- Geringe Sensitivität bei Diagnose und Staging von urologischen Tumoren im Becken
- Relativ kontraindiziert bei Schwangerschaft (wird nur bei Lebensgefahr durchgeführt)

Kommentar
- In den meisten Fällen führt man heute bei den o.g. Indikationen ein Spiral-CT durch. Konventionelle, sequenzielle CT wird nur noch in wenigen Kliniken/Praxen verwendet
- Abdomen-CT / Becken-CT mit Kontrastmittel ist das Verfahren der Wahl bei Erwachsenen mit V.a. abdominellen Abszess
- Sensitivität des CT für Dünndarmobstruktion beträgt 90 %
- Abb. 1 – 2 zeigt verschiedene Aufnahmen eines Abdomen-CT. Die Ausrichtung von CT- und MRT-Bildern ist in Abb. 1 – 3 beschrieben
- Gutes Verfahren zur Diagnose von Konkrementen ohne i.v. Kontrastmittelgabe, manchmal wird bei Verdacht auf ein Konkrement im Urogenitaltrakt ein AUG bevorzugt (geringere Strahlenbelastung, gute Beurteilung einer Abflussbehinderung)
- Hilfreich zur Beurteilung von renalen Raumforderungen und Läsionen des Retroperitonealraums
- Kosten: CT ohne Kontrastmittel (sehr selten) €€; CT mit Kontrastmittel €€; CT mit und ohne Kontrastmittel €€€

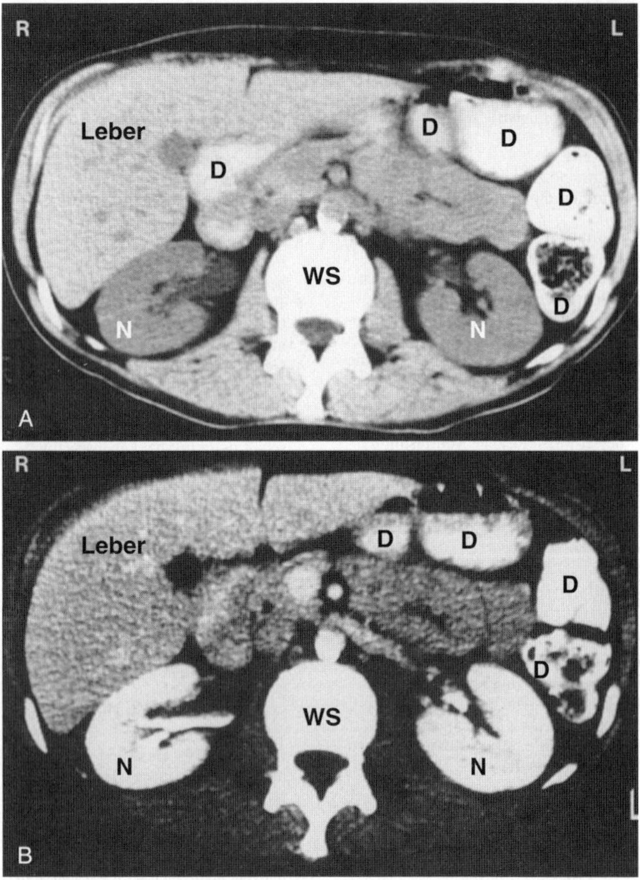

Abb. 1-2. CT des Abdomens. A: Die Aufnahme wurde in einem relativ weiten Fenster und ohne Kontrastmittel erstellt. B: Hier wurde ein relativ enges Fenster benutzt, wodurch ein eher körniges Bild entsteht. Der Einsatz von i.v. Kontrastmittel zeigt eine Anreicherung in der Aorta, in den abdominellen Gefäßen und in beiden Nieren (K). In beiden Aufnahmen führt der Einsatz von zusätzlichem Kontrastmittel im Darm dazu, dass der Darm von soliden Organen und Strukturen unterschieden werden kann. WS = Wirbelsäule.
[Aus: Mettler FA: Primary Care Radiology. Philadelphia, WB Saunders, 2000]

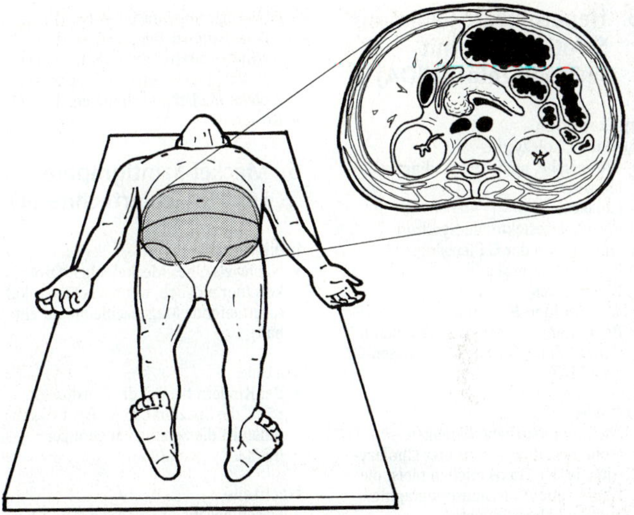

Abb. 1-3. Ausrichtung und Orientierung bei CT- und MRT-Aufnahmen. CT- und MRT-Bilder sind axiale Schnitte des Körpers. Die Ausrichtung der meisten Schnitte entspricht der Betrachtung des Patienten von der Fußseite des Bettes.
[Aus: Mettler FA: Primary Care Radiology. Philadelphia, WB Saunders, 2000]

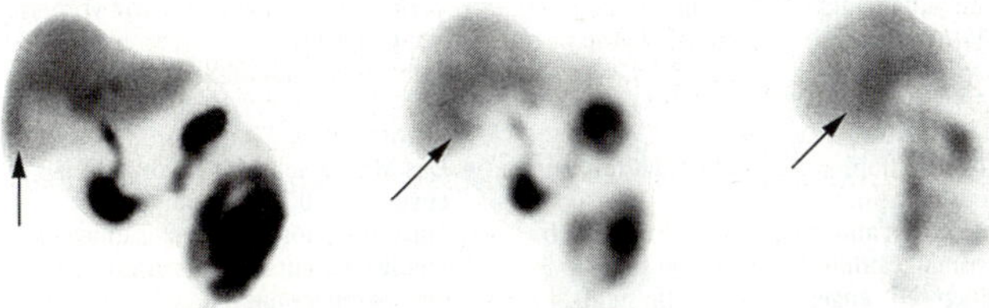

Abb. 1-4. Akute Cholezystitis, ein heißer Rand (Pfeile) ergibt den V.a. eine gangränöse Gallenblase. Auf den Spätaufnahmen persistiert ein bogenförmiger Bereich der Leber in der Nähe der Gallenblase, mit relativ gesteigerter Aktivität. Anteriore, schräg rechts anteriore und rechts laterale Aufnahmen werden ca. 40 min nach der Injektion angefertigt.
Die Gallenblase war auch nach 4 h nicht darstellbar.
[Aus: Specht N: Practical Guide to Diagnostic Imaging, St. Louis, Mosby, 1998]

5. Hepatobiliäre Funktions-Szintigraphie mit Iminodiazetat (HIDA)

Indikationen

- Akute Cholezystitis
- Chronische, nicht-steinbedingte Cholezystitis
- Galleleck
- Postcholezystektomie-Syndrom
- Obstruktion der Gallengänge
- Biliäre Dyskinesie
- Biliäre Atresie
- Afferent-loop-Syndrom
- Beurteilung fokaler Leberläsionen (alternativ Sonographie, Mehrphasen-CT oder MRT)

Vorteile

- Nicht untersucherabhängig
- Hohe Spezifität z.A. akuter Cholezystitis, in der Praxis reichen meist die Klinik, eine Abdomensonographie und die Laborparameter

Nachteile

- Schwere hepatozelluläre Dysfunktion mit Serum-Bilirubin-Werten > 20 mg/dl kann zu schlechter Ausscheidung und damit zu einer fehlerhaften Untersuchung führen
- Vorherige Einnahme von Opiaten kann sich auf den Gallefluss auswirken
- Falsch-positive Ergebnisse sind möglich
- Zeitaufwändig (Bilddiagnostik und Vorbereitung des Patienten erfordern > 1 h)

Kommentar

- Das Radiopharmazeutikum wird nach etwa 5 Minuten von Hepatozyten aus dem Blut aufgenommen und innerhalb von 30 Minuten in die Galle sezerniert. Die angereicherte Galle stellt sich nach 1 Stunde in der Gallenblase und im Darm dar. Eine Stunde lang werden alle 5 Minuten Aufnahmen erstellt; Spätaufnahmen sind noch 4 Stunden nach der Injektion möglich. Eine nicht darstellbare Gallenblase spricht für eine Cholezystitis (Abb. 1 – 4)
- Sehr hilfreiche Untersuchungsmethode bei dringendem klinischen V.a. Cholezystitis und ergebnisloser Sonographie
- Nahrungsaufnahme hat Auswirkungen auf die Untersuchung, daher ist eine Nahrungskarenz von 4 bis 12 h optimal. Bei einem Fasten von mehr als 24 h bleibt die Untersuchung ergebnislos
- Kosten: €

6. Meckel-Szintigraphie (mit ^{99m}Tc-Pertechnetat)

Indikationen

- Nachweis eines Meckel'schen Divertikels (nur möglich, wenn das Divertikel sezernierende Magenschleimhaut enthält)

Vorteile

- Bei Kindern beträgt die Sensitivität 85 %, die Spezifität 95 %. Bei Erwachsenen ist die Sensitivität geringer (63 %)

Nachteile

- Falsch-negative Ergebnisse sind möglich bei nicht ausreichend mit Magenschleimhaut ausgekleidetem Meckel'schen Divertikel, schlechter technischer Handhabung oder washout von sezerniertem Pertechnetat
- Falsch-positive Ergebnisse sind möglich bei arteriovenösen Fehlbildungen, peptischem Ulkus, chronisch-entzündlichen Darmerkrankungen (Morbus Crohn, Colitis ulcerosa), Neoplasien und Hydronephrose
- Bariumrückstände im GI von vorherigen Untersuchungen können das angereicherte Radionuklid verdecken

Kommentar

- Das Meckel'sche Divertikel erscheint etwa 5 bis 10 Minuten nach der Tracerinjektion als intraperitoneales Herdgebiet mit erhöhter Aktivität auf dem Szintigramm
- Ein voller Magen oder eine gefüllte Harnblase können ein angrenzendes Meckel'sches Divertikel verdecken; daher ist Nahrungskarenz für 4 Stunden vor der Aufnahme sowie Wasserlassen vor, während und nach der Untersuchung wichtig
- Kosten: €

7. Abdomen-MRT

Indikationen

- V.a. Leberhämangiom
- Beurteilung von Raumforderungen der Nebenniere
- Staging von Cervixkarzinomen
- Staging von Korpuskarzinomen
- Alternativ zum CT bei Patienten mit einer Allergie gegen jodhaltige Kontrastmittel, einer (sub)klinischen Hyperthyreose oder eingeschränkter Nierenfunktion
- Staging von Nierenzellkarzinomen
- Charakterisierung einer in der Becken-Sonographie dargestellten, unklaren Raumforderung
- Beurteilung von Müller-Gang-Anomalien bei unklarer Sonographie (sehr selten)

Vorteile

- Nicht-invasiv
- „Sicheres" Kontrastmittel (s. u.; beim MRT kommt Gadolinium zum Einsatz, ein intravenös verabreichtes, nicht nephrotoxisches Kontrastmittel)
- Keine ionisierende Strahlung
- Gute Weichteilauflösung
- Multiplanar (ein MRT kann i.Ggs. zum CT beliebige Schnittebenen liefern)

Nachteile

- Teuer
- Erfordert die Mitarbeit des Patienten
- Zeitaufwändig
- In seltenen Fällen allergische Reaktionen auch auf gadoliniumhaltiges Kontrastmittel (seltener als auf jodhaltiges Kontrastmittel)
- Kann nicht angewandt werden bei Patienten mit Nicht-MR-kompatiblen Aneurysma-Clips, Schrittmachern (v.a. ältere Modelle!), Cochlear-Implantaten oder metallischen Fremdkörpern in den Augen. Das MRT ist sicher bei Frauen mit Intrauterinpessaren (auch Kupferspirale) und bei Patienten mit chirurgischen Clips und Klammern oder Hüft-, bzw. Knieprothesen.
- Ängstliche Patienten (besonders Patienten mit Klaustrophobie) sollten mit einem angstlösenden Medikament prämediziert und – sofern möglich – durch ein „offenes MRT" gefahren werden.

Kommentar

- Kosten: MRT mit und ohne Kontrastmittel €€€€

8. Magen-Darm-Passage (MDP)

Indikationen

- Gastroösophageale Refluxkrankheit
- Peptisches Ulkus
- Ösophagus-Karzinom
- Magenkarzinom
- Magenlymphom
- Magenpolypen
- Gastritis (hyperplastisch, erosiv, infektiös, granulomatös)
- Magenausgangsstenose
- Gastroparese
- Kongenitale Anomalien (z.B. hypertrophische Pylorusstenose, Membran des Antrums)
- Beurteilung von Komplikationen nach Magen-OP (nur mit wasserlöslichem KM!)

Vorteile

- Geringe Kosten
- Schnell verfügbar

Nachteile

- Kontraindiziert bei Schwangerschaft
- Kann besonders bei älteren Patienten zu schwerer Verstopfung führen
- Erfordert die Mitarbeit des Patienten

Kommentar

- Bei der Magen-Darm-Passage werden KM getrunken und dann in 15- bis 30-minütigen Intervallen Sequenzaufnahmen erstellt, bis das terminale Ileum sichtbar wird (unter Durchleuchtung oder mittels einzelner Röntgenbilder)
- Die Ösophagogastroduodenoskopie (ÖGD) ist invasiv und teurer, besitzt im Vergleich zur Magen-Darm-Passage aber auch eine höhere Sensitivität bei der Beurteilung von Läsionen im oberen GI
- Beim Bariumbreischluck werden lediglich Aufnahmen vom zervikalen und thorakalen Ösophagus erstellt. Bei der Magen-Darm-Passage dagegen werden Aufnahmen vom thorakalen Ösophagus, Magen und Duodenum angefertigt

- Barium kommt zum Einsatz, da es die anatomischen Details gut darstellt. Trotzdem sollten bei V.a. Perforation oder Anastomosen-Nahtinsuffizienz wasserlösliche Kontrastmittel wie Gastrografin verwendet werden, da freies Barium in der Peritonealhöhle zu Verwachsungen und zu Peritonitis/Mediastinitis führen kann (über eine granulomatöse Reaktion)
- Bei V.a. Magenausgangsstenose: vor der Kontrastmittelgabe Magen mittels Magensonde absaugen
- Kosten: €

9. Dünndarmdarstellung nach Sellink

Indikationen
- Dünndarmlymphome und andere Dünndarm-Neoplasien
- Malabsorption
- Intestinale Fisteln
- GI-Blutungen
- Anämie (wenn andere Untersuchungen negativ sind)

Vorteile
- Geringe Kosten
- Gute bildliche Darstellung der Mukosa

Nachteile
- Kontraindiziert bei Schwangerschaft
- Erfordert die Mitarbeit des Patienten
- Zeitaufwändig

Kommentar
- Bei der Dünndarmdarstellung nach Sellink wird über eine oral eingeführte und bis tief ins Duodenum vorgeschobene Sonde bariumhaltiges KM appliziert und dann eine Aufnahme erstellt. Für eine Doppelkontrastdarstellung wird nach dem KM noch Methylzellulose gegeben
- Kosten: €

10. GI-Blutungsquellen-Szintigraphie mit ^{99m}Tc-markierten Erythrozyten

Indikationen
- GI-Blutung, die endoskopisch nicht zu lokalisieren ist

Vorteile
- Zusätzlich zum Nachweis aktiver Blutungen kann die Untersuchung die Gefäßversorgung von Tumoren, Gefäßdysplasien und arteriovenöse Fehlbildungen nachweisen

Nachteile
- Falsch-positive Ergebnisse können aufgrund von Fehlinterpretationen bei Normvarianten oder ungenauen Spätaufnahmen auftreten
- Zeitaufwändige Untersuchung. Nicht indiziert bei instabilen Patienten mit akuter Blutung
- Ungenaue Lokalisation der Blutungsquelle. Im Darm befindliches Blut kann zu schnellen und entgegengesetzten Darmbewegungen führen, die es dem Kliniker erschweren, die Blutungsquelle zu lokalisieren
- Bariumrückstände von vorherigen Untersuchungen können die Blutungsquelle verdecken
- Zur bildlichen Darstellung ist eine Blutungsrate > 0,1 ml/min erforderlich, damit ist diese Technik aber sensitiver als eine Angiographie (>1 ml/min)

Kommentar
- Bei der Blutungsquellen-Szintigraphie wird dem Patienten venöses Blut entnommen (ca. 5 ml), dann werden die Erythrozyten mit einem Radionuklid markiert und reinjiziert
- Kriterien für einen positiven Befund sind: fokale Anreicherungen außerhalb der Gefäße („hot spots") entsprechend der Darmanatomie, die über einen Zeitraum persistieren oder sich in ihrer Aktivität erhöhen (Abb. 1 – 5) und sich entsprechend der Darmperistaltik entweder retrograd oder anterograd bewegen
- Kosten: €

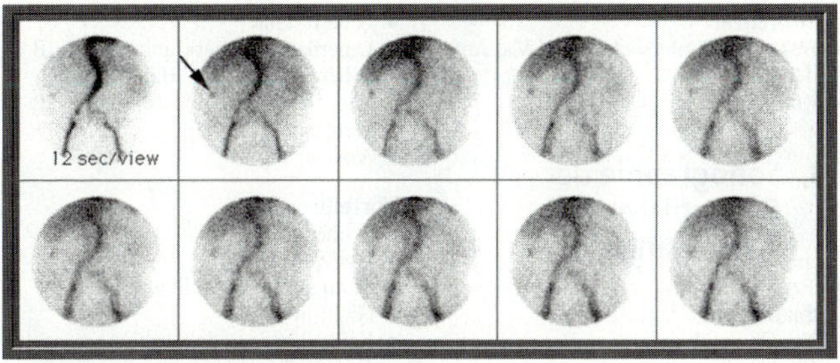

Abb. 1-5. Akute GI-Blutung, dargestellt mit $^{Tc\text{-}99m}$-markierten Erythrozyten. Anteriore dynamische Aufnahmen zeigen eine gewundene arteriosklerotische Aorta und die iliakalen Arterien mit einem früh persistierenden Fokus im rechten oberen Quadranten des Adomens (Pfeil).
[Aus: Specht N: Practical Guide to Diagnostic Imaging, St. Louis, Mosby, 1998]

11. Abdomen-Sonographie

Indikationen

- Schmerzen im Abdomen
- Ikterus
- Cholelithiasis
- Cholezystitis
- Erhöhte Leberenzyme
- Splenomegalie
- Aszites
- Abdominelle Raumforderungen
- Niereninsuffizienz
- Tumorstaging
- Lymphome
- V.a. Nephrolithiasis/Stau des Nierenhohlraumsystems (Nierenkolik)
- V.a. Appendizitis
- V.a. Metastasen (v.a. Leber)
- Bei Kindern: V.a. Invagination
- V.a. Aneurysma der A. abdominalis

Vorteile

- Schnell
- Kann am Bett erstellt werden
- Keine ionisierende Strahlung
- Weit verbreitet
- Doppler- und Farbdoppleruntersuchungen sind möglich
- Geringere Kosten als beim CT

Nachteile

- Ist vom Können bzw. der Erfahrung des Untersuchers abhängig
- Pankreas ist oft von Darmgas überlagert
- Schlechtere anatomische Detaildarstellung als das CT
- Ergebnisse sind abhängig vom Körperbau des Patienten
- Nicht geeignet, um einen Abszess definitiv auszuschließen
- Beim nicht nüchternen Patienten ist die Beurteilung erschwert

Kommentar

- Initiales Untersuchungsverfahren der Wahl bei Patienten mit Schmerzen im Abdomen oder unklaren Raumforderungen. Bei weiterhin unklarem Befund anderes Untersuchungsverfahren (Kolon-Kontrasteinlauf, CT, i.v. Ausscheidungsurographie)
- Kosten: €

12. Appendix-Sonographie

Indikationen

- V.a. Appendizitis

Vorteile

- Schnell
- Schnell verfügbar
- Nicht-invasiv
- Keine ionisierende Strahlung

Nachteile

- Darmgasüberlagerungen und Körperbau (z.B. adipöser Patient) können die Untersuchung beeinflussen
- Ergebnisse sind von der Erfahrung des Untersuchers abhängig

Kommentar
- Beste Initialuntersuchung bei V.a. Appendizitis
- Kosten: €

13. Sonographie der Gallenblase und Gallengänge

Indikationen
- V.a. Cholelithiasis
- Cholezystitis
- Polypen der Gallenblase
- V.a. Neoplasien der Gallenblase
- V.a. Choledocholithiasis (Gallensteine)
- Biliäre Neoplasie
- Cholangitis
- V.a. kongenitale biliäre Anomalien (z.B. biliäre Atresie, Caroli-Syndrom, Choledochuszyste)
- Biliäre Dyskinesie

Vorteile
- Schnell
- Schnell verfügbar
- Kann am Krankenbett durchgeführt werden
- Nicht-invasiv
- Keine ionisierende Strahlung

Nachteile
- Darmgasüberlagerungen und Körperbau (z.B. adipöser Patient) können die Untersuchung beeinflussen
- Ergebnisse sind von der Erfahrung des Untersuchers abhängig

Kommentar
- Beste Initialuntersuchung bei V.a. Cholelithiasis und Cholezystitis
- Zur Vermeidung/Reduktion von Darmgasüberlagerungen Untersuchung möglichst beim nüchternen Patienten
- Kosten: €

14. Leber-Sonographie

Indikationen
- Erhöhte Leberenzyme
- Hepatomegalie
- Raumforderungen der Leber (Neoplasie, Zyste, Abszess, Hämangiom, FNH)
- Ikterus
- Lebertrauma
- Leberparenchymerkrankungen (z.B. Leberzellverfettung, Hämochromatose, Hepatitis, Zirrhose, portale Hypertension)
- Aszites

Vorteile
- Schnell
- Weit verbreitet
- Kann am Bett erstellt werden
- Nicht-invasiv
- Keine ionisierende Strahlung
- Geringe Kosten

Nachteile
- Darmgasüberlagerungen und Körperbau (z.B. adipöser Patient) können die Untersuchung beeinflussen
- Abszess kann mittels Sonographie nicht definitiv ausgeschlossen werden
- Schallschatten durch Rippen können auf der Aufnahme können Befunde im rechten Leberlappen verdecken

Kommentar
- Die Sonographie ist weit verbreitet, nicht-invasiv und kostengünstig und wird daher oft als Initialuntersuchung zur Beurteilung bei V.a. Lebererkrankungen eingesetzt
- Kosten: €

15. Pankreas-Sonographie

Indikationen
- Pankreatitis
- Zystische Fibrose (Mukoviszidose)
- Pankreas-Abszess
- Pankreas-Pseudozyste
- V.a. Neoplasie
- Trauma

Vorteile
- Schnell
- Nicht-invasiv
- Kann am Bett erstellt werden
- Keine ionisierende Strahlung

Nachteile
- Darmgasüberlagerungen und Körperbau können die Untersuchung beeinflussen (z.B. wird die Darstellung bei adipösen Patienten durch überlagerndes Fett behindert)
- Ergebnisse sind von der Erfahrung des Untersuchers abhängig

- Bariumrückstände von vorherigen Röntgenuntersuchungen können die Darstellung beeinflussen
- Abszess kann mittels Sonographie nicht endgültig ausgeschlossen werden
- Schwierige Beurteilung der Pankreasschwanzregion aufgrund ihrer Lage

Kommentar
- Kosten: €

16. Milz-Sonographie

Indikationen
- Splenomegalie
- Abdominelles Trauma
- V.a. kongenitale Erkrankungen (z.B. Milzagenesie, Polysplenie, Nebenmilz)
- Milzinfarkt (z.B. durch subakute bakterielle Endokarditis, Sichelzellen)
- Milzabszess

Vorteile
- Schnell
- Nicht-invasiv
- Keine ionisierende Strahlung
- Kann am Bett erstellt werden

Nachteile
- Darmgasüberlagerungen und Körperbau können die Untersuchung beeinflussen (z.B. wird die Darstellung bei stark adipösen Patienten durch überlagerndes Fett behindert)
- Ergebnisse sind vom Können des Untersuchers abhängig

Kommentar
- Kosten: €

B. Bildgebende Mammadiagnostik

1. Mamma-Sonographie

Indikationen
- Charakterisierung von Raumforderungen/ Gewebsverdichtungen der Brust als zystisch oder derb (Abb. 1 – 6)
- Zur Führung bei Punktionen und Gewebeentnahmen der Brust (ultraschall-gesteuerte Interventionen): Zystenpunktion, Feinnadelaspiration, Hochgeschwindigkeitsstanzbiopsie, Vakuumstanzbiopsie, präoperative Lokalisation
- Beurteilung von tastbaren Raumforderungen bei jungen Patientinnen, schwangeren oder stillenden Frauen oder Patientinnen mit tastbaren Anomalien und negativer Mammographie
- Bestätigung, Identifizierung und Charakterisierung von Raumforderungen/ Gewebsverdichtungen, die nur auf einer Ansicht der Mammographie sichtbar sind
- Beurteilung von Brustimplantaten auf Unversehrtheit
- Ergänzend zur Mammographie, um Befunde besser vergleichen zu können

Vorteile
- Relativ schnell
- Nicht-invasiv
- Keine ionisierende Strahlung
- Schnell verfügbar
- Im Nachweis zystischer Veränderungen der Mammographie überlegen

Nachteile
- Kein Nachweis von Mikrokalzifikationen (erst ab ca. 1 cm nachweisbar)
- Große Raumforderungen können sich vom Hintergrundmuster nur schlecht abheben und sind deshalb auf der Sonographie nur eingeschränkt als abgrenzbare Strukturen sichtbar
- Benigne und maligne solide Tumoren sind oft schwierig zu unterscheiden

Kommentar
- Die Mamma-Sonographie ist nicht indiziert als Screeninguntersuchung auf Brusterkrankungen oder zur Beurteilung von Mikrokalzifikationen
- Die Sensitivität zur Beurteilung von Rupturen bei Brustimplantaten beträgt 70 %, die Spezifität 70 %
- Kosten: €

2. Mamma-MRT

Indikationen
- Beurteilung von Brustimplantaten
- V.a. Mammakarzinom bei Patientinnen mit axillären Lymphknotenvergrö-

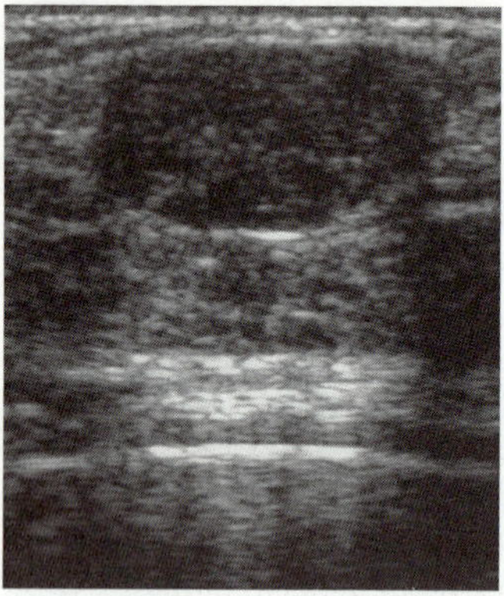

Abb. 1-6. Die hochauflösende lineare Ultraschall-Aufnahme zeigt eine ovale, homogene hypoechogene Raumforderung mit Charakteristiken einer wahrscheinlich benignen Raumforderung in der Brust.
[Aus: Specht N: Practical Guide to Diagnostic Imaging, St. Louis, Mosby, 1998]

ßerungen und negativer Mammographie bzw. Sonographie
- Screening auf Brust-Neoplasien bei Hochrisiko-Patientinnen (z. B. Frauen mit genetischer Prädisposition für Brustkrebs)
- Zur weiteren Beurteilung bei widersprüchlichen Mammographie-Ergebnissen
- Staging bei Mammakarzinom zur Therapieplanung (z. B. Nachweis von Beteiligungen der Brustwand)
- Unterscheidung zwischen Narbengewebe und erneut auftretendem Mammakarzinom nach brusterhaltender Operation

Vorteile
- Höhere Sensitivität als die Mammographie, um Brust-Neoplasien nachzuweisen. Die Sensitivität liegt zwischen 88 und 100 %, die Spezifität zwischen 30 und 90 %
- Die Sensitivität bei Ruptur von Brustimplantaten beträgt 94 %, die Spezifität 97 %

Nachteile
- Hohe Rate an falsch-positiven Befunden

Kommentar
- Viel teurer als die Mammographie
- Kontrovers diskutierte Rolle als Screeninguntersuchung auf Mammakarzinom
- Kosten: MRT mit und ohne Kontrastmittel €€€€

3. Mammographie

Indikationen
- Brustkrebs-Screening. Die Deutsche Gesellschaft für Senologie (Erkrankungen der Brustdrüse) empfiehlt allen Frauen eine Basis-Mammographie zwischen dem 30. und 35. Lebensjahr. Seit 2005 übernehmen die Krankenkassen bei Frauen zwischen dem 50. und dem 69. Lebensjahr alle zwei Jahre die Kosten für eine Screening-Mammographie. (Quelle: Deutsche Krebsgesellschaft)
- Abklärung von Raumforderungen/ schmerzhaften Spannungsgefühlen in der Brust

Vorteile
- Geringe Kosten
- Schnell verfügbar

Nachteile
- 15 – 20 % der Brust-Neoplasien werden übersehen
- Meist schmerzhaft für die Patientin
- Nicht-tastbare Milchgangpapillome sind schlecht identifizierbar
- Rückstände von Puder, Deodorant oder Parfüm auf der Brust können die Mammographie verfälschen

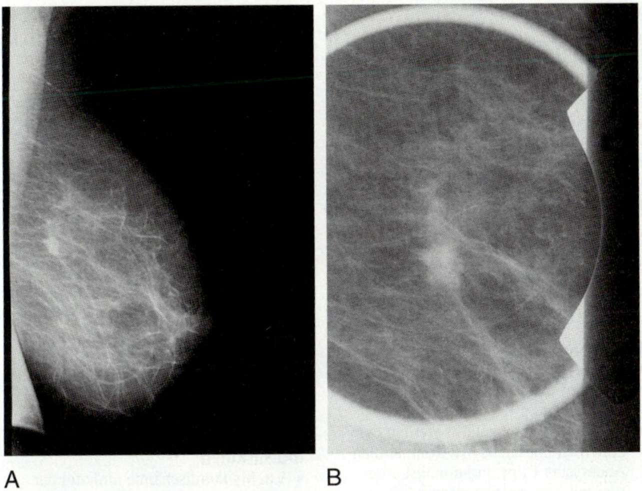

Abb. 1-7. Screening-Mammographie-Aufnahmen von rechts mediolateral (A) und vergrößerte Zielaufnahmen (B) zeigen eine kleine, schlecht definierbare Verdichtung mit wenigen stachelförmigen Ausläufern. Diese war nicht tastbar; die Biopsie ergab ein infiltrierendes duktales Karzinom.
[Aus: Specht N: Practical Guide to Diagnostic Imaging, St. Louis, Mosby, 1998]

Kommentar

- Einzige und beste Initialuntersuchung zum Nachweis eines Mammakarzinoms im heilbaren Frühstadium
- Unterscheidung zwischen diagnostischer Mammographie und Screening-Mammographie (beruht aber auf der gleichen Technik): Beim Screening (Abb. 1 – 7) handelt es sich um eine Früherkennungsmethode auf Brustkrebs, die bei gesunden Frauen bestimmten Alters als Reihenuntersuchung zum Einsatz kommt (siehe Richtlinien). Die diagnostische Mammographie wird eingesetzt, wenn Patientinnen über Symptome klagen, Anomalien bei der Brustuntersuchung tastbar sind oder die Screening-Mammographie Auffälligkeiten zeigt
- Kosten: €

C. Bildgebende Herzdiagnostik

1. Kardio-MRT

Indikationen

- Beurteilung von Perikardergüssen
- Konstriktive Perikarditis (Panzerherz)
- Beurteilung der regionalen Verteilung von hypertrophem Herzmuskelgewebe bei hypertrophen Kardiomyopathien
- Beurteilung rechtsventrikulärer Dysplasie
- Erkrankungen der thorakalen Aorta (z. B. Dissektion, Aortenisthmusstenose, Aneurysma, Hämatom; allerdings bei Dissektion oder intramuralem Hämangiom in den meisten Fällen eher Angio-CT, da schneller verfügbar)
- Kongenitale Herzerkrankungen (intrakardiale Shunts, Anomalien der Koronararterien)
- Kardiale Neoplasie
- V.a. Herzbeteiligung bei Sarkoidose
- V.a. kardiale Hämochromatose

Vorteile
- Nicht-invasiv
- Keine ionisierende Strahlung
- Überlegene Bildqualität und Flexibilität bei der Beurteilung von kardialer Anatomie, koronarem Blutfluss und myokardialer Perfusion
- Aufnahmen können in jeder beliebigen Schnittebene erstellt werden
- Geringere Untersucherabhängigkeit als bei der Echokardiographie (UKG; „Herzecho")
- Im Gegensatz zur UKG werden die Aufnahmen nicht durch ein Schallfenster begrenzt

Nachteile
- **Teuer**
- Erfordert die Mitarbeit des Patienten
- Zeitaufwändig
- Kann nicht durchgeführt werden bei Patienten mit Nicht-MR-kompatiblen Aneurysma-Clips, Pulmonaliskathetern mit Temperatursensoren, alten Schrittmacher-Modellen, Cochlear-Implantaten oder metallischen Fremdkörpern in den Augen. Die Untersuchung ist jedoch sicher bei Frauen mit Intrauterinpessaren (auch Kupferspirale) und Patienten mit chirurgischen Clips und Klammern und Hüft- oder Knie-Endoprothesen
- Ängstliche Patienten (besonders Patienten mit Klaustrophobie) sollten mit einem angstlösenden Medikament prämediziert und – sofern möglich – durch ein „offenes MRT" gefahren werden
- Keine gute Bildqualität bei Patienten mit Arrhythmien (z. B. Vorhofflimmern, häufige Extrasystolen)
- Verzerrung der Aufnahme bei Patienten mit Bioprothesen oder mechanischen Herzklappen
- Verzerrung der Aufnahme bei Patienten mit Sternotomiedrähten und thorakalen Gefäßclips

Kommentar
- Das Herz-MRT ist ein sehr gutes bildgebendes Verfahren zur Beurteilung von thorakaler Aorta und großen Gefäßen, kardialen Tumoren und Raumforderungen, Perikard und Perikardergüssen, Kardiomyopathien und zur quantitativen Beurteilung der ventrikulären Füllung und des Schlagvolumens. Größter Nachteil sind die **hohen Kosten** im Vergleich zur Echokardiographie
- Mittels MRT kann die myokardiale Perfusion durch den Einsatz eines i.v. Kontrastmittels (z. B. Gadopentetat) beurteilt werden, das von den vitalen Myokardzellen aufgenommen wird. Vor der Untersuchung wird Dipyridamol (z. B. Persantin®) oder ein anderes stressinduzierendes Medikament verabreicht
- Kosten: €€

2. Myokardszintigraphie (mit Thallium, ^{99m}Tc-MIB-Isonitril)

Indikationen
- V.a. Myokardischämie (anhand der Anamnese oder basierend auf Veränderungen im EKG)
- Nach Myokardinfarkt, aortokoronarer Bypass-Operation (ACVB) und zur Riskoeinschätzung nach Angioplastie
- Beurteilung von Brustschmerzen bei Patienten mit WPW-Syndrom
- Abklärung von Brustschmerzen bei jungen Frauen (hohe Rate an falsch-positiven Ergebnissen bei der Ergometrie)
- Beurteilung der medikamentösen Therapie
- Beurteilung von Patienten mit signifikanten Auffälligkeiten im Ruhe-EKG (z. B. Linksschenkelblock oder Schrittmacher-Rhythmus, Zeichen einer linksventrikulären Hypertrophie und normaler ST-Strecke oder T-Wellen-Abweichung; ST-Streckensenkung bei Digitalis-Therapie)
- Präoperative Risikoeinschätzung

Vorteile
- Hilfreich bei Patienten mit Schenkelblock oder Schrittmacher-Rhythmus
- Hilfreich bei Patienten mit linksventrikulärer Hyperthrophie und normaler ST-Strecke oder T-Wellen-Abweichung
- Signifikant höhere Sensitivität zur Diagnose der Koronaren Herzkrankheit (KHK) als die Ergometrie
- Vorteile der Stress-Myokardszintigraphie gegenüber der Stress-Echokardio-

graphie sind die höhere Sensitivität (besonders bei Eingefäßerkrankung) und höhere Genauigkeit zur Beurteilung möglicher Ischämie bei multiplen linksventrikulären Wandbewegungsstörungen

Nachteile

- Teuer
- Geringere Sensitivität bei Frauen. Aktivitätsminderungen durch die weibliche Brust kann zu Artefakten und damit zu Fehlinterpretationen führen
- Hauptnachteil von ^{99m}Tc-Sestamibi bei der Ermittlung von Regionen reversibler Ischämie ist, dass man die Injektionen für die Untersuchung in Ruhe und unter Stress aufgrund der geringen Spätredistribution separat verabreichen muss
- Symmetrische Dreigefäßerkrankung kann zu falsch-negativem Befund führen

Kommentar

- Vitale Myokardzellen extrahieren das markierte Radionuklid aus dem Blut. Eine fehlende Anreicherung („cold spot" auf der Aufnahme) ist ein Indikator für die schlechte Durchblutung einer Myokardregion. Ein bleibender Defekt ist ein Hinweis auf einen Myokardinfarkt (MI) in der Region. Kommt es zu einer Reperfusion nach einem Defekt, ist dies dagegen ein Hinweis auf Ischämie
- Für Patienten, die aufgrund orthopädischer oder anderer Probleme keine Ergometrie durchführen können, ist die bildgebende Diagnostik mit Thallium und Dipyridamol (z.B. Persantin®) eine Alternative (Belastungsszintigraphie). Auf die Dipyridamol-Injektion folgt die Thallium-Injektion und im Anschluss daran die bildgebende Diagnostik. I.v. verabreichtes Dipyridamol führt über Vasodilatation zu einer signifikanten Erhöhung des koronaren Blutflusses, ohne grundlegende Veränderungen der Herzfrequenz und des Blutdrucks. Es kann jedoch leichte Angina pectoris und geringfügige ST-Streckensenkung unter Belastung auslösen. Dipyridamol kann einen Bronchospasmus hervorrufen und ist kontraindiziert bei Patienten mit asthmatischen Beschwerden
- Wenn vasodilatierende Medikamente kontraindiziert sind, können stattdessen positiv inotrope Medikamente (z.B. Dobutamin) verabreicht werden. Diese erhöhen den myokardialen Sauerstoffbedarf durch Steigerung von Herzfrequenz, systolischem Blutdruck und Kontraktilität. Somit erhöhen sie sekundär den koronaren Blutfluss
- Moderne Kontrastmittel wie MIB-Isonitril sind chemisch an Technetium gebunden. Ihre Vorteile sind: bessere bildgebende Diagnostik, reduzierte Aktivitätsminderung und geringere Untersuchungsdauer (Abb. 1 – 8). Zu den Nachteilen im Vergleich zu Thallium zählen die höheren Kosten und die geringere Sensitivität beim Aufspüren von vitalem Herzmuskelgewebe
- Zu den Kontraindikationen des Stress-Tests gehören: instabile Angina pectoris, akute Myokarditis oder Perikarditis, dekompensierte Herzinsuffizienz, schwere Hypertension, kritische Aortenstenose, unbehandelte lebensbedrohliche kardiale Arrhythmien, AV-Block höheren Grades und schwere hypertroph-obstruktive Kardiomyopathien
- Kosten: Myokardszintigraphie in Ruhe €; Stress-Myokardszintigraphie: €€

3. Transthorakale Echokardiographie („Herz-Echo")

Indikationen

- Abklärung von Herzgeräuschen
- Brustschmerzen
- Beurteilung der Auswurffraktion (EF)
- Quantifizierung einer Herzinsuffizienz
- Arterieller Thrombus (z.B. im linken Vorhof)
- Synkope mit V.a. kardiale Ätiologie
- V.a. Endokarditis
- Beurteilung von Perikardergüssen
- Vergrößerter Herzschatten auf dem Rö-Thorax
- Nachweis intrakardialer Shunts
- Herzklappenfehler
- Kardiomyopathie
- Führung der Nadel bei Perikardpunktion

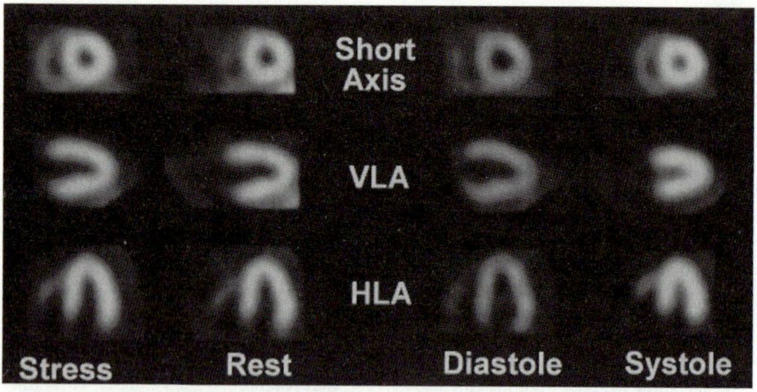

Abb. 1-8. SPECT-Untersuchung in Ruhe und unter Stress bei einem gesunden Patienten (Spalten links). Zu sehen sind repräsentative Schnitte der kurzen Achse, sowie der langen Achse in vertikaler und horizontaler Ansicht. Zu beachten ist der gleichmäßige ^{99m}Tc-Sestamibi-Uptake auf beiden Tomogrammen, mit und ohne Stress. Dies entspricht einer homogenen regionalen Myokarddurchblutung. Die beiden rechten Spalten zeigen enddiastolische und endsystolische Aufnahmen unter Stress mit einer gleichmäßig systolischen Wandverdickung in allen myokardialen Segmenten. Die linke Ventrikelhöhle ist auf den Abbildungen der Diastole größer als auf denen der Systole, was einer normalen linksventrikulären Auswurffraktion (EF) entspricht. Die „Helligkeit" der endsystolischen Bilder korreliert direkt mit dem Grad der systolischen Wandverdickung.
[Aus: Goldmann L, Bennet C: Cecil Textbook of Medicine, 21/E. Philadelphia, WB Saunders 2000]

Vorteile

- Nicht-invasiv
- Schnell
- Kann am Bett erstellt werden
- Vorbereitung, Prämedikation oder Monitoring des Patienten nicht erforderlich
- Keine ionisierende Strahlung

Nachteile

- Geringere Sensitivität als TEE zur Beurteilung von subakuter bakterieller Endokarditis und künstlichen Herzklappen
- Eingeschränkte Untersuchungsbedingungen bei stark adipösen Patienten und Patienten mit Lungenemphysem
- Die Ruhe-Echokardiographie ist aufgrund fehlender Sensitivität ungeeignet zur Diagnose einer KHK

Kommentar

- Die TEE ist zur Beurteilung künstlicher Herzklappen, Emboliequellen, intrakardialer Shunts und subakuter bakterieller Endokarditis der TTE vorzuziehen
- Die Dopplersonographie (Flussdiagnostik) im Rahmen des Herz-Echos ist hilfreich zur Beurteilung von Shunts, Herzklappenstenose und -insuffizienz, sowie zur Messung des kardialen Outputs
- Bei der Kontrastechokardiographie werden Mikrobläschen (micro bubbles) injiziert, um intrakardiale Shunts besser beurteilen zu können
- Kosten: €

4. Transösophageale Echokardiographie (TEE)

Indikationen

- V.a. subakute bakterielle Endokarditis
- Beurteilung künstlicher Herzklappen
- Suche nach kardialen Emboliequellen
- V.a. Aortendissektion
- Nachweis intrakardialer Shunts
- Bildliche Darstellung von Vorhofthromben
- Erkrankungen der Aorta
- Intrakardiale Raumforderungen

Vorteile

- Bessere Bildqualität als die transthorakale Echokardiograpie (TTE)
- Keine ionisierende Strahlung

Nachteile

- Invasiv
- Vorbereitung und Monitoring des Patienten erforderlich
- Komplikationsrate liegt bei 0,2 bis 0,5 % (z. B. Ösophagustrauma, Aspiration, Herzrhythmusstörung, Atemdepression infolge Sedierung)

Kommentar

- Bei der TEE wird eine Endoskopiesonde, an deren distalen Ende sich ein Ultraschallkopf befindet, in den Ösophagus eingeführt. Dies erlaubt eine bessere bildliche Darstellung der kardialen Strukturen, besonders der Herzklappen
- Hilfreiche Untersuchungsmethode, um Herzklappenfehler und Erkrankungen der Aorta zu beurteilen
- Kosten: €

5. Stress-Echokardiographie

Indikationen

- V.a. Myokardischämie (anhand der Anamnese oder basierend auf Veränderungen im EKG)
- Nach Myokardinfarkt, aortokoronarer Bypass-Operation (ACVB) und zur Risikoeinschätzung nach Angioplastie
- Beurteilung von Brustschmerzen bei Patienten mit WPW-Syndrom
- Abklärung von Brustschmerzen bei jungen Frauen (hohe Rate an falsch-positiven Ergebnissen bei der Ergometrie)
- Beurteilung der medikamentösen Therapie
- Beurteilung von Patienten mit signifikanten Auffälligkeiten im Ruhe-EKG (z. B. Linksschenkelblock oder Schrittmacher-Rhythmus, Zeichen einer linksventrikulären Hypertrophie und normaler ST-Strecke oder T-Wellen-Abweichung; ST-Streckensenkung bei Digitalis-Therapie)
- Präoperative Risikoeinschätzung

Vorteile

- In den meisten Kliniken schnell verfügbar
- Hilfreich zum Nachweis regionaler Wandbewegungsstörungen, die bei Myokardischämie in Verbindung mit KHK auftreten
- Signifikant höhere Sensitivität zur Diagnose von KHK als die Ergometrie
- Die Echokardiographie mit Dobutamin ist bei Patienten mit moderaten oder schweren asthmatischen Beschwerden der Szintigraphie mit Dipyridamol (z. B. Persantin®) vorzuziehen

Nachteile

- Teurer als die Ergometrie

Kommentar

- Bei der Stress-Echokardiographie kann die Abnahme der Kontraktilität ein Hinweis auf regionale subendokardiale Durchblutungsstörungen sein
- Bei Patienten, die aufgrund orthopädischer oder anderer Problemen die Ergometrie nicht durchführen können, wird z. B. Dobutamin eingesetzt, um dadurch die kardiale Funktion unter Stress beurteilen zu können
- Wenn die Stress-Echokardiographie zur präoperativen Risikoeinschätzung herangezogen wird, spricht das Vorhandensein einer oder mehrerer Wandbewegungssstörungen unter Stress für ein erhöhtes Risiko kardialer Komplikationen
- Kontraindikationen für die Stress-Echokardiographie sind: instabile Angina pectoris, akute Myokarditis oder Perikarditis, dekompensierte Herzinsuffizienz, schwere Hypertension, kritische Aortenstenose, unbehandelte lebensbedrohliche kardiale Arrhythmien, AV-Block höheren Grades und schwere hypertroph-obstruktive Kardiomyopathien
- Kosten: €

D. Bildgebende Thoraxdiagnostik

1. Röntgen-Thorax

Indikationen

- Dyspnoe
- Thoraxtrauma
- Thorakale Schmerzen
- Chronischer Husten
- Hämoptyse
- V.a. pulmonale Neoplasie (primär oder durch Metastasen)
- V.a. infektiösen Prozess (z. B. Tuberkulose, Pneumonie)
- Inhalationstrauma
- Verlaufskontrolle pulmonaler Rundherde
- V.a. Pleuraerguss
- Kontrolle nach Pleurapunktion
- Pneumothorax
- Beurt. v. Herzgröße und -form
- Herzinsuffizienz (Stauung)
- COPD

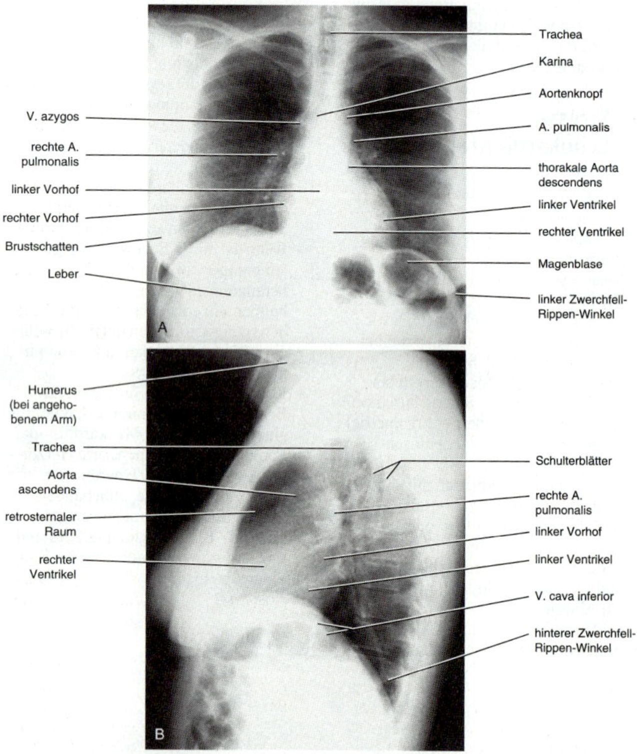

Abb. 1-9. Normale Anatomie des weiblichen Röntgen-Thorax in aufrechter posteroanteriorer Projektion (A) und lateraler Projektion (B).
[Aus: Mettler FA: Primary Care Radiology. Philadelphia, WB Saunders, 2000]

- Verlaufskontrolle bei Pneumonie
- Vor herz- bzw. thoraxchirurgischen Eingriffen
- Lagekontrolle bei: Ernährungssonde, Swan-Ganz-Katheter, zentralem Venenkatheter, endotrachealem Tubus, transvenösem Schrittmacher
- V.a. ARDS (acute respiratory distress syndrome)
- Angeborene Herzfehler
- Mesotheliom
- Interstitielle Lungenerkrankungen

Vorteile

- Geringe Kosten
- Schnell verfügbar
- Geringe Strahlenbelastung
- Kann am Bett erstellt werden

Nachteile

- Geringe diagnostische Aussagekraft
- Hauptnachteile der mobilen Röntgen-Thorax-Geräte sind ungenügende Ergebnisse bei korpulenten Patienten, unvollständiger Einatmung und schlechter Lagerung des Patienten. Da bei anterior-posteriorem Strahlengang im Liegen aufgenommen wird (posterior-anterior im Stehen), ist die Herzgröße auf diesen Aufnahmen nicht sicher beurteilbar (größerer Herzschatten)

Kommentar

- Die optimale Einstellung zur Beurteilung der kardialen Strukturen liegt vor, wenn die Wirbelsäule gerade noch hinter dem Herz erkennbar ist
- Preisgünstigste Methode, um pathologische Prozesse im Thorax aufzudecken
- Abb. 1 – 9 zeigt die Anatomie eines normalen Röntgen-Thorax
- Kosten: €

2. Thorax-CT

Indikationen

- Auffällige Befunde im Röntgen-Thorax ohne diagnostische Aussagekraft (zur weiteren Charakterisierung z. B. bei thorakalen oder pleuralen Raumforderungen, kavernösen oder zystischen Veränderungen oder unspezifischen Infiltrationen)
- Verlaufskontrolle bei pulmonalen Rundherden und Beurteilung der Dichte dieser Herde
- Staging bei Bronchialkarzinomen
- Nachweis von Metastasen
- Verbreitertes Mediastinum
- Abnormaler Lungenhilus
- Beurteilung von Bronchiektasen und interstitiellen Lungenerkrankungen
- Thoraxtrauma
- Beurteilung von Läsionen der Luftwege
- V.a. Erkrankung der thorakalen Aorta
- V.a. Aortendissektion/-ruptur
- Ausmessung eines Aortenaneurysmas
- Differenzierung zwischen pleuralen und parenchymatösen Prozessen
- Beurteilung des Thymus bei Patienten mit Myasthenia gravis
- Nachweis zentraler Lungenembolien
- Beurteilung von Läsionen im Bereich des Zwerchfells

Vorteile

- Schnell
- Bevorzugtes Verfahren zur Untersuchung von Lungenhili und Mediastinum
- Sehr gutes Verfahren zur Beurteilung der Pleura und der Thoraxwand
- Erlaubt bildgebende Diagnostik ohne Artefakte durch Atembewegungen
- Differenzierung zwischen chronischer und akuter Lungenembolie
- Entdeckung bzw. Sicherung von Differentialdiagnosen der Lungenembolie, zur Abklärung der Symptomatik
- Untersucherunabhängig
- Optimale Initialuntersuchung auf Lungenembolie bei Patienten mit auffälligem Röntgen-Thorax
- Untersuchung der großen Gefäße als CT-Angiographie möglich

Nachteile

- Gefahr einer signifikanten Kontrastmittelreaktion
- Bei KM-Gabe Verschlechterung einer eingeschränkten Nierenfunktion möglich
- Teuer
- Erfordert die Mitarbeit des Patienten (Atem anhalten für 10 bis 25 Sekunden)
- Bei der Diagnose einer Lungenembolie können die Ergebnisse beeinflusst werden durch: Obstruktion der Vena cava (verzögerte Kontrastmittelanreicherung), Shunts (z. B. persistierendes

Foramen ovale, kardiale Links-rechts-Shunts)
- Eine subsegmentale Lungenembolie kann unentdeckt bleiben
- Hiläre Lymphknotenveränderungen oder andere mediastinale Weichteiltumoren können eine Lungenembolie vortäuschen (sehr selten)

Kommentar
- In den meisten Fällen führt man heute bei den o.g. Indikationen ein Spiral-CT durch. Konventionelle, sequenzielle CT wird nur noch in wenigen Kliniken/Praxen verwendet
- Kontrastmittelgabe ist notwendig, um Gefäßanomalien (z. B. Aortenaneurysma oder Aortendissektion) beurteilen zu können oder um ungewöhnliche Lungenhili, sowie bestimmte Anomalien der Pleura diagnostisch einzuordnen
- Das hochauflösende Thorax-CT kann durch die verminderte Abtastbreite zur Beurteilung von interstitiellen Lungenerkrankungen, Bronchiektasen oder lymphogener Aussaat von Karzinomen herangezogen werden
- Das Spiral-CT gewinnt kontinuierlich Daten, während der Patient den Atem anhält und durch den Scanner transportiert wird
- Zum Nachweis einer Lungenembolie ist eine Kontrastmittelgabe erforderlich
- Das unauffällige Spiral-CT kann eine Lungenembolie nicht ausschließen. Die Sensitivität beträgt zwischen 53 und 100 %; die Spezifität zwischen 78 und 100 %
- Im Spiral-CT mit KM kann eine Lungenembolie bis in die Segmentarterien nachgewiesen werden, im High-Resolution-CT auch bis in die Subsegmentarterien
- Kosten: Thorax-CT ohne Kontrastmittel €€; Thorax-CT mit Kontrastmittel €€; Spiral-CT mit und ohne Kontrastmittel €€€

3. Thorax-MRT

Indikationen
- Beurteilung von Erkrankungen der Thoraxwand bei unauffälligem CT
- Beurteilung einer Aortendissektion (hier ist jedoch meist ein CT besser verfügbar)
- Beurteilung von hilären und mediastinalen Erkrankungen bei unauffälligem CT
- Karzinome der Lungenspitze
- Raumforderungen im hinteren Mediastinum
- Verlaufskontrolle bei Lymphomen
- Läsionen des Plexus brachialis
- Kontrainidzierte Kontrastmittelgabe bei Patienten mit mediastinalen oder vaskulären Anomalien

Vorteile
- Nicht-invasiv
- Sicheres MRT-Kontrastmittel
- Keine ionisierende Strahlung
- Gute Auflösung der Weichteile
- Multiplanar (ein MRT kann i. Ggs. zum CT beliebige Schnittebenen liefern)
- Sehr gute bildliche Darstellung des Mediastinums und der Thoraxwand

Nachteile
- Teuer
- Erfordert die Mitarbeit des Patienten
- Zeitaufwändig
- Bewegungsartefakte durch kardiale und respiratorische Bewegungen
- Inadäquate bildliche Darstellung der Lunge (aufgrund mangelnder magnetischer Empfindlichkeit produziert eine normale Lunge kein MR-Signal)
- Kann nicht angewandt werden bei Patienten mit Nicht-MR-kompatiblen Aneurysma-Clips, Schrittmachern, Cochlear-Implantaten oder metallischen Fremdkörpern in den Augen. Ist jedoch sicher bei Frauen mit Intrauterinpessaren (auch Kupferspirale) und bei Patienten mit chirurgischen Clips und Klammern
- Ängstliche Patienten (besonders Patienten mit Klaustrophobie) sollten mit einem angstlösenden Medikament prämediziert und – sofern möglich – durch ein „offenes MRT“ gefahren werden

Kommentar
- Wird vor allem bei unauffälligem CT zur weiteren Diagnostik eingesetzt
- Kosten: MRT mit Kontrastmittel €€€; MRT ohne Kontrastmittel €€; MRT mit und ohne Kontrastmittel €€€€

E. Bildgebende Diagnostik des endokrinen Systems

1. Nebennierenmark-Szintigraphie mit ^{123}Jod-Metaiodobenzyl-guanidin (MIBG)

Indikationen

- Beurteilung bei V.a. Paragangliom oder Phäochromozytom
- Untersuchung des gesamten Körpers auf extraadrenale Tumoren und metastatische Absiedlungen durch Paragangliome oder Phäochromozytome
- Beurteilung von Neuroblastomen
- Ausschluss einer multiplen endokrinen Neoplasie bei medullärem Schilddrüsenkarzinom

Vorteile

- Die Sensitivität zum Nachweis eines Phäochromozytoms beträgt > 90 %; die Spezifität > 95 %

Nachteile

- Wechselwirkungen mit verschiedenen Medikamenten (z. B. trizyklische Antidepressiva, Carvedilol, Kokain, Reserpin) und Barium

Kommentar

- Bei der Nebennierenmarks-Szintigraphie verwendet man den Tracer MIBG, ein Analogon von Guanethidin. Der Uptake erfolgt im Gewebe des Nebennierenmarks, neuroblastischer Tumoren und anderer Organe mit reichhaltig adrenerger Innervation (z. B. Herz, Milz). Die gebräuchlichsten Radioisotope sind ^{131}Jodid und ^{123}Jodid. Beim Einsatz von ^{131}J-MIBG werden die ersten Aufnahmen gewöhnlich 24 h nach Injektion erstellt, Spätaufnahmen nach 48 bis 72 h. Bei der Verwendung von ^{123}J-MIBG werden die ersten Aufnahmen nach 2 bis 3 h erstellt, Spätaufnahmen nach 24 bis 48 h
- Paragangliome oder Phäochromozytome zeigen einen unlilateralen fokalen Uptake
- Die Szinitigraphie mit MIBG sollte nicht als Screeninguntersuchung für Phäochromozytome eingesetzt werden. Sie ist nur indiziert, wenn aufgrund biochemischer Tests bereits ein hoher Verdacht besteht
- Bei Phäochromozytomen der Nebenniere sollten zusätzlich noch CT- und MRT-Aufnahmen erstellt werden. Beide Untersuchungsverfahren können bis zu 90 % der funktionellen Tumoren aufdecken
- Kosten: €

2. Nebenschilddrüsen-Szintigraphie

Indikationen

- Hyperkalzämie mit erhöhten Parathormon(PTH)-Werten
- Präoperative Lokalisierung von PTH produzierendem Gewebe

Vorteile

- Nicht-invasiv
- Bestes Verfahren z.A. von Adenomen der Nebenschilddrüse

Nachteile

- Hyperplasien der Nebenschilddrüse können übersehen werden
- Vorherige Jodaufnahme (Essen, Medikamente) oder Untersuchungen mit jodhaltigen Mitteln können die Auswertung der Ergebnisse beeinflussen
- Relativ kontraindiziert bei Schwangerschaft

Kommentar

- Bei der Beurteilung einer Nebenschilddrüsen-Szintigraphie ist es wichtig, auf ektopes Nebenschilddrüsengewebe zu achten (z. B. an einer anderen Stelle am Hals oder im Thorax)
- Kosten: €

3. Schilddrüsen-Szintigraphie (mit ^{99m}Tc-Pertechnetat)

Indikationen

- Thyreoiditis
- Hyperthyreose
- Schilddrüsenknoten

- Nachweis einer Zungengrundstruma
- Ductus-Thyreoglossuszyste

Für die Szintigraphie mit Radiojod gelten heute noch folgende Indikationen:

- Suche nach Metastasen eines Schilddrüsenkarzinoms
- Vor Radiojod-Therapie
- Ablationskontrolle nach hoch dosierter Radiojodtherapie

Vorteile

- Nicht-invasiv

Nachteile

- Kontraindiziert bei Schwangerschaft (Radiojod tritt in die Plazenta über; dies kann beim Fötus zu Kretinismus führen)
- Radiojod gelangt in die Muttermilch; nach einer Untersuchung mit Radiojod sollte daher das Stillen beendet werden
- Jodaufnahme durch Nahrungsmittel und Medikamente kann die Bilddiagnostik signifikant beeinflussen

Kommentar

- Bei einer normalen, euthyreoten Schilddrüse verteilt sich das Radionuklid gleichmäßig über das ganze Organ
- Bei Morbus Basedow kann eine konstant erhöhte Aktivität beobachtet werden
- Bei der Hashimoto-Thyreoiditis ist der Uptake des Radiojodids variabel und hängt vom Krankheitsstadium ab
- Bei einer euthyreoten Struma nodosa sind sowohl Areale mit gesteigerter Aktivität, als auch Areale mit verminderter Aktivität erkennbar
- Bei einem heißen Knoten (autonomes Adenom) wird ein rundes Areal mit einer deutlich gesteigerten Aktivität sichtbar, während das umliegende Gewebe supprimiert wird
- Kosten: €

4. Schilddrüsen-Sonographie

Indikationen

- Schilddrüsenknoten
- Struma diffusa
- Struma nodosa
- Veränderungen der Nebenschilddrüse
- Führung bei bildgestützter Biopsie

Vorteile

- Nicht-invasiv
- Schnell
- Keine ionisierende Strahlung

Nachteile

- Um eine endgültige Diagnose zu stellen, ist eine Biopsie mit Feinnadelpunktion notwendig
- Knoten mit einem Durchmesser < 1 cm können übersehen werden
- Die Beurteilung großer Zysten (> 4 cm) ist schwierig, da die Areale zystisch oder hämorrhagisch degeneriert sein können

Kommentar

- Die Sonographie ist ein sehr gutes Verfahren, um die Anatomie der Schilddrüse darzustellen und eignet sich auch gut zur Führung der Nadel bei Biopsie oder Zystenpunktion
- Die Schilddrüsen-Sonographie ist zudem hilfreich, um Veränderungen der Nebenschilddrüse zu entdecken (ca. 70 % der Nebenschilddrüsenveränderungen sind mittels Ultraschall nachweisbar)
- Kosten: €

F. Bildgebende Diagnostik des Urogenitaltrakts

1. Hysterosalpingographie (HSG)

Indikationen

- Primäre und sekundäre Unfruchtbarkeit
- Diagnostik von Tuben-Anomalien (einschließlich Divertikel und akzessorischer Tubenöffnung)
- Beurteilung der Tubendurchgängigkeit nach Tubenligatur

Vorteile

- Geringere Kosten als bei der Laparoskopie
- Schnell (Untersuchung dauert ca. 10 min) und relativ sicher (bei < 3 % der Patientinnen treten Komplikationen auf)

Nachteile

- Eingeschränkte diagnostische Aussagekraft (nur 50 % der tubulären Erkrankungen werden mit Hilfe der HSG diagnostiziert)
- Mögliche Komplikationen sind Schmerzen, Infektionen und Kontrastmittelallergie

Kommentar

- Die HSG ist ein bildgebendes Verfahren, bei dem die Uterushöhle und die Lumina der Tuben durch Kontrastmittelinjektion in den Cervixkanal dargestellt werden
- Kontraindiziert ist eine HSG bei akuter Beckeninfektion, Schwangerschaft, aktiver uteriner Blutung, Jodallergie und postoperativ nach Uterus-OP
- Eine HSG sollte ausschließlich 6 bis 12 Tage nach der letzten Menstruation durchgeführt werden
- Kosten: €

2. I.v. Ausscheidungsurographie und retrograde Pyelographie

Indikationen

- Hämaturie
- V.a. Urolithiasis
- Nierenzellkarzinom
- Anomalien/ Strikturen der Nieren oder Harnleiter
- Blasentumoren, Divertikel, Zystozelen, Steine
- Enterovesikale Fisteln (z. B. bei Morbus Crohn, Divertikulitis, Z.n. Trauma, Z.n. Operation)
- Ein retrogrades Urethrogramm wird in erster Linie erstellt, um Strikturen und Erkrankungen der vorderen Harnröhre beim Mann zu beurteilen und um unklare Befunde einer i.v. Ausscheidungsurographie abzuklären

Vorteile

- Geringe Kosten
- Liefert Informationen zu Funktion und Anatomie des Urogenitaltrakts
- Darstellung des gesamten Harntrakts
- Kann bei einer Urolithiasis die genaue Lage der Obstruktion darstellen

Nachteile

- Gefahr einer signifikanten Kontrastmittelreaktion
- Darmgase im Rektum können einen Füllungsdefekt der Blase vortäuschen
- Kontraindiziert in der Schwangerschaft
- Die Nierenfunktion hat einen Einfluss auf die Untersuchung (gilt nur für i.v. Untersuchung)
- Die Kompression der proximalen Urethra durch den M. bulbocavernosus kann als urethrale Striktur fehlinterpretiert werden
- Bariumrückstände von vorherigen Untersuchungen können die Auswertung beeinflussen

Kommentar

- In den letzten zwei Jahrzehnten haben Ultraschalldiagnostik und CT die i.v. Ausscheidungsurographie als bildgebende Initialuntersuchung bei urologischen Erkrankungen weitgehend abgelöst
- Das Risiko einer Nierenschädigung durch das Kontrastmittel liegt bei 3 bis 7 %. Ein erhöhtes Risiko besteht für dehydrierte Personen, Patienten mit Diabetes mellitus und Personen mit Kreatininwerten > 1,4 mg/ dl

- Ein erhöhtes Risiko einer Kontrastmittelreaktion besteht bei Patienten mit Asthma, schweren Allergien oder Kontrastmittelreaktion in der Anamnese. Das Risiko ist geringer, wenn nichtionische Kontrastmittel zum Einsatz kommen (diese sind jedoch deutlich teurer)
- Zur Vorbereitung soll der Darm des Patienten gesäubert werden, da Darmgas und Stuhl die Ergebnisse verfälschen können
- Kosten: €

3. Sonographie in der Schwangerschaft

Indikationen

- Bestimmung des Gestationsalters (Diskrepanz zwischen Uterusgröße und Schwangerschaftsdauer > 2 Wochen; vor elektivem Schwangerschaftsabbruch)
- Mehrlingsschwangerschaft (Bestimmung der Fötenzahl)
- V.a. intrauterinen Fruchttod
- V.a. Abort
- Unvollständiger Abort
- Spontanabort
- Bestimmung der Kindslage
- Untersuchung der fötalen Anatomie
- Beurteilung der Plazenta
- Diagnose fötaler Anomalien
- Beurteilung der Nabelschnur
- Vaginale Blutungen
- V.a. kongenitale Anomalien
- Navigation bei Amniozentese
- Erkrankungen der Mutter (z. B. Hypertension, Diabetes mellitus, Röteln, Zytomegalievirusinfektion, HIV-Infektion)
- Frühgeburt oder Ruptur der Fruchtblase < 36. Woche
- V.a. Plazentalösung
- Verwandte 1. Grades mit kongenitalen Anomalien in der Anamnese
- Beurteilung des Fötuswachstums bzw. intrauteriner Wachstumsverzögerung

Vorteile

- Schnell
- Nicht-invasiv
- Schnell verfügbar
- Keine ionisierende Strahlung
- Kann in regelmäßigen Abständen wiederholt werden

Nachteile

- Bei Extrauteringravidität (EUG) liegt die Zahl der falsch-negativen Befunde bei 20 %
- Eine Plazentalösung kann übersehen werden, wenn zum Zeitpunkt der Untersuchung keine retroplazentare Blutung vorhanden ist oder sich das Blut nicht adäquat darstellen lässt. Außerdem sind Blut und Plazenta aufgrund gleicher Schalldichte nur schwer voneinander zu unterscheiden

Kommentar

- Kosten: €

4. Becken-Sonographie

Indikationen

- Raumforderungen im Becken
- Schmerzen im Becken
- Unfruchtbarkeit
- Raumforderungen in Uterus oder Ovarien
- Uterus-Anomalien (Müller-Gang-Anomalien)
- Schwangerschaft (auch extrauterin)
- Vaginale Blutungen

Vorteile

- Schnell
- Kann am Bett erstellt werden
- Geringe Kosten
- Nicht-invasiv
- Keine Strahlung
- Keine Kontrastmittelgabe notwendig
- Unabhängig von der Nierenfunktion
- Schnell verfügbar

Nachteile

- Echoschatten von Darmgasüberlagerungen können die Darstellung behindern
- Die Sonographie ist untersucherabhängig
- Abhängig vom Körperbau
- Gute Untersuchungsbefunde nur bei voller Harnblase des Patienten

Kommentar

- Üblicherweise wird eine transabdominelle und eine transvaginale Untersuchung durchgeführt
- Kosten: €

5. Prostata-Sonographie

Indikationen
- Auffälligkeiten bei der digital-rektalen Untersuchung
- Probleme beim Wasserlassen
- Erhöhte Werte des Prostataspezifischen Antigens (PSA)
- Abklärung bei Unfruchtbarkeit
- Führung der Nadel bei Biopsie

Vorteile
- Keine ionisierende Strahlung
- Bildgebendes Verfahren der Wahl zur Führung der Biopsie-Nadel bei V.a. Prostatakarzinom
- Hilfreich, um das Volumen der Blase zu beurteilen und zur Abschätzung der Prostatagröße

Nachteile
- Invasiv und unangenehm für den Patienten
- Stuhl im Rektum beeinflusst das Ergebnis der Sonographie

Kommentar
- Kosten: €

6. Nieren-Sonographie

Indikationen
- Niereninsuffizienz
- Nephrolithiasis
- Raumforderungen der Niere
- Zystennieren
- Multizystische Nierendysplasie
- Hydronephrose
- Pyelonephritis
- Niereninfarkt
- Akutes/chronisches Nierenversagen

Vorteile
- Nicht-invasiv
- Kann am Bett erstellt werden
- Schnell
- Keine ionisierende Strahlung
- Schnell verfügbar

Nachteile
- Körperbau beeinflusst die Untersuchung
- Bariumrückstände von vorherigen Röntgenuntersuchungen können die Auswertung beeinflussen

Kommentar
- Kosten: €

7. Sonographie des Skrotums

Indikationen
- Schmerzhafte Hoden oder Hodenschwellung
- Hodentorsion
- Hodentrauma
- Raumforderungen der Hoden oder des Skrotums
- Infektionen
- V.a. Hodenhochstand
- Beurteilung bei Unfruchtbarkeit

Vorteile
- Nicht-invasiv
- Schnell
- Keine Vorbereitung des Patienten notwendig
- Keine ionisierende Strahlung

Nachteile
- Nicht geeignet zum Staging bei Hoden-Neoplasie (hier sollte das MRT bevorzugt werden)

Kommentar
- Die Farbdoppler-Sonographie ist das bildgebende Verfahren der Wahl bei V.a. Hodentorsion
- Kosten: €

8. Transvaginale Sonographie

Indikationen
- Beurteilung der Tuben und Ovarien
- Untersuchung bei Schwangerschaft
- Abklärung bei Unfruchtbarkeit
- V.a. EUG
- V.a. gynäkologische Anomalien
- Navigation bei Punktion/Biopsie von Flüssigkeitsansammlungen/Raumforderungen im Becken
- Verlust oder Dislokation des Intrauterinpessars

Vorteile
- Sehr gute bildliche Darstellung des Beckens
- Keine ionisierende Strahlung
- Keine volle Blase notwendig
- Eine Schwangerschaft ist im Vergleich zur transabdominellen Sonographie früher feststellbar

Nachteile
- Nicht geeignet zur Beurteilung des großen Beckens
- Beschränktes Sichtfeld aufgrund des Hochfrequenz-Schallkopfs (geringe Gewebe-Eindringtiefe)
- Strukturen/Anomalien, die mehr als 10 cm vom Schallkopf entfernt sind, können nicht dargestellt werden

Kommentar
- Zu den Kontraindikationen zählen: intaktes Hymen, Ablehnung durch die Patientin, vorzeitige Ruptur der Fruchtblase (erhöhtes Infektionsrisiko)
- Kosten: €

9. Sonographie der Harnblase

Indikationen
- Hämaturie
- Rezidivierende Zystitis
- Blasen-Neoplasie (primär oder durch Metastasen)
- Harninkontinenz
- Blasen-Divertikel
- Blasensteine
- Beurteilung von Raumforderungen hinter der Blase
- Restharnbestimmung (selten)

Vorteile
- Nicht-invasiv
- Schnell
- Keine ionisierende Strahlung
- Kann am Bett erstellt werden

Nachteile
- Darmgasüberlagerungen und Körperbau können die Auswertung beeinflussen
- Ergebnisse sind untersucherabhängig
- Gute Untersuchungsbefunde nur bei voller Harnblase des Patienten

Kommentar
- Kosten: €

G. Bildgebende Diagnostik des muskuloskelettalen Systems und Rückenmarks

1. Arthrographie

Indikationen
- Knorpelverletzungen
- Implantatlockerung
- Bänder- und Sehnenrisse
- V.a. freie Gelenkkörper

Vorteile
- Sehr gute bildliche Darstellung von Verletzungen der Bänder, Sehnen, Knorpel in Schulter, Knie, Ellbogen, Handgelenk, Hüfte und Sprunggelenk

Nachteile
- Invasiv
- Gefahr einer signifikanten Kontrastmittelreaktion
- Infektionsgefahr
- Teuer

Kommentar
- Kontraindiziert bei Patienten mit Kontrastmittelreaktion in der Anamnese oder Infektionen im Injektionsbereich
- Verliert durch das MRT zunehmend an Bedeutung
- Kosten: Arthrographie €€; MRT-Arthrographie €€

2. Osteodensitometrie (Duale Röntgenabsorptiometrie, DXA)

Indikationen

- Frauen in der Menopause über 65 Jahren (ungeachtet zusätzlicher Risikofaktoren)
- Frauen in der Menopause unter 65 Jahren mit zusätzlichen Risikofaktoren für osteoporotisch bedingte Frakturen (z. B. Hüftfrakturen in der Familienanamnese, Rauchen, Körpergewicht < 58 kg, Langzeiteinnahme von Kortikosteroiden oder Heparin, Hyperthyreose, Hypercortisolismus, Hypogonadismus, rheumatoide Arthritis, Malabsorption)
- Verlaufskontrolle bei Hormontherapie

Vorteile

- Schnell verfügbar
- Nicht-invasiv
- Schneller und geringere Strahlenbelastung als eine Osteodensitometrie mittels Quantitativer Computertomographie (QCT)
- Kann periodisch erstellt werden, um den Krankheitsverlauf zu dokumentieren

Nachteile

- Geringere Sensitivität als die QCT zum Nachweis von Verlusten der Knochentrabekelmasse im Frühstadium

Kommentar

- Die Entscheidung zur Messung der Knochenmineraldichte sollte auf Basis des individuellen Risikoprofils gefällt werden. Eine Untersuchung sollte nur erfolgen, wenn das Ergebnis die weitere Behandlung beeinflusst
- Eine Abschätzung des Frakturrisikos mittels Osteodensitometrie ist bei Untersuchung des betroffenen Knochens aussagekräftiger als die sonst üblichen Messungen an anderen Knochen des Skelettsystems; allerdings ist die Osteodensitometrie in Deutschland inzwischen IGEL-Leistung (individuelle Gesundheitsleistung), wird also von keiner gesetzlichen Krankenkasse übernommen und hat keine GOÄ-Ziffer, da die Kassenärztliche Bundesvereinigung keinen Benefit der Patienten von dieser Untersuchung nachweisen konnte
- Kosten: €

3. Skelettszintigraphie

Indikationen

- Infektionen
- Metastasen
- Unklare Knochenschmerzen
- Avaskuläre Nekrosen
- Weitere Beurteilung von Knochenläsionen, die mittels anderer bildgebender Verfahren nachgewiesen wurden
- Seronegative Spondyloarthropathien
- Morbus Paget (Osteodystrophia deformans)
- Metabolische Knochenerkrankungen (z. B. Osteomalazie, Hypervitaminose A und D)
- Vitalität von Knochentransplantaten
- Stressfraktur/mediales Schienbeinkantensyndrom
- Endoprothesen-Lockerung
- Sympathische Reflexdystrophie (z. B. Morbus Sudeck)

Vorteile

- Hohe Sensitivität bei Knochenläsionen
- Die Dreiphasenskelettszintigraphie ist hilfreich bei V.a. Infektionen, Knochennekrose und Stressfrakturen. Um Infektionen nachzuweisen, können auch Gallium und markierte Leukozyten eingesetzt werden (Abb. 1 – 10 und 1 – 11)

Nachteile

- Ungenaue Untersuchungsmethode
- Für einen direkten Vergleich sind vorherige Röntgenaufnahmen erforderlich
- Flare-up-Phänomen: Nach Chemotherapie scheinbare Befundverschlechterung der Knochenszintigraphie-Verlaufsaufnahmen trotz Verbesserung der klinischen Symptomatik
- Teuer
- Geringere Spezifität als das MRT zur Diagnose von Osteomyelitis
- Falsch-negative Ergebnisse bei Plasmozytom (der Nachweis erfolgt eher über das konventionelle Röntgen als

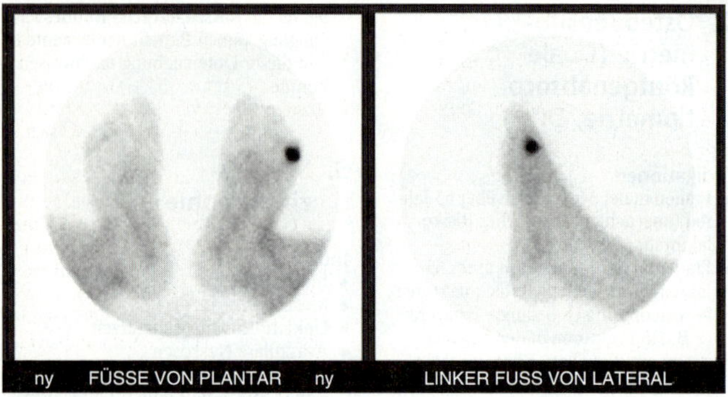

Abb. 1-10. Osteomyelitis. Starke Anreicherung von ^{99m}Tc-markierten Leukozyten in der proximalen Phalanx der linken Kleinzehe 4 h nach Injektion.
[Aus: Specht N: Practical Guide to Diagnostic Imaging, St. Louis, Mosby, 1998]

durch eine nuklearmedizinische Untersuchung)

Kommentar

- Bei der Skelettszintigraphie wird eine Diphosphonatverbindung (Methylendiphosphonat [MDP]) markiert (z.B. mit ^{99m}Tc), vom Knochen aufgenommen und zur Darstellung der Knochenpathologie verwendet. Osteoblastische Aktivitäten und Knochendurchblutung können den Uptake des Tracers beeinflussen
- *Ganzkörperskelettszintigraphie* bei V.a. auf Beteiligung mehrerer Skelettregionen

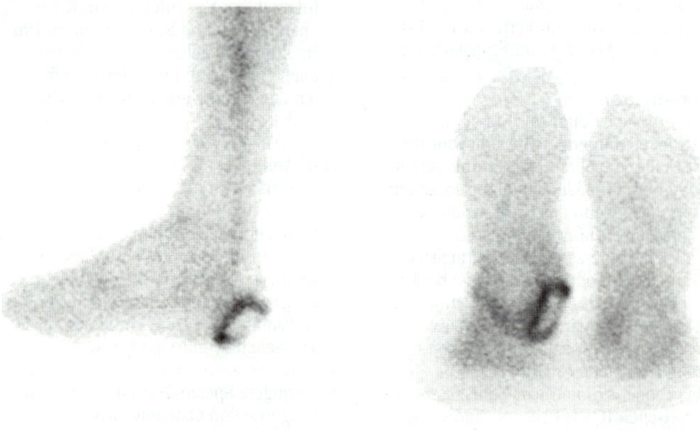

Abb. 1-11. Zellulitis. Hohe Anreicherung von ^{99m}Tc-markierten Leukozyten, die den äußeren Ring eines Fersenulcus markieren; der Knochen ist nicht betroffen.
[Aus: Specht N: Practical Guide to Diagnostic Imaging, St. Louis, Mosby, 1998]

- *Dreiphasenskelettszintigraphie:* erfasst werden mit der 1. Phase (0–30 sec) die Perfusion, mit der 2. (frühstatischen) Phase (nach ca. 10 min) vor allem entzündliche Exsudate, und mit der 3. (spätstatischen) Phase (nach ca. 2h) die Knochenstoffwechselaktivität. Zu den Indikationen gehören: Infektionen, Beurteilung von Stressfrakturen, Sympathische Reflexdystrophie und Vitalität von Knochentransplantaten
- *Single-Photonen-Emissions-Computertomographie (SPECT)* bei V.a. Läsionen in der lumbalen Wirbelsäule (LWS), Knie, Schädel oder Gesichtsknochen. Sie eignet sich zudem zur Beurteilung von Spondylolyse bei Kindern
- Wenn sowohl eine Szintigraphie als auch ein CT erforderlich sind, sollte zuerst die Skelettszintigraphie erstellt werden, da das CT-Kontrastmittel die Aufnahmen beeinflussen kann
- Kosten: Szintigraphie eines Areals €; Ganzkörperszintigraphie €€

4. CT-Myelographie (CTM)

Indikationen

- Beurteilung von Fehlbildungen spinaler Gefäße
- Beurteilung bei V.a. spinale Läsionen (z.B. kleine Osteophyten, die auf die Nervenwurzeln drücken)

Vorteile

- Sehr gut geeignet zur Beurteilung kleiner Osteophyten und Nervenwurzeln
- Darstellung knöcherner Stenosen des Spinalkanals

Nachteile

- Invasiv
- Schlechte Darstellung intramedullärer Läsionen
- Schlechte Weichteilauflösung
- Komplikationen sind möglich (z.B. allergische Reaktionen, Kopfschmerzen, Krämpfe, aseptische Meningitis, Übelkeit). Ca. 10–25 % der Patienten leiden nach der Untersuchung unter Kopfschmerzen

Kommentar

- Durch die Verfügbarkeit des MRT ist die CT-Myelographie heute nicht mehr sehr gebräuchlich. Sie ist jedoch das Verfahren der Wahl, wenn ein MRT kontraindiziert ist (z.B. nach Spondylodese)
- Bei Rückenschmerzen sollte die Bilddiagnostik erst zum Einsatz kommen, wenn konservative Methoden versagt haben. Ausnahmen sind Rückenschmerzen mit neurologischer Symptomatik (z.B. Sphinkterstörungen, Veränderungen der Reflexe), im Rahmen einer HIV-Infektion, bei Abhängigkeit von i.v. injizierten Drogen und bei einer Tumorerkrankung in der Eigenanamnese
- Bei der CTM werden Spinalkanal und Rückenmark radiologisch untersucht, indem nichtionische Kontrastmittel durch Lumbalpunktion in den Subarachnoidalraum injiziert werden (möglich ist auch die lateral zervikale Punktion auf Höhe von C1 – C2)
- Kosten:€€

5. Spinales CT

Indikationen

- Wurzelkompressionssyndrom/Wurzelirritationssyndrom
- Diskopathien
- Spondylolisthesis
- Rückenmarks-Neoplasie (primär oder durch Metastasen)
- Tumoren der Spinalnerven
- Syringomyelie
- Hochgeschwindigkeitstrauma
- Infektionen

Vorteile

- Schnell
- Einfaches Monitoring des Patienten
- Hilfreich, um anatomisch schwierige Regionen darzustellen, die auf Röntgenleeraufnahmen kaum sichtbar sind (z.B. C1 – C2, C7 – T1)

Nachteile

- Gefahr einer signifikanten Kontrastmittelreaktion
- Geringere Sensitivität als das MRT, um nicht traumatisch bedingte Rückenmarksschädigungen, Myelonkompression von außen und Ligamentverletzungen nachzuweisen

Kommentar

- Bei Rückenschmerzen sollte die Bilddiagnostik erst zum Einsatz kommen,

wenn konservative Methoden versagt haben. Ausnahmen sind Rückenschmerzen mit neurologischer Symptomatik (z.B. Sphinkterstörungen, Veränderungen der Reflexe), im Rahmen einer HIV-Infektion, bei Abhängigkeit von i.v. injizierten Drogen und bei einer Tumorerkrankung in der Eigenanamnese
- Kontrastmittel-verstärkte CT-Aufnahmen sind indiziert bei V.a. Infektionen, Entzündungen, Neoplasie, nicht traumatischen oder extraduralen Rückenmarksläsionen durch Neoplasien oder Metastasen, sowie postoperativ, um Narbengewebe von einem Rezidivdiskusprolaps zu unterscheiden
- Konventionelle CT-Aufnahmen sind indiziert bei V.a. degenerative Wirbelsäulenerkrankungen und Rückenmarkstrauma
- Native Aufnahmen (ohne KM) auch bei V.a. Fraktur bei unklarem Befund im konventionellen Röntgen
- Kosten: €€

6. Hüft-MRT

Indikationen
- Nicht dislozierte Hüftfraktur (auch im CT beurteilbar)
- Morbus Perthes
- Aseptische Hüftkopfnekrose des Erwachsenen
- Röntgenleeraufnahme ohne Befund trotz Hüftschmerzen
- Transitorische Osteoporose der Hüfte

Vorteile
- Bildgebendes Verfahren mit der höchsten Sensitivität bei aseptischer Hüftkopfnekrose im Frühstadium

Nachteile
- Teuer
- Erfordert die Mitarbeit des Patienten
- Zeitaufwändig
- Kann nicht angewandt werden bei Patienten mit Nicht-MR-kompatiblen Aneurysma-Clips, Schrittmachern, Cochlear-Implantaten oder metallischen Fremdkörpern in den Augen. Ist jedoch sicher bei Frauen mit Intrauterinpessaren (auch Kupferspirale) und bei Patienten mit chirurgischen Clips und Klammern
- Ängstliche Patienten (besonders Patienten mit Klaustrophobie) sollten mit einem angstlösenden Medikament prämediziert und – sofern möglich – durch ein „offenes MRT" gefahren werden.

Kommentar
- Sehr gutes bildgebendes Verfahren zur Beurteilung von Knorpel-, Sehnen-, Bänder- und Weichteil-Anomalien
- Kosten: €€

7. Knie-MRT

Indikationen
- Kreuzbandriss
- Innenbandriss
- Meniskusriss
- Patellaluxation/ Patellafraktur
- Freie Gelenkkörper
- Okkulte Kniefraktur

Vorteile
- Sehr gutes bildgebendes Verfahren zur Beurteilung von Knorpel-, Sehnen-, Bänder- und Weichteil-Anomalien

Nachteile
- Teuer
- Erfordert die Mitarbeit des Patienten
- Zeitaufwändig
- Kann nicht angewandt werden bei Patienten mit Nicht-MR-kompatiblen Aneurysma-Clips, Schrittmachern, Cochlear-Implantaten oder metallischen Fremdkörpern in den Augen. Ist jedoch sicher bei Frauen mit Intrauterinpessaren (auch Kupferspirale) und bei Patienten mit chirurgischen Clips und Klammern
- Ängstliche Patienten (besonders Patienten mit Klaustrophobie) sollten mit einem angstlösenden Medikament prämediziert und – sofern möglich – durch ein „offenes MRT" gefahren werden.

Kommentar
- Ein MRT ist nicht indiziert, wenn die körperliche Untersuchung des Patienten einen eindeutigen Befund ergibt. Es sollte nur eingesetzt werden, wenn die körperliche Untersuchung ergebnislos bleibt oder widersprüchlich ist. Ein MRT ist zudem indiziert bei V.a. Bandverletzungen
- Kosten: MRT ohne Kontrastmittel €€

8. Schulter-MRT

Indikationen
- Rotatorenmanschettenruptur
- Schulterluxation
- Abriss des labrum glenoidale
- Persistierende Schulterschmerzen trotz konservativer Behandlung
- Präoperativ vor Schulteroperation

Vorteile
- Die Sensitivität und Spezifität des MRT beträgt bei V.a. Rotatorenmanschettenruptur 85 % bei Teilrissen und 95 % bei Abrissen
- Bei V.a. Abriss des labrum glenoidale liegt die Sensitivität des MRT bei > 90 % (ebenso wie bei der Arthrographie)

Nachteile
- Teuer
- Erfordert die Mitarbeit des Patienten
- Zeitaufwändig
- Kann nicht angewandt werden bei Patienten mit Nicht-MR-kompatiblen Aneurysma-Clips, Schrittmachern, Cochlear-Implantaten oder metallischen Fremdkörpern in den Augen. Ist jedoch sicher bei Frauen mit Intrauterinpessaren (auch Kupferspirale) und bei Patienten mit chirurgischen Clips und Klammern
- Ängstliche Patienten (besonders Patienten mit Klaustrophobie) sollten mit einem angstlösenden Medikament prämediziert und – sofern möglich – durch ein „offenes MRT" gefahren werden

Kommentar
- Sehr gutes bildgebendes Verfahren zur Beurteilung von Knorpel-, Sehnen-, Bänder- und Weichteil-Anomalien
- Kosten: MRT ohne Kontrastmittel €€

9. Spinales MRT

Indikationen
- V.a. Neoplasie (primär oder durch Metastasen)
- Wurzelkompressionssyndrom/Wurzelirritationssyndrom
- Akute Myelopathie
- Neu aufgetretene oder progressive neurologische Defizite
- Hochgeschwindigkeitstrauma
- V.a. spinale Infektion
- Neurogene Claudikatio (verursacht durch Spinalkanalstenose oder spinale Ischämien)
- Spinales Hämatom
- Syringomyelie
- Trotz konservativer Therapie persistierende Rückenschmerzen
- Spinalkanalstenose
- Tumorpatienten mit Rückenschmerzen

Vorteile
- Nicht-invasiv
- „Sicheres" Kontrastmittel (beim MRT kommt Gadolinium zum Einsatz, ein intravenös verabreichtes, nicht nephrotoxisches Kontrastmittel)
- Gute Weichteilauflösung
- Multiplanar
- Bestes Verfahren, um Veränderungen der Bandscheiben nachzuweisen und das Ausmaß von Verletzungen zu beurteilen
- Sehr gutes bildgebendes Verfahren zur Beurteilung intraduraler Metastasen und intramedullärer Tumoren

Nachteile
- Teuer
- Erfordert die Mitarbeit des Patienten
- Zeitaufwändig
- Kann nicht angewandt werden bei Patienten mit Nicht-MR-kompatiblen Aneurysma-Clips, Schrittmachern, Cochlear-Implantaten oder metallischen Fremdkörpern in den Augen. Ist jedoch sicher bei Frauen mit Intrauterinpessaren (auch Kupferspirale) und bei Patienten mit chirurgischen Clips und Klammern
- Ängstliche Patienten (besonders Patienten mit Klaustrophobie) sollten mit einem angstlösenden Medikament prämediziert und – sofern möglich – durch ein „offenes MRT" gefahren werden.

Kommentar
- Bei Rückenschmerzen sollte die Bilddiagnostik erst zum Einsatz kommen, wenn konservative Methoden versagt haben. Ausnahmen sind Rückenschmerzen mit neurologischer Symptomatik (z. B. Sphinkterstörungen, Veränderungen der Reflexe), im Rahmen einer HIV-Infektion, bei Abhän-

gigkeit von i.v. injizierten Drogen und bei einer Tumorerkrankung in der Eigenanamnese
- Die Sensitivität und Spezifität des MRT bei Bandscheibenvorfall ist mit der Myelographie vergleichbar. Das MRT ist jedoch aufgrund seiner multiplanaren Darstellungsmöglichkeiten das beste bildgebende Verfahren bei V.a. lateralen Bandscheibenvorfall
- Das MRT ist aufgrund seiner sehr guten Weichteilauflösung und seiner multiplanaren Darstellungsmöglichkeiten das Verfahren der Wahl bei der Beurteilung intraaxialer und extraaxialer Spinalläsionen
- Verfahren der Wahl bei Patienten mit V.a. Spinalkanalstenose
- Kontrastmittel-verstärkte Aufnahmen sind indiziert bei V.a. Infektionen, Entzündungen, Neoplasie, intrinsische Rückenmarksläsionen, extradurale Rückenmarksläsionen durch primär neoplastische oder metastatische Läsionen, sowie postoperativ, um Narbengewebe von einem Rezidivdiskusprolaps zu unterscheiden
- Aufnahmen ohne Kontrastmittel sind indiziert bei V.a. degenerative Wirbelsäulenerkrankungen und Rückenmarkstrauma
- Beschränkt einsetzbar nach Rücken-OP mit metallischen Implantaten
- Kosten: MRT ohne Kontrastmittel €€

10. Röntgenaufnahmen des Skeletts

Indikationen
- Trauma
- Kompressionsfraktur
- Infektionen (Osteomyelitis, Tuberkulose)
- Skoliose und weitere Entwicklungsanomalien
- Rheumatoide Arthritis, Psoriasis-Arthropathie, Spondylitis ankylosans (Morbus Bechterew), Reiter-Syndrom
- Gicht
- Morbus Paget
- Morbus Perthes
- Morbus Osgood-Schlatter
- Arthrose
- Tumor-ähnliche Prozesse (z. B. fibröse Dysplasie, Knochenzysten)
- Knochen-Neoplasie (primär oder durch Metastasen)
- Knochenschmerzen
- Plasmozytom
- Hämochromatose
- Beurteilung der Frakturstellung
- Beurteilung von Endoprothesen

Vorteile
- Preiswert
- Schnell verfügbar

Nachteile
- Stressfrakturen, aseptische vaskuläre Nekrosen, Osteomyelitis im Frühstadium und septische Arthritis können übersehen werden

Kommentar
Kosten: €

H. Bildgebende Diagnostik des Gehirns

1. Kraniales CT (CCT)

Indikationen
- Schädelhirntrauma (SHT)
- Ischämischer Insult
- Zerebrale Blutung
- V.a. subarachnoidale Blutung
- V.a. subdurales oder epidurales Hämatom
- Hypoxische Enzephalopathie
- ZNS-Neoplasie
- Hirnnerventumor
- Bildgebende Diagnostik des Gehirns bei Patienten, bei denen ein MRT kontraindiziert ist (z. B. aufgrund von alten Herzschrittmachern, metallischen Fremdkörpern)

Vorteile
- Schnell
- Gut geeignet zum Nachweis akuter parenchymaler/subarachnoidaler Blutungen und Kalzifikationen

- Einfaches Monitoring des Patienten
- CCT ohne Kontrastmittel ist das schnellste Untersuchungsverfahren und besitzt die höchste Sensitivität und Spezifität, um eine frische subarachnoidale Blutung nachzuweisen
- Das CT besitzt eine höhere Sensitivität als das MRT, um Kalzifikationen nachzuweisen (Läsionen, die leicht zu Kalzifikationen führen können, sind: Toxoplasmose, Kraniopharyngeom, Chondrosarkom, Retinoblastom, tuberöse Sklerose [Bourneville-Pringle], Sturge-Weber-Syndrom)
- Das CT ist bei Gesichts- oder Schädeltrauma, Sinusitis und nach Kraniotomie dem MRT vorzuziehen, da sich die Knochen besser darstellen
- Entzündliche oder kongenitale Läsionen des Os temporale sind mit dem CT besser darstellbar als mit dem MRT

Nachteile

- Geringere Sensitivität als das MRT bei parenchymalen Läsionen und leptomeningealen Prozessen, besonders Läsionen der weißen Substanz
- Gefahr einer signifikanten Kontrastmittelreaktion
- Nicht geeignet zur Beurteilung von Hirndurchblutung, Stoffwechsel oder Gefäßstatus

Kommentar

- Bei Patienten mit V.a. Insult (Abb. 1 – 12) oder V.a. subarachnoidale Blutungen (Abb. 1 – 13) ist das CCT ohne Kontrastmittel das initiale bildgebende Untersuchungsverfahren der Wahl, um Blutungen auszuschließen; ein ischämisches Areal zeigt sich in der Akutphase im CCT noch nicht
- Kontrastmittel-verstärkte CT-Aufnahmen sind bei V.a. Infektionen, Entzündungen, Neoplasie oder Krampfanfall indiziert
- CT-Aufnahmen ohne Kontrastmittel sind indiziert zur Differenzierung von hämorrhagischem oder ischämischem Insult, Schädeltrauma, kongenitalen Anomalien und degenerativen Erkrankungen
- Auf dem CCT ist die Blutung im Vergleich zum Hirngewebe als hyperdense Region sichtbar. Sie besitzt jedoch eine geringere Densität als Kalzifikationen oder Knochen

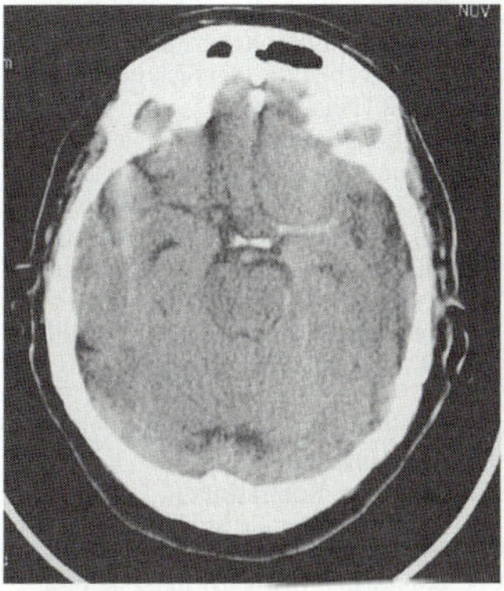

A

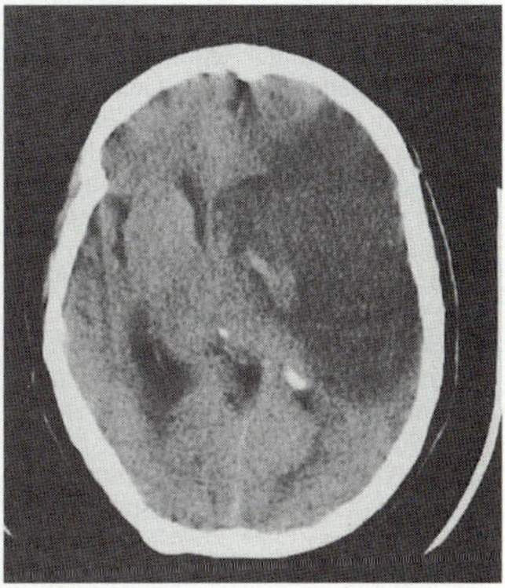

B

Abb. 1-12. A: Das axiale CCT ohne Kontrastmittelverstärkung zeigt eine normodense linke A. cerebri media mit einem Thrombus im horizontalen Segment. B: Die 24 h nach der Initialuntersuchung erstellte Aufnahme zeigt einen großen akuten Infarkt im Versorgungsgebiet der linken A. cerebri media mit Massenverschiebung und Mittellinienshift.
[Aus: Specht N: Practical Guide to Diagnostic Imaging, St. Louis, Mosby, 1998]

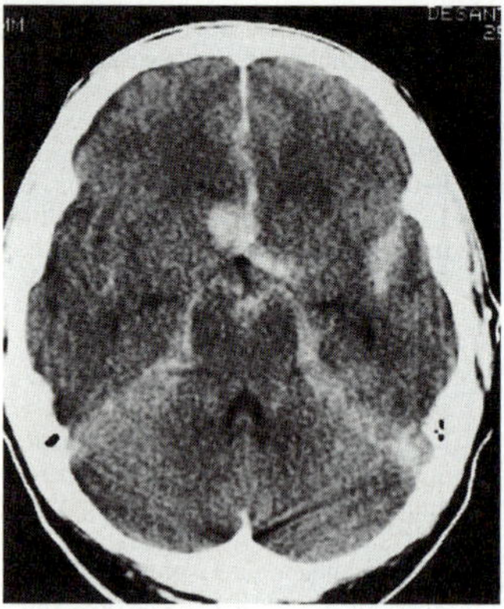

Abb. 1-13. Das CCT ohne Kontrastmittelverstärkung zeigt eine diffuse subarachnoidale Blutung. Das runde, hyperdense Areal vor der Cisterna chiasmatica entspricht einem Aneurysma der A. communicans anterior.
[Aus: Specht N: Practical Guide to Diagnostic Imaging, St. Louis, Mosby, 1998]

- Beim initialen CCT stellen sich ischämische Infarktareale oftmals unauffällig dar. Im Verlauf kann sich im Frühstadium ein Ödem in der betroffenen Hirnregion zeigen. Alte Infarkte stellen sich bis zum Kortex als keilförmige, hypodense Areale dar, die auch Basalganglien, Thalamus oder Hirnstamm einschließen können
- Bei subduralen Hämatomen (SDH) ist auf dem CCT eine konkave (mondsichelförmige) Blutansammlung zwischen Schädelkalotte und Gehirn sichtbar. Sie kann die Suturen überschreiten, nicht jedoch die Mittellinie. Im Kontrastmittel-CCT ist subdurales Blut sichtbar, das sich nicht mit Kontrastmittel anreichert
- Beim epiduralen Hämatom zeigt das CCT eine bikonvexe, hyperdense Blutansammlung entlang der Kalotte mit signifikanter Massenverschiebung und Hirnödem. Es überschreitet nur selten die Suturen
- Zum Nachweis von Kalzifikationen sollte ein CCT ohne Kontrastmittel erstellt werden
- Kosten: CCT ohne Kontrastmittel €€; CCT mit Kontrastmittel €€; CCT mit und ohne Kontrastmittel €€

2. Kraniales MRT

Indikationen

- V.a. zerebrale Neoplasie (primär oder durch Metastasen)
- V.a. Entmarkungskrankheiten des Gehirns (z. B. Multiple Sklerose)
- V.a. selläre und paraselläre Anomalien
- V.a. Hirnabszess
- V.a. granulomatöse, mykotische und parasitäre Enzephalopathien
- V.a. Enzephalitis (deutlich höhere Sensitivität als CCT)
- V.a. kongenitale Fehlbildungen (z. B. Arnold-Chiari-Syndrom, Anomalien des Corpus callosum, Zephalozele)
- Bei V.a. zerebrale Ischämie hat das MRT in der Akutphase eine höhere Sensitivität als das CCT
- Posttraumatisch zur Beurteilung diffuser axonaler Verletzungen

Vorteile

- Nicht-invasiv
- „Sicheres" Kontrastmittel
- Keine ionisierende Strahlung
- Gute Weichteilauflösung
- Multiplanar (das MRT kann im Ggs. zum CT beliebige Schnittebenen liefern)

Nachteile

- Teuer
- Erfordert die Mitarbeit des Patienten

- Zeitaufwändig
- Geringere Sensitivität als CCT zum Nachweis subarachnoidaler Blutungen
- Keine Sensitivität hinsichtlich Kalzifikationen und Knochen
- Das CT ist bei Gesichts- oder Schädeltrauma, Sinusitis und nach Kraniotomie dem MRT vorzuziehen
- Entzündliche oder kongenitale Läsionen des Os temporale sind mit dem CT besser darstellbar als mit dem MRT
- Kann nicht angewandt werden bei Patienten mit Nicht-MR-kompatiblen Aneurysma-Clips, Schrittmachern, Cochlear-Implantaten oder metallischen Fremdkörpern in den Augen. Ist jedoch sicher bei Frauen mit Intrauterinpessaren (auch Kupferspirale) und bei Patienten mit chirurgischen Clips und Klammern
- Ängstliche Patienten (besonders Patienten mit Klaustrophobie) sollten mit einem angstlösenden Medikament prämediziert und – sofern möglich – durch ein „offenes MRT" gefahren werden.

Kommentar

- Das kraniale MRT ist das bildgebende Untersuchungsverfahren der Wahl zur Beurteilung bei V.a. Gehirntumor, intrakraniale Raumforderungen, V.a. hypophysäre oder juxtaselläre Läsionen, Kleinhirn- oder Hirnstamm-Symptome, Hydrozephalus, Läsionen des visuellen Systems, kongenitale ZNS-Anomalien und V.a. strukturelle Anomalien in Zusammenhang mit Epilepsie
- MRT-Aufnahmen mit Kontrastmittel sind indiziert bei V.a. Infektionen, Entzündungen, Neoplasie oder Krampfanfälle. Kontrastmittel-verstärkte Aufnahmen können auch notwendig sein zur Beurteilung von Entmarkungskrankheiten, um kleine Plaques in der Region der optischen Nerven nachzuweisen
- MRT-Aufnahmen ohne Kontrastmittel sind indiziert bei hämorrhagischem oder ischämischem Insult, Schädeltrauma, kongenitalen Anomalien und degenerativen Erkrankungen

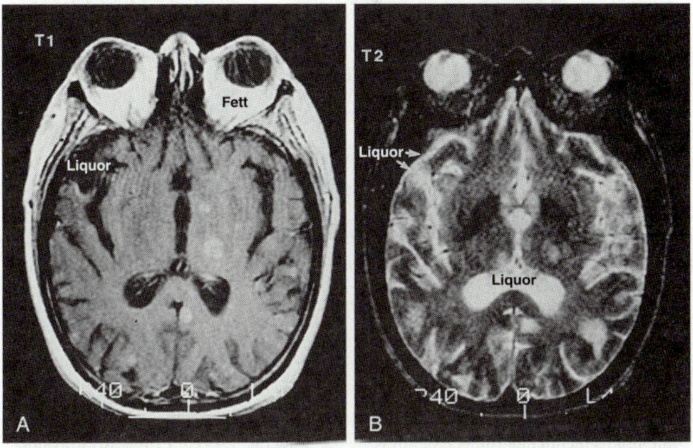

Abb. 1-14. MRT-Aufnahme des Gehirns. Mit Hilfe der großen Bandbreite an Aufnahmeparametern lassen sich Gewebe unterschiedlich darstellen. Zu den gebräuchlichsten Darstellungen gehören die T1-gewichteten Aufnahmen (A), in denen Fett weiß dargestellt wird, Wasser und Liquor erscheinen schwarz und Muskelgewebe grau. Bei fast allen MRT-Aufnahmen sind die Knochen signalarm und erscheinen schwarz. In T2-gewichteten-Aufnahmen (B) wird Fett schwarz dargestellt, Wasser und Liquor sind dagegen signalreich und erscheinen hell oder weiß. Gehirn und Weichteilgewebe werden grau dargestellt. [Aus: Mettler FA: Primary Care Radiology. Philadelphia, WB Saunders, 2000]

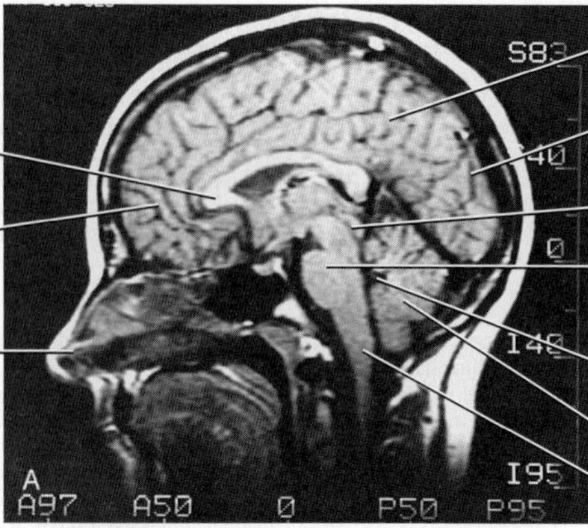

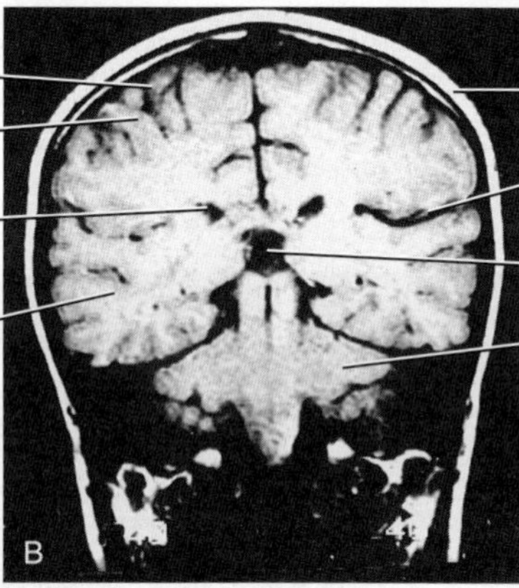

Abb. 1-15. A und B: Normale Anatomie des Gehirns auf dem MRT in koronarer und sagittaler Projektion
[Aus: Mettler FA: Primary Care Radiology. Philadelphia, WB Saunders, 2000]

- Abb. 1 – 14 und 1 – 15 zeigen die normale Anatomie des Gehirns im MRT mit unterschiedlichen Bilderzeugungsparametern. Bei V.a. Erkrankungen der weißen Substanz (z.B. bei Multipler Sklerose) ist das MRT mit FLAIR-Sequenzpräparation (fluid-attenuated inversion recovery) das beste bildgebende Verfahren
- Bei V.a. subarachnoidale Blutungen ist das MRT nicht als Initialuntersuchung geeignet. Das CCT ohne Kontrastmittel ist das schnellste Untersuchungsverfahren mit der größten Sensitivität und Spezifität, um subarachnoidale Blutungen nachzuweisen
- Das MRT ist aufgrund dezidierter Protokolle mit Anfertigung dünner

Schichten zur detaillierten Darstellung von Orbita, Sella und Kleinhirnbrückenwinkel besser geeignet als das CCT

- Kosten: Kraniales MRT ohne Kontrastmittel €€; Kraniales MRT mit Kontrastmittel €€€; Kraniales MRT mit und ohne Kontrastmittel €€€€

I. Positronen-Emissions-Tomographie (PET)

Indikationen

- Diagnose, Staging und Re-Staging bei Bronchialkarzinom (nicht-kleinzellig), Ösophaguskarzinom, kolorektalem Karzinom, Karzinomen im Bereich des Kopfes und Halses (außer ZNS und Schilddrüse), Lymphom und Melanom
- Mammakarzinom: Zusätzlich zur Standard-Bilddiagnostik beim Staging (Patienten mit weiter entfernt liegenden Metastasen) und Re-Staging (Patienten mit lokoregionalen Rezidiven oder Metastasen)
- Mammakarzinom: Zusätzlich zur Standard-Bilddiagnostik, um das Ansprechverhalten des Tumors auf die Behandlung zu überwachen. Besonders bei Frauen mit lokal fortgeschrittenem und metastasiertem Brustkrebs, wenn eine Änderung der Behandlungsstrategie angestrebt wird
- Präoperative Beurteilung bei therapierefraktären zerebralen Krampfanfällen
- Beurteilung der Vitalität des Myokards vor Revaskularisierung
- Beurteilung der Dignität pulmonaler Rundherde
- Beurteilung bei Alzheimer'scher Krankheit und Frontallappen-Demenz

Vorteile

- Kann bei kleinen Knoten zur Differenzierung zwischen Entzündung und Malignität dienen (dagegen wird im CT der Nachweis der Malignität über vergrößerte Lymphknoten erbracht)
- Kann maligne Tumorregionen nachweisen, die sich im CT nicht von benachbarten normalen Strukturen abheben
- Hilfreich zum Nachweis bisher nicht lokalisierter Metastasen und Vermeidung unnötiger Thorakotomien bei Patienten mit nicht-kleinzelligem Bronchialkarzinom
- Hilfreich zur Beurteilung pulmonaler Rundherde (ein Rundherd, bei dem das PET den Uptake von ^{18}F-Fluorodeoxyglukose [FDG] nachweist, rechtfertigt eine Biopsie)
- Bei Lymphom-Patienten können mittels PET aktive Lymphome von nach der Therapie verbleibenden, narbigen Raumforderungen unterschieden werden
- Hilfreich zum Nachweis von Alzheimer'scher Krankheit und Frontallappen-Demenz (z. B. Morbus Pick)

Nachteile

- Schlechte Darstellung von Neoplasien, die eine niedrige metabolische Aktivität aufweisen oder kein FDG aufnehmen (z. B. hepatozelluläre Karzinome, Prostatakarzinom, bronchoalveolares Lungenkarzinom)
- Geringere Sensitivität bei Patienten mit Diabetes mellitus
- Schlechte Darstellung von zerebralen Metastasen durch einen insgesamt deutlich erhöhten FDG-Uptake im Gehirn (hohe Hintergrundaktivität)
- Schlechte Darstellung sehr kleiner Lungen-Metastasen (< 5 mm)
- Nicht geeignet, um zwischen malignen und entzündlichen Prozessen (z. B. Sarkoidose, Tuberkulose) zu unterscheiden, da eine aktive granulomatöse Erkrankung zu einem gesteigerten FDG-Uptake führt
- Ungeeignet, um die ersten Lymphknotenstationen bei malignen Melanomen näher zu bestimmen (hier ist die Sentinel-Lymphknoten-Biopsie das bessere Verfahren)
- Teuer
- Nicht überall verfügbar

Kommentar

- Die PET erfasst chemische und physiologische Veränderungen des Metabolismus und stellt sie den vorhandenen anatomischen Strukturen gegenüber. Viele Arten von Neoplasien zeigen einen gesteigerten Glukose-Uptake.

Eine PET-Kamera misst Radionuklid-markiertes phosphoryliertes FDG, um die für viele Arten von Neoplasien typische Steigerung der Zellaktivität nachzuweisen
- Rubidium-82, ein zur Darstellung der Myokardperfusion eingesetzer Tracer, reichert sich proportional zur regionalen Durchblutung im Myokard an. Eingesetzt zur Beurteilung der Myokardvitalität kann er genau vorhersagen, bei welchen Patienten die Revaskularisierung eine signifikante Verbesserung der linksventrikulären Funktion zur Folge hat
- PET-Aufnahmen im Frühstadium der Alzheimer'schen Krankheit zeigen eine verminderte metabolische Aktivität in den mesial-temporalen, posterior-temporalen und parietalen Lappen. Dies ist hilfreich, um die Alzheimer'sche Krankheit von Morbus Pick und anderen Arten der Frontallappen-Demenz zu unterscheiden (verminderte metabolische Aktivität in den Frontallappen)
- Hauptnachteile der PET: hohe Kosten und nur an wenigen Kliniken verfügbar. (Die gesetzlichen Krankenkassen in Deutschland übernehmen die Kosten für eine PET nur in Ausnahmefällen und auf Anfrage)
- Kosten: PET von Rumpf, Extremitäten, Abdomen, Gehirnstoffwechsel, Gehirndurchblutung, Herz €€€

J. Single-Photon-Emissions-Computertomographie (SPECT)

Indikationen

- Beurteilung einer KHK
- Beurteilung von Erkrankungen des ZNS (einschließlich Epilepsie, zerebrovaskulärer Erkrankungen und verschiedener Formen der Demenz)
- SPECT kann die dreidimensionale Beurteilung von Läsionen in Skelettaufnahmen, hepatobiliären Aufnahmen und anderen Gebieten der Nuklearmedizin erleichtern

Vorteile

- Mit dem SPECT erreicht man eine höhere Kontrastauflösung als mit planaren Aufnahmetechniken
- Hilfreich bei Epilepsie und KHK
- Einfachere Handhabung als PET
- Höhere Sensitivität bei der Diagnose von KHK und bessere Darstellung der Ausbreitung ischämischer myokardialer Regionen und Infarktgebiete
- Mittels SPECT der regionalen Hirndurchblutung können Patienten mit einem erhöhten Insultrisiko ermittelt werden, die von einem präventiven neurochirurgischen Eingriff zur Revaskularisierung profitieren würden
- ^{123}Jod-IBZM (Iodobenzamid) als Tracer kann den Dopamin-D2-Rezeptor abbilden und ist hilfreich zur Beurteilung von Bewegungsstörungen und Schizophrenie
- Die Unterscheidung zerebraler Nekrosen nach Hirntumortherapie von residualen oder rezidivierenden Tumoren ist mittels CT oder MRT nicht möglich. Mit Hilfe des SPECT können neu auftretende und residuale postoperative Glioblastome von zerebralen Nekrosen unterschieden werden

Nachteile

- Schlechtere Auflösung als CT/MRT
- Teuer
- Keine schnelle Verfügbarkeit

Kommentar

- Beim SPECT rotieren ein, zwei oder drei Gammakameras um den Patienten und können so mit Hilfe des Radionuklids ein dreidimensionales Bild konstruieren
- ^{99m}Tc-HMPAO (Hexamethyl-Propylenamin-Oxim), ein Tracer zur Darstellung der Hirnperfusion, wird bei der SPECT des Gehirns proportional zur regionalen zerebralen Durchblutung extrahiert
- Kosten: €€

K. Bildgebende Gefäßdiagnostik

1. Angiographie

Indikationen

- Zerebrale Angiographie: Beurteilung vaskulärer Läsionen des Gehirns (Abb. 1 – 16) und der supraaortalen Gefäße (Aneurysma, arteriovenöse Fehlbildungen, Vaskulitis)
- Thorakale Aorta: Thorax-Trauma, V.a. Aortendissektion, Aneurysma, Beurteilung der vaskulären Anatomie und Anomalien, Raumforderungen der Aorta (Neoplasie, nicht-neoplastisch), Vaskulitis
- Abdominale Aorta: Abdominaltrauma, Aneurysma, präoperative Beurteilung, periphere arterielle Verschlusskrankheit (pAVK)
- Niere: Nierenarterienstenose, renovaskuläre Hypertonie, Trauma, Nierenvenenthrombose, Vaskulitis, Neoplasie, arteriovenöse Fehlbildungen
- Mesenterium: GI-Blutung, arteriovenöse Fehlbildungen, Angiodysplasie, intestinale Ischämie, Aneurysma der Milz-/Splanchnikusgefäße, Neoplasie
- Subclavia: Aneurysma, arteriovenöse Fehlbildungen, Stenose, Trauma
- Milz: Aneurysma
- Pankreas: Lokalisierung von Insulinomen
- Bronchien: refraktäre Hämoptyse, arteriovenöse Fehlbildungen, Lungensequestration
- Lunge: arteriovenöse Fehlbildungen, kongenitale vaskuläre Läsionen
- Herz: Beurteilung der koronaren Anatomie; Schweregrad von Herzklappenerkrankungen; Erkrankungen des Myokards, Perikards oder Endokards; kongenitale Herzfehler; pulmonale Hypertonie; und zu therapeutischen Zwecken (Angioplastie, Embolisation, selektive Medikamentenapplikation)

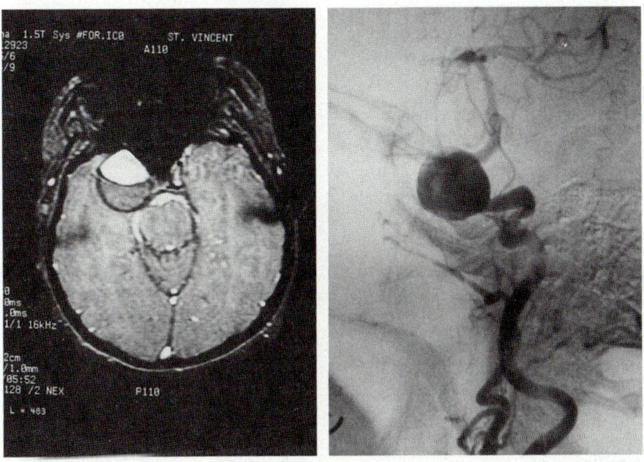

A B

Abb. 1-16. Zerebrales Aneurysma. A: Die axiale Aufnahme ohne Kontrastmittel zeigt ein großes Aneurysma im medialen Bereich der rechtsseitigen mittleren Schädelgrube. Das signalreiche Areal entspricht dem Lumen des Aneurysmas. B: Das Arteriogramm der rechten A. carotis (Schrägansicht des gleichen Patienten) zeigt ein großes Aneurysma der rechten distalen A. carotis interna.
[Aus: Specht N: Practical Guide to Diagnostic Imaging, St. Louis, Mosby, 1998]

- Nachweis einer Sinusvenenthrombose
- Vor transsphenoidaler Hypophysektomie

Vorteile
- Genaueste Methode zur Beurteilung des Gefäßsystems
- Bestes Verfahren zur präoperativen Beurteilung und Darstellung beteiligter Gefäßäste
- Ermöglicht Eingriffe (z. B. perkutane transluminale Angioplastie [PTA], Angioplastie der Nierengefäße, intravaskuläre Stents, lokale Applikation therapeutischer Wirkstoffe, Thrombolyse, Embolisation von Aneurysmen oder Blutungen im Intraabdominalraum/Becken)

Nachteile
- Invasiv
- Geringes, aber signifikantes Mortalitäts- (< 0,05 %) und Morbiditätsrisiko (z. B. lokale Komplikationen an der Katheter-Punktionsstelle, Kontrastmittelreaktion, Niereninsuffizienz, Thrombose, Embolie)
- Teuer
- Schlechte Darstellung wandständiger Thromben, extravaskulärer Hämatome oder entzündlicher Wandverdickung

Kommentar
- Gold-Standard zur Beurteilung vaskulärer Läsionen und bei Aortendissektion
- Relativ kontraindiziert bei Koagulopathien, Niereninsuffizienz, Kontrastmittelallergie, Herzinsuffizienz, Metformin-Einnahme innerhalb der letzten 48 h
- Kosten: €€

2. Sonographie der Aorta

Indikationen
- V.a. Aneurysma
- Aortendissektion

Vorteile
- Schnell
- Nicht-invasiv
- Keine Strahlung
- Kann am Bett erstellt werden
- Kann regelmäßig wiederholt werden (Verlaufskontrolle)

Nachteile
- Ergebnisse sind von der Erfahrung des Untersuchers abhängig
- Bariumrückstände von vorherigen Röntgenuntersuchungen können die Auswertung beeinflussen

Kommentar
- Die Sonographie ist sehr gut geeignet zur Verlaufskontrolle bei Aortenaneurysma, erfordert allerdings einen erfahrenen Untersucher
- Kosten: €

3. Sonographie der Arterien

Indikationen
- V.a. Aneurysma
- Arterielle Dissektion
- Arterielle Stenose
- Arterieller Verschluss
- V.a. arteriovenöse Fistel oder Pseudoaneurysma (Aneurysma spurium)
- Sonographisch gesteuerte perkutane Thrombininjektion bei Pseudoaneurysma

Vorteile
- Schnell
- Nicht-invasiv
- Keine Strahlung
- Kann am Bett erstellt werden
- Kann regelmäßig wiederholt werden

Nachteile
- Ergebnisse sind von der Erfahrung des Untersuchers abhängig

Kommentar
- Sonographie ist sehr gut geeignet zur Verlaufskontrolle bei Aneurysma
- Gute Screeninguntersuchung bei V.a. arteriovenöse Fisteln
- Mit der Doppler-Sonographie kann der Blutfluss pro Zeit bestimmt werden. Sie eignet sich daher zur Untersuchung der Durchgängigkeit einer Gefäßprothese
- Kosten: €

4. Captopril-Nierensequenzszintigraphie

Indikationen

- Nachweis von Nierenarterienstenose bei V.a. renovaskuläre Hypertonie
- Einschätzung, ob eine Revaskularisierung bei Patienten mit bekannter Nierenarterienstenose indiziert ist

Vorteile

- Nicht-invasiv

Nachteile

- Aufgrund der geringen Spezifität und Sensitivität ist die Captopril-Nierensequenzszintigraphie nicht geeignet zum Screening von Nierenarterienstenosen
- Die Abnahme des systemischen Blutdrucks nach Gabe eines ACE-Hemmers kann die Auswertung der Testergebnisse beeinflussen
- Eine schlechte Nierenfunktion erschwert die Interpretation

Kommentar

- Die Captopril-Nierensequenzszintigraphie beinhaltet zwei Radionuklid-Aufnahmen: eine mit und eine ohne Captopril. Bei Patienten mit hämodynamisch relevanter Nierenarterienstenose zeigen sich ein verspäteter Uptake und eine corticale Anreicherung in der betroffenen Niere
- Vor der Entscheidung zur Revaskularisierung bei Patienten mit nachgewiesener Nierenarterienstenose (durch renale Angiographie oder MR-Angiographie) kann die Captopril-Nierensequenzszintigraphie hilfreich sein. Eine Veränderung der glomerulären Filtrationsrate (GFR) nach Gabe von Captopril zeigt, ob die Nierenarterienstenose hämodynamisch relevant ist und somit eine OP-Indikation vorliegt
- Kosten: €€

5. Sonographie der supraaortalen Gefäße

Indikationen

- Screening der extrakranialen AVK, vorrangig an der Karotisbifurkation

Vorteile

- Nicht-invasiv
- Sicher
- Keine ionisierende Strahlung

Nachteile

- Ergebnisse sind von der Erfahrung des Untersuchers abhängig
- Beschränkte Aussagemöglichkeit bei Erkrankungen oberhalb der Karotisbifurkation
- Bei 10 % der Patienten liegt die Karotisbifurkation oberhalb des Kieferwinkels vor. Dies kann die Untersuchung schwierig oder sogar unmöglich machen
- Bei hochgradiger Stenose oder komplettem Verschluss sind Interpretationsfehler möglich
- Arteriosklerotische Plaques beeinflussen die Darstellung des Gefäßlumens
- Schwierige Darstellbarkeit von Tandem-Stenosen (zwei hintereinander geschaltete Stenosen)
- Echogenität von akuten Thromben (nicht unterscheidbar von fließendem Blut)

Kommentar

- Vor einem chirurgischen Eingriff an der Karotis sollte eine Karotis-Angiographie erstellt werden
- Die farbkodierte Duplex-Sonographie ist die beste initiale Screeninguntersuchung zur Beurteilung der Karotisarterien
- Kosten: €

6. CT-Angiographie

Indikationen

- Schnelle Beurteilung symptomatischer Patienten hinsichtlich Aneurysma
- V.a. Aortendissektion
- V.a. gedeckte Ruptur eines Aneurysmas
- Screening des zerebralen Aneurysmarisikos bei asymptomatischen Patienten (keine Routine!)

Vorteile

- Weniger Artefakte als bei der konventionellen Angiographie
- Schnell
- Hohe Sensitivität
- Nicht-invasiv

- Im Gegensatz zur MR-Angiographie keine Beeinflussung durch hämodynamische Effekte
- Keine MRT-typischen Probleme (z.B. durch Schrittmacher, metallische Clips)
- Nachweis intraluminaler Thrombus-Kalzifikationen am Aneurysmahals und extravaskulärer Hämatome
- Kann Aneurysma-bedingte Komplikationen aufdecken (z.B. Kompression anderer Strukturen, Knochen-Erosion)
- Im Ggs. zur Angiographie ist ein eventueller Thrombussaum bei Aneurysmen beurteilbar

Nachteile
- Ionisierende Strahlung
- I.v.-Injektion von jodhaltigen Kontrastmitteln (Gefahr einer Kontrastmittelreaktion)
- Lange Datenverarbeitungsdauer
- Kalzifikationen der Gefäßwände und Aneurysma-Clips können Artefakte verursachen
- Kann im Gegensatz zum MRT nicht sofort wiederholt werden
- Liefert keine zuverlässigen Angaben über die Beteiligung der kleinen Gefäßäste
- Schlechte Darstellung der Eintrittsstelle in die Gefäßwand und Wiedereintrittsstelle in das Gefäßlumen bei Beurteilung der Aortendissektion

Kommentar
- Bei der CT-Angiographie wird mit Hilfe eines Dünnschicht-Spiral-CT mit i.v. Kontrastmittel ein 3-D-Bild der Blutgefäße erstellt
- Kosten: €€

7. MR-Angiographie

Indikationen
- Nachweis von Läsionen der Karotiden bei der Beurteilung des extrakranialen Gefäßsystems, extrakraniale Vaskulitis (z.B. Riesenzellarteriitis), kongenitale Gefäßanomalien (z.B. fibromuskuläre Dysplasie), Dissektion der Vertebralarterien/Karotiden und extrakraniale Fistel nach Trauma
- V.a. intrakraniales Aneurysma
- Verlaufskontrolle bei nicht-rupturiertem intrakranialem Aneurysma
- Verlaufskontrolle bei behandeltem Aneurysma, wenn eine konventionelle Angiographie kontraindiziert ist
- Abklärung einer intrakranialen Vaskulitis
- Intrakraniale venöse Verschlusskrankheit (z.B. Sinusvenenthrombose)
- Intrakraniales Gefäßkompressionssyndrom
- Bestimmung der Gefäßversorgung bei vaskulärer Neoplasie
- Beurteilung arteriovenöser Fehlbildungen

Vorteile
- Nicht-invasiv und rasch wiederholbar
- „Sicher" – keine ionisierende Strahlung
- Hilfreich zum Screening extrakranialer und intrakranialer Gefäßerkrankungen (Abb. 1 – 17)
- Keine Kontrastmittelgabe erforderlich
- Aufnahmen können in jeder Ebene rekonstruiert werden
- Sichere Untersuchungsmethode bei Patienten mit Niereninsuffizienz
- Die MR-Angiographie kann im Gegensatz zur CT-Angiographie oder konventionellen Angiographie gleichzeitig die anatomische Struktur und den Blutfluss darstellen

Nachteile
- Erfordert die Mitarbeit des Patienten
- Zur adäquaten Darstellung der distalen Gefäße kann eine Kontrastmittelgabe notwendig sein
- Der Schweregrad der Gefäßstenose kann überschätzt werden
- Kleine Aneurysmen (< 3 mm) können übersehen werden
- Der Einsatz der MR-Angiographie anstatt der konventionellen Angiographie kann zu einer unvollständigen Diagnose führen. Z.B. können bei Patienten mit V.a. Karotisstenose zusätzliche arteriovenöse Fehlbildungen im Gehirn übersehen werden, wenn ausschließlich eine extrakraniale MR-Angiographie erstellt wird
- Kann nicht angewandt werden bei Patienten mit Nicht-MR-kompatiblen Aneurysma-Clips, Schrittmachern, Cochlear-Implantaten oder metallischen Fremdkörpern in den Augen. Ist jedoch sicher bei Frauen mit Intrauterinpessaren (auch Kupferspirale) und

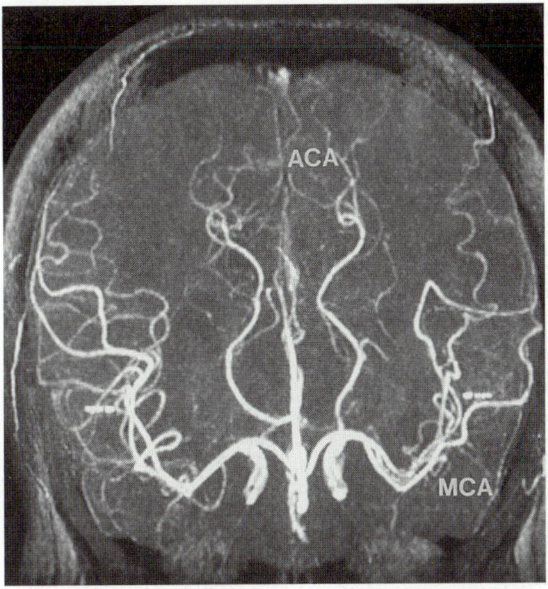

Abb. 1-17. MR-Angiographie. Die anteriore Ansicht des Schädels zeigt die intrazerebralen Gefäße, einschließlich der A. cerebri anterior und der A. cerebri media. Für diese Aufnahmen wurden keine Kontrastmittel injiziert.
[Aus: Mettler FA: Primary Care Radiology. Philadelphia, WB Saunders, 2000]

bei Patienten mit chirurgischen Clips und Klammern.
- Ängstliche Patienten (besonders Patienten mit Klaustrophobie) sollten mit einem angstlösenden Medikament prämediziert und – sofern möglich – durch ein „offenes MRT" gefahren werden
- Schlechte Darstellung von ulzerierten atheromatösen Plaques
- MR-Angiographie-Aufnahmen der distalen intrakranialen Gefäße sind oft schwierig auszuwerten
- Ein geringer Blutfluss in einem Gefäß mit höhergradiger Stenose kann als kompletter Gefäßverschluss interpretiert werden. Dies hat zur Folge, dass eine Operation häufig fälschlicherweise aufgrund einer Stenose, nicht aber aufgrund eines kompletten Verschlusses durchgeführt wird
- Die hohe Empfindlichkeit gegenüber Bewegungen (z. B. atemabhängige Bewegungen) schränkt Untersuchungen in der Thoraxregion ein
- Die Peristaltik im Abdomen kann die Auswertung beeinflussen

Kommentar

- Obwohl die konventionelle Angiographie zur Beurteilung intrakranialer Aneurysmen nach wie vor das Verfahren der Wahl ist, hat die MRT-Angiographie inzwischen die Rolle der Initialuntersuchung bei der Beurteilung des zerebralen Gefäßsystems übernommen
- MRT-Kontrastmittel sind seltener nephrotoxisch und lösen nicht so häufig allergische Reaktionen aus wie konventionelle jodhaltige Kontrastmittel
- Kosten: MR-Angiographie ohne Kontrastmittel €€

8. Direkte Thrombusdarstellung mittels MRT (MRDTI)

Indikationen

- Nachweis tiefer Venenthrombosen (TVT)

Vorteile

- Nicht-invasiv
- Gut wiederholbare Untersuchung
- Genaues Verfahren zur Diagnose von isolierter US-TVT und proximaler TVT
- Hilfreich zur Bestimmung des Thrombenalters
- Kontrastmittelgabe oder Vorbereitung des Patienten sind nicht notwendig
- Kann bei Patienten mit OS-Gips angewandt werden
- Kann regelmäßig wiederholt werden, um die Thrombus-Progression zu überwachen
- Gefahrloser Einsatz bei Schwangerschaft

Nachteile

- Hohe Kosten
- In Deutschland bei weitem nicht überall verfügbar
- Erfordert die Mitarbeit des Patienten
- Zeitaufwändig
- Kann nicht angewandt werden bei Patienten mit Nicht-MR-kompatiblen Aneurysma-Clips, alten Herzschrittmachern, Cochlear-Implantaten oder metallischen Fremdkörpern in den Augen. Ist jedoch sicher bei Frauen mit Intrauterinpessaren (auch Kupferspirale) und bei Patienten mit chirurgischen Clips und Klammern.
- Ängstliche Patienten (besonders Patienten mit Klaustrophobie) sollten mit einem angstlösenden Medikament prämediziert und – sofern möglich – durch ein „offenes MRT" gefahren werden

Kommentar

- Hilfreich und gut verträglich bei Schwangerschaft, Patienten mit OS-Gips und Patienten mit isolierter US-TVT (entspricht 5 % der Patienten mit V.a. TVT)
- Zuverlässiges Untersuchungsverfahren bei asymptomatischer Thrombose, da unabhängig von Venenfüllung oder Verteilung des Blutflusses. Zudem können auch sehr kleine Thromben dargestellt werden
- Kosten: €€

9. Pulmonalisangiographie

Indikationen

- Diagnose einer LE bei Patienten mit unklarem Befund im Thorax-Spiral-CT oder in der Perfusions-Ventilations-Szintigraphie (V/Q-Scan)
- Vaskulitis
- Arteriovenöse Fehlbildungen
- Kongenitale Gefäßläsionen

Vorteile

- Bei der Diagnose einer LE beträgt die Sensitivität 98 %, die Spezifität 97 %, allerdings ist ein CT weniger invasiv und schneller anzufertigen, wobei man bei einem Mehrzeilen-CT auch gute Darstellungen erhält
- Gleichzeitig können invasive Maßnahmen durchgeführt werden (z. B. Implantierung eines Filters in der Vena cava inferior, Thrombektomie, lokale katheterunterstützte Thrombektomie)

Nachteile

- I.v. Kontrastmittelgabe ist notwendig (Gefahr einer signifikanten Kontrastmittelreaktion)
- Invasiv
- Teuer

Kommentar

- Fortschritte in der CT-Technologie haben dazu geführt, dass die Pulmonalis-Angiographie ihre Bedeutung bei der Diagnose einer LE verloren hat
- Anwendung als Ersatz-Untersuchungsmethode bei Patienten mit unklarem Thorax-Spiral-CT oder unklarem V/Q-Scan
- Relativ kontraindiziert bei Koagulopathie, Niereninsuffizienz, Kontrastmittelallergie, dekompensierter Herzinsuffizienz, Einnahme von Metformin innerhalb der letzten 48 h
- Linksschenkelblock (LSB) und erhöhter Druck in den Pulmonalarterien sind Kontraindikationen für eine Pulmonalis-Angiographie
- Kosten: €€

10. Transkraniale Dopplersonographie (TCD)

Indikationen

- Beurteilung der basalen Hirnarterien
- Nachweis eines zerebrovaskulären Spasmus (z. B. postoperativ oder nach subarachnoidaler Blutung)
- Beurteilung der Durchgängigkeit der Arteria cerebri media bei Patienten mit Karotisstenose

Vorteile

- Nicht-invasiv
- Liefert indirekte Informationen über die extrakraniale AVK und hilft bei der Beurteilung der intrakranialen Karotiden und des Circulus arteriosus cerebri (Circulus Willisii)
- Keine ionisierende Strahlung
- Relativ schnell

Nachteile

- Ergebnisse sind von der Erfahrung des Untersuchers abhängig

Kommentar

- Die TCD nutzt Niedrigfrequenz-Ultraschall, um die Fließgeschwindigkeit in den zerebralen Gefäßen zu beurteilen
- Kosten: €

11. Phlebographie

Indikationen

- V.a. tiefe Venenthrombose (TVT)
- Vor Implantierung eines Filters in der Vena cava inferior

Vorteile

- Zuverlässigste Untersuchungsmethode zur Diagnose asymptomatischer Thromben und isolierter Thromben in den Unterschenkeln, im Becken oder in der V. subclavia (z. B. vor Schrittmacherimplantation oder Kabelwechsel)

Nachteile

- Gefahr einer signifikanten Kontrastmittelreaktion
- Invasiv
- Schlechte Darstellung der Beckenvenen
- Unzureichende Abgrenzung des proximalen Ausdehnung der Thrombose bei Patienten mit TVT oberhalb des Kniegelenks
- Untersucherabhängigkeit (Variationsbreite > 10 %)

Kommentar

- Wird üblicherweise eingesetzt, wenn andere Untersuchungsmethoden bei TVT ergebnislos sind und ein erheblicher klinischer Verdacht besteht
- Kosten: €

12. Venöse Dopplersonographie

Indikationen

- V.a. tiefe Venenthrombose (TVT)
- Verlaufskontrolle, um die Ausdehnung des venösen Thrombus zu beurteilen
- Beurteilung der Quelle einer bekannten oder vermuteten Lungenembolie
- Chronische venöse Insuffizienz
- Schwellungen und/oder Schmerzen in den Beinen

Vorteile

- Nicht-invasiv
- Schnell
- Kann regelmäßig wiederholt werden
- Schnell verfügbar
- Niedrige Kosten
- Kann am Bett erstellt werden
- Keine ionisierende Strahlung

Nachteile

- Schlechte Darstellung von Venen im Becken und in den Unterschenkeln
- Eine negative Dopplersonographie schließt eine TVT nicht endgültig aus. Die Untersuchung mit dem Doppler sollte nach 5 bis 7 Tagen wiederholt werden, damit der klinische Verdacht auf eine Thrombose ausgeschlossen werden kann
- Ergebnisse sind abhängig von der Erfahrung des Untersuchers

Kommentar

- Primäre Untersuchung bei V.a. TVT
- Kosten: €

13. Ventilations-Perfusions-Szintigraphie (V/Q-Scan)

Indikationen

- V.a. Lungenembolie (inzwischen allerdings häufig Diagnose durch CT, da dünnere Schichten)
- V.a. Rechts-Links-Shunt
- Präoperative Beurteilung der relativen Lungenfunktion (quantitativer V/Q-Scan)

Vorteile

- Nicht-invasiv
- Weit verbreitet
- Hohe Sensitivität (> 95 %)

Nachteile

- Geringe Spezifität
- Nicht einsetzbar bei Patienten mit Anomalien im Nativ-Röntgen-Thorax
- Keine Unterscheidung zwischen akuter und chronische LE möglich
- Über 70 % der Untersuchungen sind ohne diagnostische Aussagekraft
- Bei Patienten mit vorbestehenden Lungenerkrankungen können die Ergebnisse mehrdeutig sein

Kommentar

- Ein „Matched-Defekt" (Areal ohne Ventilation und Perfusion) kann auftreten bei chronisch-obstruktiver Lungenerkrankung (COPD), Tumoren, Lungeninfarkt, Infiltraten und Asthma
- Ein „V/Q mismatch" (Areal mit Ventilation, aber ohne Perfusion) kann auftreten bei: LE, Vaskulitis, Strahlentherapie, durch einen Tumor komprimierte A. pulmonalis, durch fibrosierende Mediastinitis komprimierte A. pulmonalis
- Ein „Reverse-mismatched-Defekt" (Areal mit Perfusion, aber ohne Ventilation) kann auftreten bei: Atemwegs-

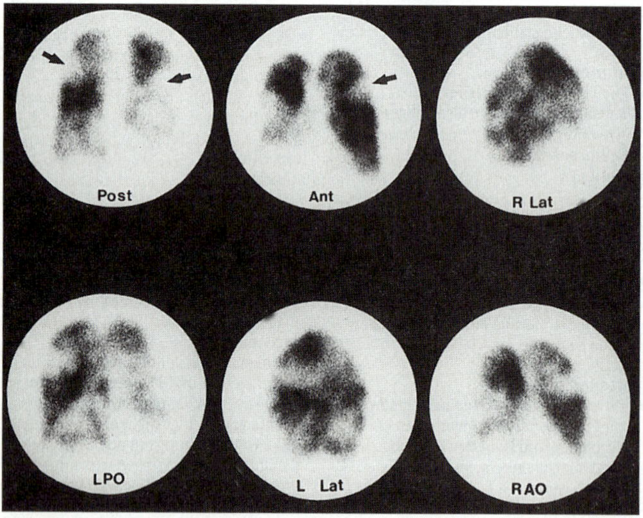

Abb. 1-18. Multiple Lungenembolie. Bei einer jungen Frau mit Kurzatmigkeit wurden ein normaler Röntgen-Thorax und ein normaler V/Q-Scan erstellt. Die Abbildungen zeigen die Perfusion während des V/Q-Scans. Zu beachten sind die multiplen segmentalen und subsegmentalen Areale ohne Perfusion (Pfeile) in beiden Lungenflügeln. Dies weist mit hoher Wahrscheinlichkeit auf eine LE hin. Post = posterior; Ant = anterior; R Lat = rechts lateral; LPO = schräg links posterior; L Lat = links lateral; RAO = schräg rechts anterior.
[Aus: Mettler FA: Primary Care Radiology. Philadelphia, WB Saunders, 2000]

verlegung durch Schleimpfropfen, Pneumonie, Lungenödem
- Ein „normaler" V/Q-Scan hat einen hohen negativen Voraussagewert für LE (Wahrscheinlichkeit < 5 %)
- Ein V/Q-Scan mit „hoher Wahrscheinlichkeit" (zwei oder mehr große, Mismatched-segmentale-Defekte oder eine Kombination von Mismatched-Defekten äquivalent zu zwei großen segementalen Defekten [Abb. 1 – 18]) besitzt einen hohen positiven Vorhersagewert (> 85 % für LE)
- Ein V/Q-Scan mit mittlerem Voraussagewert ohne diagnostische Aussagekraft sollte stets im Kontext mit dem klinischen Verdacht und weiterer Diagnostik (z. B. D-Dimer-Test) interpretiert werden
- Die Ventilation während des V/Q-Scans erfordert die Mitarbeit des Patienten. Die Untersuchung ist ungenau und macht weitere Diagnostik erforderlich, wenn Defekte erkennbar sind, und der Patient nicht in der Lage ist, die Ventilation adäquat auszuführen
- Das CT hat den V/Q-Scan weitestgehend ersetzt, da es bessere Informationen liefert, eine höhere Spezifität besitzt und weitere Ursachen für Dyspnoe oder Brustschmerzen ermitteln kann
- Kosten: €

Verwendete Literatur

Carman TL, Deitcher SR: Advances in diagnosing and excluding pulmonary embolism: Spiral CT und D-Dimer measurement. Cleveland Clin J Med 69:721, 2002.

Fraser DGW, et al: Diagnosis of lower-limb deep venous thrombosis: A prospective blinded study of magnetic resonance direct thrombus imaging. Ann Intern Med 135:89, 2002.

Gay SB, Woodcock RJ: Radiology Recall. Philadelphia, Lippincott Williams & Wilkins, 2000.

Goldman L, Bennet JC (eds.): Cecil Textbook of Medicine, 21.Auflage, Philadelphia, WB Saunders, 2000.

Huot SJ, et al: Utility of captopril renal scans for detecting renal artery stenosis. Arch Intern Med 162:1981, 2002.

Mettler FA: Primary Care Radiology. Philadelphia, WB Saunders, 2000.

Noto RB: Positron emission tomography: The basics. Rhode Island Med J 86:29, 2003.

Orrison WW, et al: Pocket Medical Imaging Consultant. Houston, HealthHelp Inc, 2002.

Specht N: Practical Guide to Diagnostic Imaging, St. Louis, Mosby, 1998.

Thrall JH, Ziessman HA: Nuclear Medicine, The Requisites. St. Louis, Mosby, 1995.

Teil II

Laborwerte und ihre Interpretation

Dieses Kapitel gibt einen Überblick über mehr als 200 der gebräuchlichsten Laborwerte. Jeder Wert wurde nach folgenden Kriterien beurteilt:
1. Labortest
2. Referenzbereich bei Erwachsenen
3. Häufigste Abweichungen (z.B. positiver Test, erhöhte oder erniedrigte Werte)
4. Mögliche Ursachen für Abweichungen vom Normalwert

Die Normalwerte können – je nach Labor – leicht differieren. Wenn Sie Tests anordnen, sollten Sie sich daher den Referenzbereich des von Ihnen beauftragten Labors vor Augen halten.
Das Hauptaugenmerk dieses Kapitels liegt in der Darstellung der gebräuchlichen Laborwerte im Hinblick auf ihre praktische Einsatzmöglichkeit.

ACA

Siehe ANTIKÖRPER GEGEN CARDIOLIPIN

ACE

Siehe ANGIOTENSIN-CONVERTING ENZYME

Adrenalin (Plasma)

Referenzbereich: < 85 ng/l

Erhöht: Phäochromozytom, Neuroblastom, Stress, körperliche Aktivität, bestimmte Lebensmittel (Bananen, Schokolade, Kaffee, Tee, Vanille), Hypoglykämie

AFP

Siehe ALPHA1-FETOPROTEIN

Alanin-Aminotransferase [ALT]

Siehe GLUTAMAT-PYRUVAT-TRANSAMINASE

Albumin (Serum)

Referenzbereich: 30 – 53 g/l

Erhöht: Dehydrierung (relative Erhöhung), i.v. Albumin-Infusion

Erniedrigt: Lebererkrankungen, nephrotisches Syndrom, schlechter Ernährungszustand, schnelle i.v. Hydrierung, exsudative Enteropathie (entzündliche Darmerkrankungen), schwere Verbrennungen, Neoplasie, chronisch-entzündliche Erkrankungen, Schwangerschaft, anhaltende Immobilisierung, Lymphom, Hypervitaminose A, chronische Glomerulonephritis

Aldolase (Serum)

Referenzbereich: 0 – 6 U/l

Erhöht: Rhabdomyolyse, Dermatomyositis oder Polymyositis, Trichinose, akute Hepatitis und andere Lebererkrankungen, Muskeldystrophie, Myokardinfarkt, Prostata-Karzinom, hämorrhagische Pankreatitis, Gangrän, Delirium tremens, Verbrennungen

Erniedrigt: Verlust an Muskelmasse, Spätstadien von Muskeldystrophie

Alkalische Neutrophilenphosphatase [ANP]

Referenzbereich: ANP-Index 13 – 130

Erhöht: Leukämoide Reaktion, Neutrophilie aufgrund von Infektionen (ausgenommen Sichelzellenanämie, bei der es zu keinem signifikanten Anstieg des ANP-Index kommt), Morbus Hodgkin, Polycythaemia vera, Haarzell-Leukämie, aplastische Anämie, Down-Syndrom, Myelofibrose

Erniedrigt: Akute und chronische granulozytäre Leukämie, thrombozytopenische Purpura, paroxysmale nächtliche Hämoglobinurie, Hypophosphatämie, Störungen des Kollagenstoffwechsels

Alkalische Phosphatase [AP] (Serum)

Referenzbereich: 30 – 120 U/l

Erhöht: Biliäre Obstruktion, Zirrhose (besonders bei primär biliärer Zirrhose), Lebererkrankungen (Hepatitis, infiltrative Lebererkankungen, Fettleber), Morbus Paget, Rachitis, Osteomalazie, Hypervitaminose D, Hyperparathyreoidismus, Hyperthyreose, Kolitis ulzerosa, Darmperforation, Knochenmetastasen, Frakturheilung, Knochenneoplasie, Akromegalie, infektiöse Mononukleose, Infektion mit Cytomegalie-Virus, Sepsis, pulmonale Infarkte, Hypernephrom, Leukämie, Myelofibrose, Plasmozytom, Medikamente (Östrogene, Albumin, Erythromycin und andere Antibiotika, Medikamente wie Phenothiazin, die eine Cholestase auslösen können), Schwangerschaft, Pubertät, postmenopausale Frauen

Erniedrigt: Hypothyreose, perniziöse Anämie, Hypophosphatämie, Hypervitaminose A, Mangelernährung

ALT

Siehe GLUTAMAT-PYRUVAT-TRANSAMINASE

Aluminium (Serum)

Referenzbereich: 2,1 – 4,3 μg/l

Erhöht: Dialysepflichtige Niereninsuffizienz, parenterale Ernährung, Exposition industrieller Giftstoffe

AMA

Siehe ANTIKÖRPER GEGEN MITOCHONDRIEN

Ammoniak (Serum)

Referenzbereich: 27 – 90 μg/dl (Erwachsene) 22 – 94 μg/dl (Kinder)

Erhöht: Leberinsuffizienz, hepatische Enzephalopathie, Reye-Syndrom, portokavaler Shunt, Medikamente (Diuretika, Polymyxin B, Methicillin)

Erniedrigt: Medikamente (Neomycin, Lactulose), Niereninsuffizienz

α-Amylase (Serum)

Referenzbereich: 25 – 125 U/l

Erhöht: Akute Pankreatitis, Makroamylasämie, Entzündungen der Speicheldrüsen, Mumps, Pankreas-Neoplasie, Abszess, Pseudozyste, Aszites, perforierter peptischer Ulkus, Darmverschluss, Darminfarkt, akute Cholezystitis, Appendizitis, rupturierte extrauterine Gravidität, Peritonitis, Verbrennungen, diabetische Ketoazidose, Niereninsuffizienz, Medikamente (Morphine), akute Äthanol-Intoxikation, Prostata-Karzinom, nach endoskopischer retrograder Cholangiopankreatikographie (ERCP), Bulimie, Anorexia nervosa, Karzinose der Lunge, des Ösophagus und der Ovarien

Erniedrigt: Fortgeschrittene chronische Pankreatitis, Lebernekrose, Mukoviszidose

α-Amylase (Urin)

Referenzbereich: 24 – 154 U/l

Erhöht: Pankreatitis, Pankreaskarzinom

ANA

Siehe ANTIKÖRPER GEGEN NUKLEÄRE ANTIGENE

ANCA

Siehe ANTIKÖRPER GEGEN NEUTROPHILE GRANULOZYTEN

Angiotensin-Converting Enzyme [ACE] (Serum)

Referenzbereich: 10 – 35 U/l (nach Lieberman)

Erhöht: Sarkoidose, primär biliäre Zirrhose, alkoholbedingte Lebererkrankungen, Hyperthyreose, Hyperparathyreoidismus, Diabetes mellitus, Amyloidose, Plasmozytom, Lungenerkrankungen (Asbestose, Silikose, Berylliose, allergische

Alveolitis, Coccidioides-Mykose), Morbus Gaucher, Lepra

Erniedrigt: Einnahme von ACE-Hemmern

Anionenlücke

Referenzbereich: 8 – 16 mmol/l

Erhöht: Lactatazidose, Ketoazidose (diabetische Ketoazidose, alkoholbedingte verminderte Nahrungsaufnahme), Urämie (chronische Niereninsuffizienz), Intoxikation (Paraldehyd, Methanol, Salizylate, Ethylenglykol), hyperosmolares nicht-ketoazidotisches Koma, Antibiotika-Einnahme

Erniedrigt: Hypoalbuminämie, schwere Hypermagnesiämie, Immunglobulin G (IgG)-produzierendes Myelom, Lithium-Intoxikation, Laborfehler (falsch-hohes Natrium oder Überbewertung von Bicarbonat oder Chlorid), Hyperkalziämie endokrinen Ursprungs, Antibiotika-Einnahme (z. B. Polymyxine)

Antikörper gegen Acetylcholin-Rezeptor [AChR-AK]

Normal: < 0,03 nmol/l

Erhöht: Myasthenia gravis. Veränderungen der AChR-Antikörper-Konzentration korrelieren mit dem klinischen Schweregrad der Myasthenia gravis nach und während Therapie mit Prednison und Immunsuppressiva. Falsch-positive Ergebnisse sind möglich bei Patienten mit Lambert-Eaton-Syndrom

Antikörper gegen Cardiolipin [ACA]

Referenzbereich: Negativ (der Test beinhaltet den Nachweis von IgG-, IgM und IgA-Antikörpern gegen Phospholipid, Cardiolipin)

Nachweisbar: Antiphospholipid-Syndrom, chronische Hepatitis C

Antikörper gegen Doppelstrang-DNA [dsDNA-AK]

Referenzbereich: Nicht nachweisbar

Nachweisbar: SLE, chronisch-aktive Hepatitis, infektiöse Mononukleose, biliäre Zirrhose

Antikörper gegen Endomysium

Normal: Nicht nachweisbar

Nachweisbar: Zöliakie, Dermatitis herpetiformis

Antikörper gegen glatte Muskulatur [SMA]

Normal: Negativ

Nachweisbar: Chronisch-aktive Hepatitis (> 1:80), primär biliäre Zirrhose (> 1:80), infektiöse Mononukleose

Antikörper gegen Glomerulum-Basalmembran

Normal: Negativ

Nachweisbar: Goodpasture-Syndrom

Antikörper gegen Mitochondrien [AMA]

Referenzbereich: Titer < 1:20

Erhöht: Primär biliäre Zirrhose (85 bis 95 %), chronisch-aktive Hepatitis (25 bis 30 %), idiopathische Zirrhose (25 bis 30 %)

Antikörper gegen neutrophile Granulozyten [ANCA]

Positiver Test (zytoplasmatisches Muster/ cANCA): Positiv bei Wegener-Granulomatose

Positiver Test (perinukleäres Muster/ pANCA): Positiv bei chronisch-entzündlichen Darmerkrankungen, primär biliärer Zirrhose, primär sklerosierender Cholangitis, autoimmuner chronisch-aktiver Hepatitis, rapid progressive Glomerulonephritis (RPGN)

Antikörper gegen nukleäre Antigene [ANA]

Referenzbereich: Titer < 1:40

Positiver Test:
SLE (höhere Signifikanz wenn Titer > 1:160), Medikamente (Phenytoin, Ethosuximid, Primidon, Methyldopa, Hydralazin, Carbamazepin, Penicillin, Procainamid, Chlorpromazin, Griseofulvin, Thiazide), chronisch-aktive Hepatitis, Alter > 60 Jahre (besonders Alter > 80 Jahre), rheumatoide Arthritis, Sklerodermie, Sharp-Syndrom, nekrotisierende Vaskulitis, Sjögren-Syndrom

Antikörper gegen Phospholipide

Normal: Negativ

Nachweisbar: SLE, medikamenteninduzierter Lupus, Langzeittherapie mit Phenothiazin, Plasmozytom, Kolitis ulzerosa, rheumatoide Arthritis, post partum, Hämophilie, Neoplasie, chronisch-entzündliche Prozesse, AIDS, nephrotisches Syndrom

Antistreptolysin 0 [AS 0] (Serum)

Referenzbereich: ≤ 200 IU/ml

Erhöht: Infektion der oberen Atemwege mit Streptokokken, akutes rheumatisches Fieber, akute Glomerulonephritis, erhöhte β-Lipoprotein-Werte (falsch-positiver AS 0-Test)
Anmerkung: Nach 1 – 3 Wochen kann ein positiver AS 0-Titer erwartet werden. Erst 3 bis 6 Wochen nach einer GAS-Infektion (GAS = Gruppe A Streptokokkus) sind die höchsten AS 0-Titer messbar

Antithrombin III [AT III]

Referenzbereich:

Aktivität:	80 – 120 %
Konzentration:	0,19 – 0,31 g/l

Erniedrigt: Hereditärer AT-III-Mangel, DIC, Lungenembolie, Zirrhose, Thrombolyse-Therapie („Lyse"), chronische Leberinsuffizienz, postoperativ, Schwangerschaft im 3. Trimenon, orale Kontrazeptiva, nephrotisches Syndrom, i.v. Heparin-Gabe > 3 Tage, Sepsis, akute Leukämie, Karzinom, Thrombophlebitis

Erhöht: Marcumar-Einnahme, nach Myokardinfarkt

α-Antitrypsin (Serum)

Referenzbereich: 90 – 180 mg/dl

Erniedrigt: Homozygoter oder heterozygoter α_1-AT-Mangel

AP

Siehe ALKALISCHE PHOSPHATASE

AS 0

Siehe ANTISTREPTOLYSIN 0

Aspartat-Aminotransferase [AST]

Siehe GLUTAMAT-OXACELAT-TRANSAMINASE/ GOT

AST

Siehe GLUTAMAT-OXACELAT-TRANSAMINASE

Aszites

Testen und Beurteilung der Ergebnisse:

1. Mit der Flüssigkeit folgendermaßen verfahren:
   a. Röhrchen 1: LDH, Glukose, Albumin
   b. Röhrchen 2: Protein, spezifisches Gewicht
   c. Röhrchen 3: Zellzählung und Differenzierung

   d. Röhrchen 4: Bis auf Weiteres aufbewahren
2. Bestimmung von Serum-LDH, Protein, Albumin
3. Gram-Färbung, Ziehl-Neelsen-Färbung, Bakerien- und Pilzkulturen, Amylase und Triglyceride sollten nur bei klarer Indikation angefordert werden; die Inokulation von Aszites in Blutkulturflaschen erhöht die Sensitivität beim Nachweis von Bakterienwachstum
4. Bei V.a. malignen Aszites sollte die Bestimmung des carcinoembryonalen Antigens und eine zytologischen Beurteilung in Betracht gezogen werden
5. Bei V.a. spontane bakterielle Peritonitis sollte der Erregernachweis im Aszites mittels Kultivierung in Blutkulturflaschen geführt werden
6. Aszites kann anhand seiner Charakteristiken als exsudativ oder transsudativ beurteilt werden (siehe „Aszites" in Kapitel III)
7. Der Albumin-Gradient (Serum-Albumin minus Aszites-Albumin) korreliert direkt mit dem portalen Druck und kann ebenfalls eingesetzt werden, um einen Aszites zu diagnostizieren. Patienten mit einem Gradienten > 11 g/l leiden unter Pfortaderhochdruck, ein Gradient < 11 g/l spricht gegen einen Pfortaderhochdruck; die diagnostische Korrektheit beträgt > 95 %
8. Zur Differentialdiagnose von Aszites den entsprechenden Punkt in Kapitel III beachten
9. Beträgt die Leukozytenzahl > 500/µl ist dies ein Hinweis auf eine bakterielle Peritonitis
10. Ein Blut/Aszites-Gradient < 11 g/l spricht für einen malignen Aszites

AT III

Siehe ANTITHROMBIN III

Äthanol (Blut)

Referenzbereich: Keine auffälligen Veränderungen bei Werten 0 – 0,5 g/l.
0,5 – 1,5 g/l: leichte Trunkenheit
1,5 – 2,5 g/l: mittlere Trunkenheit
2,5 – 3,5 g/l: schwere Trunkenheit
Werte > 3,5 g/l (schwerste Trunkenheit) gelten als lebensbedrohlich

B-type Natriuretic Peptide [BNP]

Referenzbereich: 1,5 – 9 pmol/l

Erhöht: Herzinsuffizienz (hilfreicher Test in der Notfallmedizin bei Patienten mit Dyspnoe zur Unterscheidung zwischen Herzinsuffizienz und COPD)

Basophile Leukozyten

Referenzbereich: < 1 % der Gesamt-Leukozytenzahl; 40/µl

Erhöht: Entzündliche Prozesse, Leukämie, Polycythaemia vera, Hodgkin-Lymphom, hämolytische Anämie, Postsplenektomie-Syndrom, myeloische Metaplasie, Myxödem

Erniedrigt: Stress, Überempfindlichkeitsreaktion, Steroid-Einnahme, Schwangerschaft, Hyperthyreose

Bilirubin, direktes (konjugiertes)

Referenzbereich: < 0,2 mg/dl

Erhöht: Hepatozelluläre Erkrankungen, biliäre Obstruktion, medikamenteninduzierte Cholestase, hereditäre Erkrankungen (Dubin-Johnson-Syndrom, Rotor-Syndrom), fortgeschrittenes Stadium einer Krebserkrankung

Bilirubin, gesamt

Referenzbereich: 0,1 – 1,2 mg/dl

Erhöht: Lebererkrankungen (Hepatitis, Zirrhose, Cholangitis, Neoplasie, biliäre Obstruktion, infektiöse Mononukleose), hereditäre Erkrankungen (Gilbert-Syndrom, Dubin-Johnson-Syndrom), Medikamente (Steroide, Phenytoin, Phenothiazin, Penicillin, Erythromycin, Clindamycin, Captopril, Amphotericin B, Sulfonamide, Azathioprin, Isoniazid, Mesalazin, Allopurinol, Methyldopa, Indometacin, Halothan, orale Kontrazeptiva, Procainamid, Tolbutamid), Hämolyse, Lungenembolie oder -infarkt, Stauungsleber aufgrund dekompensierter Herzinsuffizienz

Bilirubin, indirektes

Referenzbereich: 0 – 1 mg/dl (Bilirubin gesamt – Bilirubin direkt)

Erhöht: Hämolyse, Lebererkrankungen (Hepatitis, Zirrhose, Neoplasie), Stauungsleber aufgrund dekompensierter Herzinsuffizienz, hereditäre Erkrankungen (Gilbert-Syndrom, Crigler-Najjar-Syndrom)

Bilirubin (Urin)

Normal: Nicht nachweisbar

Abnormal: Bilirubin im Urin: Hepatitis (viral, toxisch, Medikamenten-induziert), biliäre Obstruktion

Urobilinogen im Urin: Hepatitis (viral, toxisch, Medikamenten-induziert), hämolytischer Ikterus, Leberzellstörungen (Zirrhose, Infektionen, Metastasen)

BKS

Siehe BLUTKÖRPERCHENSENKUNGSGESCHWINDIGKEIT

Blut, okkultes (Urin)

Normal: Nicht nachweisbar

Nachweisbar: Harnwegstrauma, Nierenerkrankungen (Glomerulonephritis, Pyelonephritis), Nieren- oder Harnsteine, Blasenläsionen (Karzinom, Zystitis), Prostatitis, Prostatakarzinom, menstruationsbedingt, hämatopoetische Erkrankungen (Hämophilie, Thrombozytopenie), Antikoagulanzien, ASS
Anmerkung: Hämaturie ohne Erythrozyten oder signifikante Albuminurie kann ein Hinweis auf Nieren- oder Blasenkrebs sein

Blutgasanalyse/ BGA

Referenzbereiche:

pO_2:	71 – 104 mmHg
pCO_2:	32 – 46 mmHg
HCO_3^-:	21 – 26 mmol/l
pH-Wert:	7,37 – 7,45
BE:	–2 bis +3
sO_2:	95 – 98,5 %

Abnormale Werte: Störungen im Säure-Basen-Gleichgewicht (s. u.)

1. Metabolische Azidose

a. Metabolische Azidose mit vergrößerter Anionenlücke
(1) Lactatazidose
(2) Ketoazidose (Diabetes mellitus, alkoholbedingte Ketoazidose)
(3) Urämie (chronische Niereninsuffizienz)
(4) Intoxikationen (Paraldehyd, Methanol, Salizylate, Ethylenglykol)
(5) Kost mit hohem Fettgehalt (milde Azidose)

b. Metabolische Azidose mit normaler Anionenlücke
(1) Renal-tubuläre Azidose (einschließlich Azidosen aufgrund fehlender Aldosteronwirkung)
(2) Gastrointestinale HCO_3^--Verluste (Diarrhoe, Pankreasfistel)
(3) Carboanhydrasehemmer (z. B. Acetazolamid)
(4) Dilutions-Azidose (als Resultat einer Überinfusion mit bicarbonatfreien isotonischen Kochsalzlösungen)
(5) Aufnahme exogener Säuren (Ammoniumchlorid, Methionin, Cystin, Calciumchlorid)
(6) Ileostomie
(7) Ureterosigmoidostomie
(8) Medikamente: Amilorid, Triamteren, Spironolacton, Betablocker

2. Respiratorische Azidose

a. Lungenerkrankungen (chronisch-obstrukive Lungenerkrankung [COPD], schwere Pneumonie, Lungenödem, interstitielle Fibrose)
b. Obstruktion der Atemwege (Fremdkörper, schwerer Bronchospasmus, Laryngospasmus)
c. Thorax-Funktionsstörungen (Pneumothorax, Thoraxinstabilität z. B. nach Rippenserienfraktur, Kyphoskoliose)
d. Defekte der Atemmuskulatur (Myasthenia gravis, Hypokaliämie, Muskeldystrophie)
e. Defekte der peripheren Nerven (Amyotrophe Lateralsklerose, Poliomyelitis, Guillain-Barré-Syndrom, Botulismus, Tetanus, Intoxikationen mit Organophosphaten, Rückenmarksverletzungen)
f. Atemdepression (Anästhetika, Narkotika, Sedativa, Embolie oder Thrombose der A. vertebralis, erhöhter intrakranialer Druck)
g. Fehler bei der mechanischen Beatmung

3. Metabolische Alkalose (Unterschieden wird zwischen Chlorid-sensibler Form [Chlorid-Konzentration im 24h-Sammelurin < 10 mmol/l] und Chlorid-resistenter Form [Chlorid-Konzentration im 24h-Sammelurin > 20 mmol/l])
a. Chlorid-sensible Form
(1) Erbrechen
(2) Magensaftdrainage
(3) Diuretika
(4) Posthyperkapnische Alkalose (Z.n. alveolärer Hypoventilation)
(5) Stuhlverlust (Laxantien-Abusus, Mukoviszidose, villöses Adenom)
(6) Massive Bluttransfusion
(7) Vermehrte Alkalizufuhr
b. Chlorid-resistente Form
(1) Überfunktionen der Nebenniere (Cushing-Syndrom, primärer Hyperaldosteronismus [Conn-Syndrom], mineralokortikoide Effekte [Lakritze, Kautabak])
(2) Hypomagnesiämie
(3) Hypokaliämie
(4) Bartter-Syndrom
4. Respiratorische Alkalose
a. Hypoxämie (Pneumonie, Lungenembolie, Atelektase, Höhenatmung)
b. Medikamente (Salizylate, Xanthin, Progesteron, Epinephrin, Thyroxin, Nikotin)
c. ZNS-Funktionsstörungen (Tumor, Apoplex, Trauma, Infektion)
d. Psychogene Hyperventilation (Angst, Hysterie)
e. Hepatische Enzephalopathie
f. Gramnegative Sepsis
g. Hyponatriämie
h. Plötzliche Erholung von einer metabolischen Azidose
i. Maschinell-assistierte Beatmung

Blutkörperchensenkungsgeschwindigkeit (BKS)

Referenzbereich:
Männer: < 15 mm nach 1 h
Frauen: < 20 mm nach 1 h

Erhöht: Entzündung (Akute-Phase-Reaktion), Kollagengefäßkrankheiten, Infektion, Myokardinfarkt, Neoplasie, Hyperthyreose, Hypothyreose, Geldrollenbildung, ältere Menschen, Schwangerschaft
Anmerkung: Senkungsgeschwindigkeiten von > 100 mm/ 1 h (sog. Sturzsenkung) stehen in engem Zusammenhang mit schweren Erkrankungen (Kollagengefäßkrankheiten, Infektionen, Malignität). Manche Kliniker setzen die BKS als „allgemeinen Krankheitsindex" ein. Deutlich erhöhte BKS-Werte ohne offensichtliche Ursache sollten zuerst reproduziert werden, bevor eine ausführlichere diagnostische Abklärung erfolgt

Erniedrigt: Sichelzellanämie, Polyzythämie, Einnahme von Kortikosteroiden, Kugelzellenanämie, Anisozytose, Hypofibrinogenämie, erhöhte Blutviskosität

Blutungszeit (nach Ivy)

Referenzbereich: 2 – 7 min

Erhöht: Thrombozytopenie, Kapillarwandanomalien, Thrombozytenfunktionssörung (Bernard-Soulier-Syndrom, Glanzmann-Naegeli-Syndrom), Medikamente (Aspirin, Marcumar, antientzündliche Medikamente, Streptokinase, Urokinase, Dextran, Betalaktam-Antibiotika), DIC, Zirrhose, Urämie, myeloproliferatives Syndrom, von Willebrand-Syndrom

BNP

Siehe B-TYPE NATRIURETIC PEPTIDE

C_3/C_4-Komplement

Referenzbereich:
C_3: 0,82 – 1,70 effMol/ml
C_4: 0,15 – 0,49 effMol/ml

Abnormale Werte: *Erniedrigtes C_3:* SLE (aktive Krankheitsphase), Immunkomplexkrankheiten, akute Glomerulonephritis, angeborener C_3-Mangel, membranoproliferative Glomerulonephritis, infektiöse Endokarditis, Serumkrankheit, autoimmune/chronisch-aktive Hepatitis
Erniedrigtes C_4: Immunkomplexkrankheiten, SLE (aktive Krankheitsphase), infektiöse Endokarditis, angeborener C_4-Mangel, hereditäres Angioödem, Hypergammaglobulinämie, Kryoglobulinämie

Teil II

CA 125 (Cancer Antigen 125)

Referenzbereich: 0 – 35 U/ml

Erhöht: Ovarialkarzinom (epithelialer Typ), Adnextumor, Endometriumkarzinom, weitere abdominale Tumoren, alle Arten von Lebererkrankungen (v.a. bei Aszites aufgrund von Zirrhose)

Calcitonin [CT] (Serum)

Referenzbereich:
< 2 – 48 pg/ml (basal)
< 79 pg/ml (nach Pentagastrin-Stimulation)

Erhöht: Medulläre Schilddrüsenkarzinome (10 – 10.000fach erhöhte Werte), Brustkrebs, neuroendokrine Tumoren, Karzinoide, Niereninsuffizienz, Thyreoiditis

Calcium (Serum)

Referenzbereich: 8,8 – 10,6 mg/dl

Erhöht:

1. Maligne Erkrankungen: gesteigerte Knochenresorption über Osteoklasten-aktivierende Faktoren, Sekretion von PTH-ähnlichen Substanzen, Prostaglandin E_2, direkte Erosion durch Tumorzellen, transforming growth factors (TGF), koloniestimulierende Faktoren. Hyperkalziämie tritt bei folgenden Neoplasien häufig auf:
   a. Solide Tumoren: Brust, Lunge, Pankreas, Nieren, Ovarien
   b. Hämatologische Krebsformen: Myelom, Lymphosarkom, adultes T-Zell-Lymphom, Burkitt-Lymphom
2. Hyperparathyreoidismus: gesteigerte Knochenresorption, gastrointestinale und renale Absorption; Ätiologie:
   a. Hyperplasie der Nebenschilddrüse, Adenom
   b. Hyperparathyreoidismus oder Niereninsuffizienz mit sekundärem Hyperparathyreoidismus
3. Granulomatöse Erkrankungen: gesteigerte GI-Absorption (z. B. Sarkoidose)
4. Morbus Paget: gesteigerte Knochenresorption (nur beobachtet in Phasen der Immobilisierung)
5. Vitamin-D-Intoxikation, Milch-Alkali-Syndrom; gesteigerte GI-Absorption
6. Thiazid-Einnahme: gesteigerte renale Absorption
7. Andere Gründe: familiäre hypokalziurische Hyperkalziämie, Hyperthyreose, Nebenniereninsuffizienz, andauernde Immobilisierung, Vitamin-A-Überdosierung, Genesung nach akutem Nierenversagen, Lithium-Einnahme, Phäochromozytom, disseminierter SLE

Erniedrigt:

1. Niereninsuffizienz: Hypokalziämie aufgrund von
   a. Vermehrte Kalzium- Einlagerung in den Knochen und im Weichteilgewebe geht einher mit einem erhöhten PO_4^{3-}-Spiegel
   b. Erniedrigte Produktion von 1,25-Dihydroxy-Vitamin D
   c. Hoher Verlust an 25-OH-Vitamin D (nephrotisches Syndrom)
2. Hypoalbuminämie: ein Absinken des Serum-Albumins führt zu einer Erniedrigung der Serum-Calcium-Werte, verändert jedoch nicht den Spiegel des freien (ionisierten) Calciums
3. Vitamin-D-Mangel aufgrund von
   a. Malabsorption (häufigste Ursache)
   b. Mangelernährung
   c. Erniedrigter Produktion von 1,25-Dihydroxyvitamin D (Vitamin-D-abhängige Rachitis, Niereninsuffizienz)
   d. Erniedrigter Produktion von 25-OHD (Leberparenchymerkrankungen)
   e. Beschleunigter 25-OHD Katabolismus (Phenytoin, Phenobarbital)
   f. Organ-Resistenz gegen 1,25-Dihydroxyvitamin D
4. Hypomagnesiämie: Hypokalziämie aufgrund von
   a. Erniedrigter PTH-Sekretion
   b. Hemmung der PTH-Wirkung im Knochen
5. Pankreatitis, Hyperphosphatämie, osteoblastische Metastasen: Hypokalziämie geht einher mit gesteiger-

ter Calcium-Einlagerung (Knochen, Abdomen)
6. Pseudohypoparathyreoidismus: autosomal rezessive Störung charakterisiert durch Kleinwuchs, Verkürzung der metakarpalen Knochen, Fettleibigkeit und mentale Retardierung; die Hypokalziämie geht einher mit kongenitaler Organ-Resistenz gegen PTH
7. Idiopathischer Hypoparathyreoidismus, operative Entfernung der Nebenschilddrüse (z. B. nach Schilddrüsen-OP oder anderen Eingriffen am Hals)
8. „Hungry-bone"-Syndrom: schneller Kalzium-Transfer vom Plasma in die Knochen nach Entfernung eines Tumors der Nebenschilddrüse
9. Sepsis
10. Massive Bluttransfusionen (durch Ethylendiamintetraessigsäure [EDTA] im Blut)

Calcium (Urin)

Referenzbereich: < 300 mg/ 24 h

Erhöht: Primärer Hyperparathyreoidismus, Hypervitaminose D, Knochenmetastasen, Plasmozytom, erhöhte Calciumzufuhr, Steroide, längere Immobilisierung, Sarkoidose, Morbus Paget, idiopathische Hyperkalziurie, renal tubuläre Azidose

Erniedrigt: Hypoparathyreoidismus, Pseudohypoparathyreoidismus, Vitamin-D-Mangel, Vitamin-D-Mangel-Rachitis, Kost mit geringem Calciumgehalt, Medikamente (Thiazide, orale Kontrazeptiva), familiäre hypokalziurische Hyperkalzämie, renale Osteodystrophie, Kaliumcitrat-Therapie

cAMP

Siehe CYCLO-ADENOSINMONOPHOSPHAT

Carbamazepin

Therapeutischer Bereich:
4 – 10 mg/l

Carboxyhämoglobin

Prozentsatz des Hämoglobins, das Kohlenmonoxid gebunden hat

Referenzbereich: Carboxyhämoglobin-Konzentration:
Nichtraucher 0,4 – 1,6 %
Raucher 3 – 6 %

Erhöht: Rauchen, Passiv-Rauchen, Abgase von Verbrennungsmotoren, defekte Gas-Heizungen

Carcinoembryonales Antigen [CEA]

Referenzbereich: 1,5 – 5,0 µg/l

Erhöht: Kolorektale Karzinome, Pankreaskarzinome und Metastasen führen üblicherweise zu deutlich erhöhten Werten; Karzinome in Ösophagus, Magen, Dünndarm, Leber, Brust, Ovarien, Lunge und Schilddrüse erhöhen die Werte dagegen kaum; Rauchen, entzündliche Darmerkrankungen, Hypothyreose, Zirrhose, Pankreatitis und Infektionen führen zu leicht erhöhten Werten

CAROTIN

Siehe Karotin

$CD4^+$-T-Lymphozytenzählung

Referenzbereich: Berechnet aus der Gesamtanzahl der Leukozyten × % Lymphozyten × % $CD4^+$-markierte-T-Lymphozyten 29 – 61 %; 430 – 1760/µl
Dieser Test wird primär zur Beurteilung von Funktionsstörungen im Immunsystem bei HIV-Infektion eingesetzt und sollte bei HIV-infizierten Personen alle 3 – 6 Monate wiederholt werden. Er ist hilfreich als prognostischer Indikator und eignet sich als Kriterium für den Beginn einer Prophylaxe gegen einige opportunistische Erreger, die in Verbindung mit einer HIV-Infektion auftreten. Fortschreitende Depletion der $CD4^+$-T-Lymphozyten ist verbunden mit einer erhöhten Wahrscheinlichkeit klinischer Komplikationen. Jugendliche und Erwachsene mit einer HIV-Infektion werden als AIDS-krank eingestuft, wenn die $CD4^+$-T-Lymphozytenzählung einen Wert > 500/µl ergibt. Kortikosteroide lassen diese Werte sinken.

CEA

Siehe CARCINOEMBRYONALES ANTIGEN

Chlorid (Schweiß)

Normal: Ca. 30 mmol/l

Grenzwertig/ unklar: 31 – 70 mmol/l

Bei Mukoviszidose: > 70 mmol/l
Falsch-niedrige Ergebnisse sind möglich bei Ödemen, exzessivem Schwitzen und Hypoproteinämie

Chlorid (Serum)

Referenzbereich: 95 – 105 mmol/l

Erhöht: Dehydrierung, Natrium-Verlust > Chlorid-Verlust, respiratorische Alkalose, exzessives Infundieren von Kochsalz-Lösung, Mukoviszidose, Hyperparathyreoidismus, renal tubuläre Erkrankungen, metabolische Azidose, lange andauernde Diarrhoe, Acetazolamid-Einnahme, Diabetes insipidus, Uretrosigmoidostomie

Erniedrigt: Erbrechen, Magensaftdrainage, primärer Aldosteronismus, dekompensierte Herzinsuffizienz, SIADH, Morbus Addison, renales Salzverlustsyndrom, kontinuierliche Infusion von Glukose 5 %-Lösung, Einnahme von Diuretika (z. B. Thiazide), Perspiratio sensibilis, Diarrhö, Verbrennungen, diabetische Ketoazidose

Chlorid (Urin)

Referenzbereich: 95-237 mmol/ 24 h

Erhöht: Kortikosteroide, Bartter-Syndrom, Diuretika, metabolische Azidose, schwere Hypokaliämie

Erniedrigt: Erbrechen, villöses Kolonadenom, chronische Niereninsuffizienz, renal tubuläre Azidose

Cholesterin, gesamt

Siehe GESAMT-CHOLESTERIN

Choriongonadotropin, humanes [hCG]

Referenzbereich (Serum):

Männer und prämenopausale Frauen:	< 5 IU/l
Postmenopausale Frauen:	< 10 IU/l
βhCG:	< 0,2 IU/l

Erhöht: Schwangerschaft, Chorionkarzinom, Throphoblasttumoren (einschließlich Blasenmole), Placental-site-Tumor; humane Antimaus-Antikörper (hAMA) können zu falschen hCG- Serumproben führen
Das Haupteinsatzgebiet dieses Tests ist die Diagnose einer Schwangerschaft. Die hCG-Konzentration ist innerhalb der ersten 12 Wochen der Schwangerschaft signifikant erhöht. Spitzenwerte können in der 10. Schwangerschaftswoche bis zu 230.000 IU/l betragen.
Die hCG-Werte verdoppeln sich etwa alle 1 bis 3 Tage. Bei Patientinnen mit Konzentrationen < 2.000 IU/l lässt der Anstieg des Serum-hCGs um < 66 % nach zwei Tagen auf einen Spontanabort oder eine rupturierte extrauterine Schwangerschaft schließen

CK

Siehe KREATINKINASE

Clostridium difficile Toxin (Stuhl)

Normal: negativ

Nachweisbar: Antibiotika-induzierte Diarrhoe und pseudomembranöse Kolitis

Coerulosplasmin

Referenzbereich: 22 – 60 mg/dl

Erhöht: Schwangerschaft, Einnahme von Östrogenen oder oralen Kontrazeptiva, Neoplasien (Leukämie, Hodgkin-Lymphom, Karzinome), entzündliche Prozesse, SLE, primär biliäre Zirrhose, rheumatoide Arthritis

Erniedrigt: Morbus Wilson (oftmals Werte < 20 mg/dl), nephrotisches Syndrom, fortgeschrittenes Stadium bei Lebererkrankungen, Malabsorption, parenterale Ernährung, Menkes-Syndrom

Coombs-Test (direkt)

Normal: Negativ

Positiv: Autoimmunhämolytische Anämie, fetale Erythroblastose, Transfusionsreaktion, Medikamente (Methyldopa, Penicillin, Tetracyclin, Sulfonamide, L-Dopa, Cephalosporine, Chinidin, Insulin)

Falsch-positiv: In Zusammenhang mit Kälteagglutininen

Coombs-Test (indirekt)

Normal: Negativ

Positiv: Erworbene hämolytische Anämie, Kreuzblutinkompatibilität, Anti-Rh-Antikörper, Medikamente (Methyldopa, Mefenaminsäure, L-Dopa)

Cortisol

Siehe KORTISOL

C-Peptid

Referenzbereich: 0,7 – 2,0 µg/l

Erhöht: Insulinom, Sulfonylharnstoff-Gabe, Diabetes mellitus Typ 2, Nierenversagen

Erniedrigt: Diabetes Mellitus Typ 1, Verabreichung künstlich hergestellten Insulins

C-reaktives Protein [CRP]

Referenzbereich: 0,07 – 5 mg/l

Erhöht: Entzündliche und neoplastische Erkrankungen, Myokardinfarkt, im 3. Trimenon einer Schwangerschaft (Akute-Phase-Reaktion), orale Kontrazeptiva

Creatinin

Siehe KREATININ

Creatinkinase

Siehe KREATINKINASE

CRP

Siehe C-REAKTIVES PROTEIN

CSF

Siehe LIQUOR

Cyclo-Adenosinmonophosphat [cAMP] (Urin)

Erhöht: Hyperkalziurie, familiäre hypokalziurische Hyperkalzämie, primärer Hyperparathyreoidismus, Pseudohypoparathyreoidismus, Rachitis

Erniedrigt: Vitamin-D-Intoxikation, Sarkoidose

D-Dimere

Referenzbereich: 20-400 µg/l (Herstellerangaben beachten!)

Erhöht: TVT, Lungenembolie, hohe Rheumafaktor-Spiegel, Aktivierung der Koagulation und des fibrinolytischen Systems
D-Dimere mit ELISA ist vor allem hilfreich zum Ausschluss von TVT und Lungenembolie. Die Aussagekraft eines positiven Tests ist hingegen beschränkt, da die Werte bei einer Aktivierung der Koagulation und des fibrinolytischen Systems sowie durch hohe Rheumafaktor-Spiegel falsch-hoch sein können

D-Xylose-Test

Referenzbereich: Urin: > 4 g/ 5 h (5-h-Sammelurin bei Erwachsenen, 25 g D-Xylose-Test)
Serum: > 30 mg/dl (Erwachsene, 25 g, normale Nierenfunktion)

Normale Ergebnisse: Bei Patienten mit Malabsorption lassen normale Er-

Teil II

gebnisse auf eine Pankreaserkrankung als Ursache für die Malabsorption schließen

Auffällige Ergebnisse: Zöliakie, Morbus Crohn, tropische Sprue, chirurgische Darmresektion, AIDS. Falsch-positive Ergebnisse sind möglich bei verminderter Nierenfunktion, Dehydration/Hypervolämie, operativ angelegte blinde Schlingen, verzögerte Magenentleerung, Erbrechen

Digoxin

Therapeutischer Bereich: 0,8 – 2,0 μg/l

Erhöht: Verminderte Nierenfunktion, Überdosierung, gleichzeitige Einnahme von Chinidin, Amiodaron, Verapamil, Fluoxetin, Nifedipin

Dopamin

Referenzbereich: < 85 ng/l

Erhöht: Phäochromozytom, Neuroblastom, Stress, körperliche Aktivität, bestimmte Nahrungsmittel (Bananen, Schokolade, Kaffee, Tee, Vanille)

Eosinophile

Referenzbereich: 1 – 5 % Eosinophile

Erhöht: Allergie, Parasitenbefall (Trichinose, Aspergillose, Hydatidose), Angioödem, Medikamentenwirkung, Marcumar-Überempfindlichkeit, Kollagengefäßkrankheiten, akutes hypereosinophiles Syndrom, nichtallergische eosinophile Rhinitis, myeloproliferatives Syndrom, Hodgkin-Lymphom, Strahlentherapie, Non-Hodgkin-Lymphom, Tryptophan-Aufnahme, Urtikaria, perniziöse Anämie, Pemphigus, entzündliche Darmerkrankungen, Asthma bronchiale

Eosinophile (Urin)

Normal: Nicht nachweisbar

Nachweisbar: Interstitielle Nephritis, akute Tubulusnekrose, Harnwegsinfektionen, Abstoßungsreaktion nach Nierentransplantation, hepatorenales Syndrom

EPO

Siehe ERYTHROPOETIN

Epstein-Barr-Virus-Serologie

Normal: **Stufendiagnostik:**
Antikörper gegen das EB-Nukleus-Antigen 1 (EBNA-1), *wenn negativ oder schwach positiv:*
Antikörper gegen das Viruskapsantigen (VCA), *wenn positive Titer ab 1:160:*
Antikörper gegen Frühantigen (EA)

Erythropoetin

Normal: 6 – 25 U/l
Erythropoetin ist ein Glykoprotein, das von den Nieren sezerniert wird und die Erythrozyten-Produktion anregt, indem es die Erythropoese im Knochemark stimuliert

Erhöht: **Extrem erhöht:** Patienten mit schwerer Anämie z. B. aplastische Anämie, schwere hämolytische Anämie und hämatologische Karzinome
Stark erhöht: Patienten mit leichter bis moderater Anämie
Erhöht: Patienten mit leichter Anämie (z. B. AIDS, Myelodysplasie)
Falsch-hohes Erythropoetin bei Patienten mit maligner Neoplasie, Nierenzyste, nach Nierentransplantation, Meningiom, Hämangioblastom, Leiomyom

Erniedrigt: Niereninsuffizienz, Polycythaemia vera, autonome Neuropathie

Erythrozytenverteilungsbreite (RDW)

Bestimmt die Variabilität der Erythrozytengröße (Anisozystose)

Referenzbereich: 12,9 – 18,7 %

Normale RDW und: **Erhöhtes mittleres Zellvolumen (MCV):** Aplastische Anämie, myelodyplastisches Syndrom

Normales MCV: Normal, Anämie bei chronischen Erkrankungen, akuter Blutverlust oder Hämolyse, chronische lymphatische Leukämie, chronische myeloische Leukämie, nichtanämische Enzymopathie oder Hämoglobinopathie
Erniedrigtes MCV: Anämie bei chronischen Erkrankungen, heterozygote Thalassämie

Erhöhte RDW und: **Erhöhtes MCV:** Vitamin-B_{12}-Mangel, Folsäuremangel, autoimmunhämolytische Anämie, Kälteagglutinine, chronische lymphatische Leukämie mit hoher Leukämiezellzahl, Lebererkrankungen
Normales MCV: Eisenmangel, Vitamin-B_{12}-Mangel, Folsäuremangel (alle im Frühstadium), anämische Hämoglobinopathie
Erniedrigtes MCV: Eisenmangel, Erythrozytenfragmentierung, Hämoglobinopathien, Thalassaemia intermedia

Erythrozytenvolumen

Referenzbereich:
Männer: 25 – 27 ml/kg KG
Frauen: 20 – 22 ml/kg KG

Erhöht: Polycythaemia vera, Hypoxie (Rauchen, Höhenluft, kardiovaskuläre Erkrankungen), Hämoglobinopathien mit hoher Sauerstoffaffinität, erythropoitinproduzierende Tumoren (z. B. Nierenzellkarzinom)

Erniedrigt: Blutungen, chronische Erkrankungen, insuffiziente Erythropoese, Anämie, Hämolyse

Erythrozytenzahl

Referenzbereich:
Männer: 4,5 – 5,9 × 10^6/µl
Frauen: 4,1 – 5,1 × 10^6/µl

Erhöht: Hämokonzentration/Dehydration, Stress, Polycythaemia vera, Rauchen, Höhenluft, kardiovaskuläre Erkrankungen, Nierenzellkarzinome und andere Erythropoetin-produzierende Neoplasien

Erniedrigt: Anämie, Hämolyse, chronische Niereninsuffizienz, Blutungen, insuffiziente Erythropoese

Ethanol

Siehe ÄTHANOL

Extrahierbare nukleäre Antigene (ENA-Komplex, Anti-RNP/Sm, Anti-Smith)

Normal: Negativ

Nachweisbar: SLE, rheumatoide Arthritis, Sjögren-Syndrom, Sharp-Syndrom

Ferritin

Referenzbereich: 22 – 310 µg/l

Erhöht: Entzündungen, Lebererkrankungen (durch nekrotische Leberzellen), Hyperthyreose, Neoplasie (Neuroblastom, Lymphom, Leukämie, Mamma-Karzinom), Eisentherapie, Hämochromatose, Hämosiderose

Erniedrigt: Eisenmangelanämie

α_1-Fetoprotein [AFP] (Serum)

Referenzbereich: 0 – 10 µg/l

Erhöht: Hepatozelluläre Karzinome (stark erhöhte AFP-Werte), Keimzelltumoren (Testis, Ovarien, Mediastinum, Retroperitoneum), Lebererkrankungen (alkoholbedingte Zirrhose, akute Hepatitis, chronisch aktive Hepatitis), fötale Anenzephalie, Spina bifida, Basalzellkarzinom (Basaliom), Brustkrebs, Pankreaskarzinom, Magenkarzinom, Retinoblastom, Ösophagusatresie

Fettausscheidung im Stuhl (quantitativ)

Referenzbereich: Stuhlfettausscheidung ≤ 7 g/ 24 h

Erhöht bei: Malabsorption

Teil II

Fibrinogen

Referenzbereich 1,8 – 3,5 g/l

Erhöht: Gewebeentzündungen oder -verletzungen (Akute-Phase-Protein-Reaktion), orale Kontrazeptiva, Schwangerschaft, akute Infektionen, Myokardinfarkt

Erniedrigt: DIC, kongenitale Afibrinogenämie, Lebererkrankungen, primäre oder sekundäre Hyperfibrinolyse, Kachexie

Fibrin(ogen)-Spaltprodukte [FSP]

Referenzbereich: < 1 mg/l

Erhöht: DIC, primäre Hyperfibrinolyse, Lungenembolie, schwere Lebererkrankungen
Anmerkung: Rheumafaktoren können zu falsch-hohen FSP-Werten führen

Fluoreszenz Treponema Antikörper-Absorptions-Test [FTA-ABS]

Normal: Keine Reaktion

Reagiert bei: Syphilis, andere Treponema-Erkrankungen (Frambösie, Pinta, Bejel), SLE, Schwangerschaft

Folate (Folsäure)

Referenzbereich:
Plasma: 1,9 – 9,0 µg/l (nüchtern)
Erythrozyten: 150 – 450 µg/l

Erniedrigt: Folsäure-Mangel (unzureichende Aufnahme, Malabsorption), Alkoholabusus, Medikamente (Methotrexat, Trimethoprim, Phenytoin, orale Kontrazeptiva, Sulfasalazin), Vitamin-B_{12}-Mangel, hämolytische Anämie

Follikelstimulierendes Hormon [FSH]

Referenzbereich:
Erwachsene Frauen:
Follikelphase 2 – 10 IU/l
Ovulationsphase 8 – 20 IU/l
Lutealphase 2 – 8 IU/l
Postmenopausal > 20 IU/l
Erwachsene Männer: < 15 IU/l

Erhöht: Primärer Hypogonadismus, Gonadendysgenesie, Alkoholabusus, Klinefelter-Syndrom, testikuläre Feminisierung, Anorchie, Kastration

Erniedrigt: Pubertas praecox aufgrund eines Tumors der Nebennieren, kongenitale Nebennieren-Hyperplasie. Ein normaler FSH-Wert bei einer Frau ohne Ovulation ist ein Anzeichen für eine Fehlfunktion des Hypothalamus/der Hypophyse

FSH

Siehe FOLLIKELSTIMULIERENDES HORMON

FSP

Siehe FIBRINOGEN-SPALTPRODUKTE

FTA-ABS

Siehe FLUORESZENZ TREPONEMA ANTIKÖRPER-ABSORPTIONS-TEST

Gastrin

Referenzbereich: < 60 pg/ml (nüchtern)

Erhöht: Zollinger-Ellison-Syndrom (Gastrinom), Einnahme von PPH, chronischer Niereninsuffizienz, Magenulkus, chronisch-athropische Gastritis, Pylorusstenose, maligne Neoplasie, Einnahme von H_2-Blockern, Kalzium-Einnahme, Colitis ulcerosa, rheumatoide Arthritis

Gerinnungsfaktoren

Referenzbereich:
Faktor V: 70 – 120 % der Norm
Faktor VII: 70 – 120 % der Norm

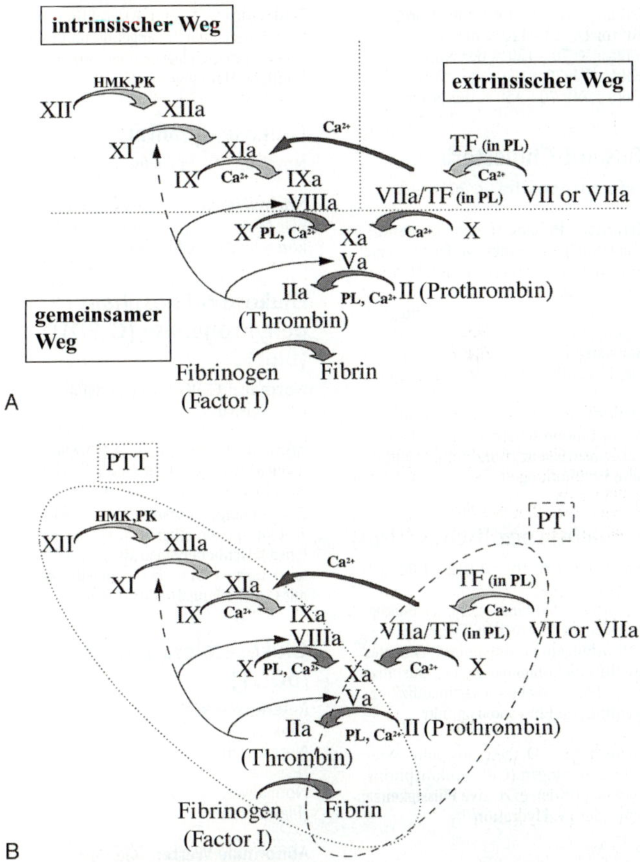

Abb. 2-1. Vereinfachte Gerinnungskaskade.

A) Die Gerinnungskaskade wurde historisch bedingt in zwei Wege unterteilt – den intrinischen und den extrinsischen Weg. Beide gipfeln in der Bildung des Fibrinogens in einem gemeinsamen Pfad. Heute glaubt man, dass die Faktor IX-Aktivierung durch den Faktor VIIa/ FF-Komplex eine wichtige Rolle bei der Initiierung der normalen Hämostase spielt. Wenn die Gerinnung einmal aktiviert ist, bindet Faktor Xa an den TFPI (Tissue Factor Pathway Inhibitor), der daraufhin den Faktor VIIa/ TF erfolgreich hemmt. Der Faktor VIIIa/IXa-Komplex wird zum dominanten Generator von Faktor Xa und dadurch kommt es zur Thrombin- und Fibrinbildung. Dieses Modell stimmt überein mit der Beobachtung, dass Mängel der Faktoren VIII, IX (und in geringerem Ausmaß auch XI) eine Blutungsdiathese auslösen kann, wohingegen die Abwesenheit von Faktor XII, PK oder HMK (hochmolekulares Kininogen) nicht dazu führt. Beim intrinsischen Weg aktiviert Faktor XIIa Prekallikrein zu Kallikrein. Kallikrein aktiviert vermehrt Faktor XIIa aus Faktor XII. HMK agiert als Kofaktor in beiden Reaktionen. HMK agiert zudem als Kofaktor bei der Aktivierung von Faktor XI durch Faktor XII. Kallikrein löst Bradykinin aus dem vasoaktiven HMK.

B) Die PTT (aktivierte partielle Thromboplastinzeit) misst die Gerinnungszeit von Faktor XII während der Fibrinbildung. Die Thromboplastinzeit misst die Gerinnungszeit von Faktor VII während der Fibrinbildung. (TF = Tissue factor [ein transmembranes Protein, vergleichbar mit in vivo Phospholipid]; PK = Prekallikrein; HMK = hochmolekulares Kininogen; PL = Phospholipide; Ca^{2+} = Calcium).

[Aus: Henry JB (Hrsg.): *Clinical Diagnosis and Management by Laboratory Methods.* WB Saunders, 2001]

Faktor VIII: 70 – 150 % der Norm
Faktor IX: 70 – 120 % der Norm
Faktor X: 70 – 120 % der Norm
Faktor XI: 70 – 120 % der Norm
Faktor XII: 70 – 150 % der Norm

Gesamt-Cholesterin

Referenzbereich: ≤ 200 mg/dl

Erhöht: Primäre Hypercholesterinämie, biliäre Obstruktion, Diabetes mellitus, nephrotisches Syndrom, Hypothyreose, primär biliäre Zirrhose, Kost mit hoher Zufuhr an Cholesterin und gesättigten Fettsäuren, 3. Trimenon einer Schwangerschaft, Medikamente (Steroide, Phenothiazin, orale Kontrazeptiva)

Erniedrigt: Fasten, Malabsorption, Abeta-Lipoproteinämie, Hyperthyreose, Leberinsuffizienz, Karzinom, Infektionen, Entzündungen

Gewicht, spezifisches (Urin)

Referenzbereich: 1.012 – 1.022 g/l

Erhöht: Dehydration, hoher Flüssigkeitsverlust (Erbrechen, Diarrhoe, Fieber), Röntgen-Kontrastmittel, Diabetes mellitus, dekompensierte Herzinsuffizienz, SIADH, Nebenniereninsuffizienz, verminderte Flüssigkeitszufuhr

Erniedrigt: Diabetes insipidus, Nierenerkrankungen (Glomerulonephritis, Pyelonephritis), exzessive Flüssigkeitszufuhr oder i.v. Hydration

GGT

Siehe γ-GLUTAMYL-TRANSFERASE

Glukose, nüchtern

Siehe NÜCHTERNBLUTZUCKER

Glukose, postprandial

Referenzbereich: < 200 mg/dl (Plasma venös)

Erhöht: Diabetes mellitus, gestörte Glukosetoleranz

Erniedrigt: Nach GI-Resektion, reaktive Hyperglykämie, angeborene Fruktoseintoleranz, Galaktosämie, proteinempfindliche Hypoglykämie

Glukose, qualitativ (Urin)

Normal: Nicht nachweisbar

Nachweisbar: Diabetes mellitus, renale Glykosurie (verminderte renale Glukoseschwelle), Glukoseintoleranz

Glukose-6-Phosphat-dehydrogenase [G_6PD] (Blut)

Normal: G_6PD-Enzymaktivität ist nachweisbar

Abnormal: Wenn ein G_6PD-Mangel nachgewiesen wird, ist eine Quantifizierung (leichter Enzymmangel – schwerster Enzymmangel) notwendig. Ein G_6PD-Test kann nach einer hämolytischen Krise fälschlicherweise als „normal" interpretiert werden, da die meisten Zellen mit G_6PD-Mangel zerstört wurden

Glukosetoleranz-Test (oral) [oGGT]

Referenzbereich: oGGT mit 75 g Glukose (WHO-Empfehlungen):
Normalwert nüchtern < 110 mg/dl (Plasma venös)
Normalwert nach 2 h < 140 mg/dl (Plasma venös)

Abnormale Werte: Gestörte Glukose-Toleranz, Diabetes mellitus, Cushing-Syndrom, Akromegalie, Phäochromozytom, Gestations-Diabetes

Glutamat-Oxacelat-Transaminase [GOT]

Referenzbereich: 10 – 50 U/l

Erhöht: Lebererkrankungen (Hepatitis, Hämochromatose, Zirrhose, Reye-Syndrom, Morbus Wilson, Alkohol-Abusus, Medikamente (Paracetamol, Statine, nichtsteroidale Antirheumatika [NSAR]), ACE-Hemmer, Heparin, Phenytoin, Amiodaron, Chlorpromazin), Stauungsleber, infektiöse Mononukleose, Myokardinfarkt, Myokarditis, schweres Muskeltrauma, Dermatomyositis/Polymyositis, Muskeldystrophie, maligne Erkrankungen, renale und pulmonale Infarkte, Krampfanfälle, Eklampsie

Erniedrigt: Urämie, Vitamin-B_6-Mangel

Glutamat-Pyruvat-Transaminase [GPT] (Serum)

Referenzbereich: 10 – 35 U/l (Frauen); 10 – 50 U/l (Männer)

Erhöht bei: Lebererkrankungen (z. B. Hepatitis, Zirrhose, Reye-Syndrom), Alkoholabusus, Medikamente (z. B. Paracetamol, Statine, NSAR), Antibiotika, anabole Steroide, Narkotika, Heparin, Amiodaron, Chlorpromazin, Phenytoin), Stauungsleber, infektiöser Mononukleose, Lebermetastasen, Myokardinfarkt, Myokarditis, schwerem Muskeltrauma, Dermatomyositis oder Polymyositis, Muskeldystrophie, malignen Erkrankungen, renalen und pulmonalen Infarkten, Krampfanfällen, Eklampsie, Dehydrierung (relative GPT-Erhöhung), Verwendung chinesischer Kräuter

Erniedrigt: Azotämie, Mangelernährung, dialysepflichtige Niereninsuffizienz, chronische alkoholbedingte Lebererkrankungen, Metronidazol-Einnahme

γ-Glutamyl-Transferase [γGT]

Referenzbereich 9 – 64 U/l

Erhöht: Chronische alkoholbedingte Lebererkrankungen, Neoplasie (Hepatom, Lebermetastasen, Pankreaskarzinom), nephrologisches Syndrom, Sepsis, Cholestase, Medikamente (Phenytoin, Barbiturate)

Glykosyliertes Hämoglobin [HbA_{1c}]

Referenzbereich: 4,4 – 6,4 % (abhängig von der Methode)

Erhöht: Unkontrollierter Diabetes mellitus (Glykohämoglobin-Spiegel zeigt den Grad der Diabeteseinstellung der vergangenen 120 Tage; „Blutzuckergedächtnis"), Bleiintoxikation, Alkoholabusus, Eisenmangelanämie, Hypertriglyceridämie

Erniedrigt: Hämolytische Anämie, verminderte Erythrozytenlebenszeit, Schwangerschaft, akuter oder chronischer Blutverlust, chronische Niereninsuffizienz, Insulinom, hereditäre Sphärozytose, HbS-, HbC-und HbD-Erkrankungen

GOT

Siehe GLUTAMAT-OXACELAT-TRANSAMINASE

GPT

Siehe GLUTAMAT-PYRUVAT-TRANSAMINASE

Großes Blutbild (mit Differentialblutbild)

Leukozyten: 7,8 (4,4 – 11,3) × 10^3/µl
Erythrozyten: 4,1 – 5,1 × 10^6/µl (Frauen), 4,5 – 5,9 × 10^6/µl (Männer)
Hämoglobin: 12,3 – 15,3 g/dl (Frauen), 14,0 – 17,5 g/dl (Männer)
Hämatokrit: 39,6 % (34,7 – 44,7 %) (Frauen), 43,0 % (36,0 – 48,2 %) (Männer)
MCV: 80 – 96 μm^3
MCH: 28 – 33 pg/Zelle
MCHC: 33 – 36 g/dl
RDW: 15,8 ± 2,9 %
Thrombozytenzählung: 210 – 406 × 10^3/µl
Differentialblutbild:
Stabkernige Neutrophile 2 – 8 %
Segmentkernige Neutrophile 46 – 66 %
Eosinophile 1 – 5 %
Basophile < 1 %
Monozyten 2 – 10 %
Lymphozyten 20 – 40 %

Hämatokrit [Hkt]

Referenzbereich: Männer: 42 – 50 %
Frauen: 37 – 45 %

Teil II

Erhöht: Polycythaemia vera, Rauchen, COPD, Höhenluft, Dehydration, Hypovolämie

Erniedrigt bei: Blutverlust (GI, UG), Anämie, Schwangerschaft

Hämoglobin [Hb]

Referenzbereich:
Männer: 14,0 – 17,5 g/dl
Frauen: 12,3 – 15,3 g/dl

Erhöht: Hämokonzentration, Dehydration, Polycythaemia vera, COPD, Höhenluft, falsch-hohe Werte (Lipämie, Leukozyten > 20.000/µl, Thrombozyten > 700.000/µl), Stress

Erniedrigt: Blutverlust (GI, UG), Anämie

Hämoglobin, freies (Urin)

Normal: Nicht nachweisbar

Nachweisbar: Hämolyse (nach Sättigung der Serum-Haptoglobin-Bindungskapazität und Überschreitung des renalen Schwellenwerts für die tubuläre Absorption des Hämoglobins wird freies Hämoglobin im Urin nachweisbar)

Hämoglobinelektrophorese

Referenzbereich: HbA: 97 – 98,5 %
HbA_2: 1,5 – 3,2 %
HbF: 0 – 0,5 %
HbC: n.n.
HbS: n.n.

Hämosiderin (Urin)

Normal: Nicht nachweisbar

Nachweisbar: Paroxysmale nächtliche Hämoglobinurie, chronische hämolytische Anämie, Hämochromatose, Bluttransfusionen, Thalassämie

HAM-Test

Siehe SÄURE-HÄMOLYSE-TEST

Harnkristalle

Harnsäure: saurer Urin, Hyperurikosurie, Harnsäurenephropathie
Schwefel: schwefelhaltige Antibiotika
Calciumoxalat: Ethylenglykol-Intoxikation, saurer Urin, Hyperoxalurie
Calciumphosphat: alkalischer Urin
Cystin: Cystinurie

Harnsäure (Serum)

Referenzbereich: 2,3 – 8,2 mg/dl

Erhöht: Hereditärer Enzymmangel (Hypoxanthin-Guanin-Phosphoribosyltransferase-Mangel), Niereninsuffizienz, Gicht, exzessive Zelllyse (chemotherapeutische Medikamente, Bestrahlung, Leukämie, Lymphom, hämolytische Anämie), Azidose, myeloproliferative Erkrankungen, Kost mit hohem Gehalt an Purinen oder Proteinen, Medikamente (Diuretika, niedrige Dosen ASS, Ethambutol, Nikotinsäure), Bleiintoxikation, Hypothyreose

Erniedrigt: Medikamente (Allopurinol, hohe Dosen ASS, Probenecid, Marcumar, Kortikosteroide), Xanthinoxidasemangel, SIADH, renal tubuläre Mängel (Fanconi-Syndrom), Alkoholabusus, Lebererkrankungen, Kost mit zu niedrigem Gehalt an Purinen oder Proteinen, Morbus Wilson, Hämochromatose

Harnstatus

Siehe URIN-STATUS

Harnstoff

Referenzbereich: 17 – 43 mg/dl

Erhöht: Dehydration, Nierenerkrankungen (Glomerulonephritis, Pyelonephritis, diabetische Glomerulosklerose), Harnwegsobstruktion (Prostatahypertrophie), Medikamente (Aminoglykoside und andere Antibiotika, Diuretika, Lithium, Kortikosteroide), GI-Blutungen, verminderte renale Durchblutung (Schock, dekompensierte Herzinsuffizienz, Myokardinfarkt)

Erniedrigt: Lebererkrankungen, Mangelernährung, Schwangerschaft im 3. Trimenon

HDL-Cholesterin (High-Density Lipoprotein)

Referenzbereich: ≥ 35 mg/dl

Erhöht: Medikamente (Fenofibrat, Gemfibrozil, Nikotinsäure oder Östrogene), regelmäßiger Ausdauersport, leichter bis mäßiger Alkoholkonsum

Erniedrigt: Familiärer Apoprotein-Mangel, Lebererkrankungen, Probucol-Einnahme, sitzende Lebensweise, akuter Myokardinfarkt, Fasten
Anmerkung: Ein HDL-Wert < 35 mg/dl geht einher mit einem erhöhten KHK-Risiko

Haptoglobin (Serum)

Referenzbereich: 30 – 200 mg/dl

Erhöht: Entzündung (Akute-Phase-Reaktion), Kollagengefäßkrankheiten, Infektion (Akute-Phase-Reaktion), Medikamente (Androgene), obstruktive Lebererkrankungen

Erniedrigt: Hämolyse (häufiger bei intravaskulärer, als bei extravaskulärer Hämolyse), megaloblastäre Anämie, schwere Lebererkrankungen, große Hämatome, infektiöse Mononukleose, Medikamente (orale Kontrazeptiva)

HCG

Siehe CHORIONGONADOTROPIN, HUMANES

Helicobacter pylori (Serologie, Antigene im Stuhl)

Referenzbereich: Nicht nachweisbar

Nachweisbar: Infektion mit Helicobacter pylori. Eine positive Serologie kann eine frische oder vergangene Infektion nachweisen. Ein H.p.-Antigen-Nachweis im Stuhl zeigt eine akute Infektion (Sensitivität und Spezifität > 90 %) an. Nach der Eradikationstherapie sollten Stuhltests auf H.p. frühestens nach 2 Wochen wiederholt werden

Hepatitis A-Antikörper [Anti-HAV]

Normal: Negativ

Nachweisbar: Virushepatitis A; IgM bei akuter Hepatitis A und IgG bei vergangener Infektion mit HAV

Hepatitis B-Oberflächenantigen [HBsAg]

Normal: Nicht nachweisbar

Nachweisbar: Akute Virushepatitis B (Abb. 2 – 2), chronische Hepatitis B

Herzenzyme (Serum)

Abb. 2 – 3 zeigt typische Kurvenverläufe und Serum-Spiegel der Herzenzyme im diagnostischen Fenster nach Myokardinfarkt

HIV (Humanes Immundefizienzvirus), Typ 1

Referenzbereich: Nicht nachweisbar

Nachweisbar: HIV-Antikörper erscheinen in der Regel 1 bis 4 Monate nach der Infektion im Blut
Test-Sequenz:
1. ELISA ist der empfohlene initiale Screeningtest mit einer Sensitivität und Spezifität > 99 %. Falsch-positive Ergebnisse können auftreten bei Autoimmunerkrankungen; innerhalb der letzten 6 Wochen Verabreichung von Immunglobulinen, die vor 1985 hergestellt wurden; Vorhandensein von Rheumafaktoren; Vorhandensein von DLA-DR-Antikörpern bei mehrfachgebärenden Frauen; Grippeimpfung innerhalb der letzten 3 Monate; Hämodialyse; positiver Rapid-Plasma-Protein-Test und bestimmte Störungen (Hämophilie, Hypergammaglobulinämie, alkoholbedingte Hepatitis)
2. Ein positiver HIV-Test mit ELISA kann mit der Western-Blotting-Methode bestätigt werden. Falsch-positive Ergebnisse sind möglich bei Kollagenosen,

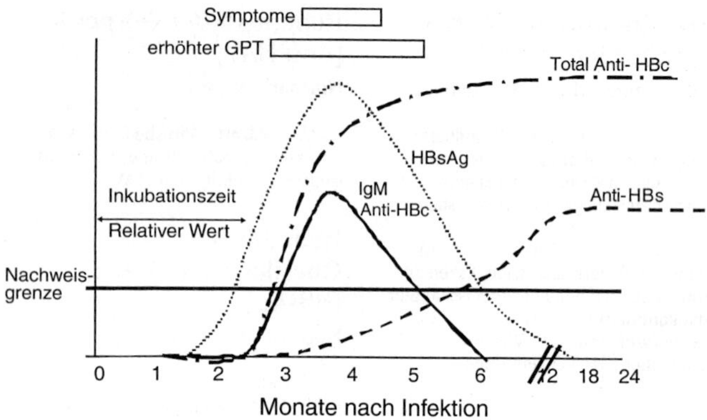

Abb. 2-2. Typische Zeittafel für das Erscheinen von viralen Antigenen und antiviralen Antikörpern bei einer akuten Infektion mit Hepatitis B (HBV). Nach einer Inkubationszeit von ein bis drei Monaten, erscheint das Oberflächenantigen (HBsAg) als erster viraler Marker. Während der Inkubationszeit und wenn kein Antikörper nachweisbar ist, bleibt der Patient asymptomatisch. Nach einer Gesamtzeit von drei bis sechs Monaten erscheinen Antikörper gegen das Kernantigen (Anti-HBc); typischerweise zuerst als IgM-Antikörper (IgM-Anti-HBc). Während der Antikörperbildung zeigen sich erste Symptome einer akuten Infektion, begleitet von einem Anstieg der zytoplasmatischen Enzyme und – in vielen Fällen – einem Ikterus. Während der Ausbildung eines Ikterus haben die meisten Patienten immer noch messbare HBsAg. Bei einigen Patienten sind weder das Oberflächenantigen noch seine Antikörper nachweisbar, dadurch bleiben die IgM-Anti-HBc die einzigen Marker einer akuten Infektion („core window"). Die Bildung von Anti-HBc indiziert das Verschwinden des infektiösen Virus und die Genesung von der Infektion. IgM-Anti-HBc persistiert für rund drei bis sechs Monate, Anti-HBc dagegen sind typischerweise für den Rest des Lebens nachweisbar.
[Aus: Henry JB (Hrsg.): *Clinical Diagnosis and Management by Laboratory Methods.* WB Saunders, 2001]

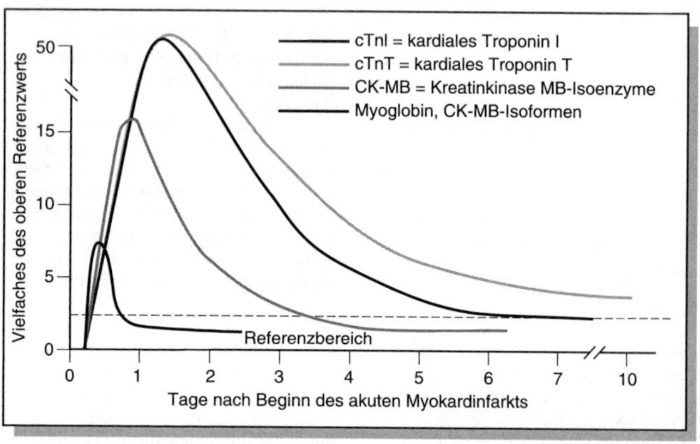

Abb. 2-3. Typische Kurvenverläufe und Serum-Spiegel der Herzenzyme im diagnostischen Fenster nach einem akuten Myokardinfarkt.
[Aus: Lehmann CA (Hrsg): *Saunders Manual of Clinical Laboratory Science.* Philadelphia, WB Saunders, 1998]

Leukozytenantigene, polyklonaler Gammopathie, Hyperbilirubinämie, Vorhandensein von Antikörpern gegen einen anderen menschlichen Retrovirus oder Kreuzreaktion mit anderen nichtviralen Proteinen bei gesunden Menschen. Ein unbestimmter Western-Blotting-Test kann bei Patienten mit fortgeschrittener Abwehrschwäche (durch Antikörpermangel) und bei frischen HIV-Infektionen auftreten
3. Eine PCR (Polymerase chain reaction) wird eingesetzt, um unbestimmte Western-Blotting-Ergebnisse oder negative Ergebnisse bei Personen mit V.a. HIV-Infektion zu bestimmen

Homocystein

Referenzbereich:
Nach 10 – 14 h Fasten:
5 – 15 µmol/l (Personen > 60 Jahre: 5 – 12 µmol/l)

Erhöht: Thrombophilie, Mangel an Vitamin B_6, Vitamin B_{12}, Folsäure oder Riboflavin, Schwangerschaft, Homocystinurie
Anmerkung: Ein erhöhter Homocystein-Spiegel ist ein Risikofaktor für Atherosklerose

5-Hydroxy-Indolessigsäure [5-HIES] im Urin

Referenzbereich: 2 – 9 mg/ 24 h

Erhöht: Karzinoid-Tumoren, nach Verzehr bestimmter Nahrungsmittel (Bananen, Pflaumen, Tomaten, Avocados, Ananas, Auberginen, Walnüsse), Medikamente (Monoamin-Oxidase-Hemmer, Phenacetin, Methyldopa, Guaifenesin, Parazetamol, Salizylate, Phenothiazin, Imipramin, Methocarbamol, Reserpin, Methamphetamine)

IGF-I (insulinähnlicher Wachstumsfaktor)

Referenzbereich: Kinder 11 – 16 Jahre: 180 – 800 µg/l
Erwachsene 21 – 30 Jahre: 165 – 434 µg/l
Erwachsene 31 – 50 Jahre: 115 – 329 µg/l
Erwachsene 51 – 72 Jahre: 69 – 285 µg/l

Erhöht: Adoleszenz, Akromegalie, Schwangerschaft, Pubertas praecox, Adipositas

Erniedrigt: Mangelernährung, Pubertas tarda, Diabetes mellitus, Hypophysenvorderlappen-Insuffizienz, Zirrhose, ältere Menschen

Immunglobuline

Referenzbereich:
IgA: 200 – 250 mg/dl
IgD: 4 – 40 mg/dl
IgE: 0,003 mg/dl
IgG: 1.000 – 1.500 mg/dl
IgM: 100 – 125 mg/dl

Erhöht: IgA: Purtilo-Syndrom, Berger-Nephritis, chronische Infektionen, Autoimmunkrankheiten, Lebererkrankungen
IgE: Allergien, parasitäre Infektionen, Immunkrankheiten, IgE-Myelom, AIDS, Pemphigoid
IgG: Chronische Granulomatose, Infektionskrankheiten, Entzündungen, Myelom, Lebererkrankungen
IgM: Primär biliäre Zirrhose, Infektionskrankheiten (Brucellosen, Malaria), Makroglobulinämie, Lebererkrankungen

Erniedrigt: IgA: Nephrotisches Syndrom, exsudative Enteropathie, kongenitaler Mangel, lymphatische Leukämie, Ataxia teleangiectatica, chronische Atemwegserkrankungen
IgE: Hypogammaglobulinämie, Neoplasie (Mamma, Bronchien, Zervix), Ataxia teleangiectatica
IgG: Kongenitaler oder erworbener Mangel, lymphatische Leukämie, Phenytoin, Methylprednisolon, nephrotisches Syndrom, exsudative Enteropathie
IgM: Kongenitaler Mangel, lymphatische Leukämie, nephrotisches Syndrom

Immunkomplex-Assay

Normal: Negativ

Nachweisbar: Kollagengefäßkrankheiten, Glomerulonephritis, Neoplasie, Malaria, primär biliäre Zirrhose, chronisch akute Hepatitis, bakterielle Endokarditis, Vaskulitis

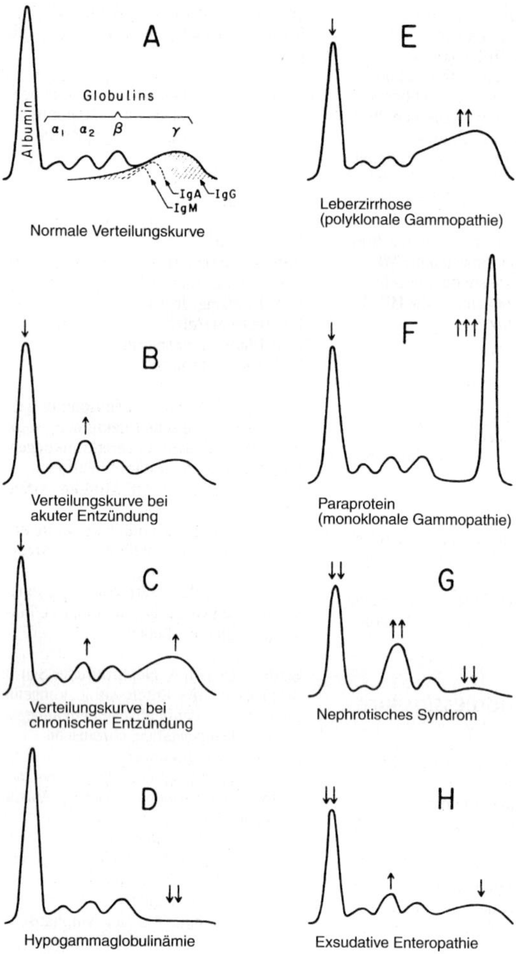

Abb. 2–4. Serumprotein-Elektrophorese: klinisch-pathologische Korrelationen
A Normale Verteilungskurve
B Verteilungskurve bei akuter Entzündung
C Verteilungskurve bei chronischer Entzündung
D Hypogammaglobulinämie
E Leberzirrhose (polyklonale Gammopathie)
F Paraprotein (monoklonale Gammopathie)
G Nephrotisches Syndrom
H Exsudative Enteropathie

[Aus: Henry JB (Hrsg.): *Clinical Diagnosis and Management by Laboratory Methods.* WB Saunders, 2001]

Indikan (Urin)

Normal: Nicht nachweisbar

Nachweisbar: Malabsorption aufgrund bakterieller Überwucherung im GI-Trakt

INR (International Normalized Ratio)

Die INR ist eine methodenunabhängige Vergleichsgröße der Prothrombinzeit bei oral koagulierten Patienten. Die Berechnung erfolgt über den Vergleich der TPZ des Patienten mit einem WHO-Referenzthromboplastin

Empfohlene INR-Referenzbereiche (unter Cumarin-Therapie):

Erkrankung	Referenzbereich
Proximale TVT	2 – 3
Lungenembolie	2 – 3
TIA	2 – 3
Vorhofflimmern	2 – 3
Mechanische Herzklappen	3,0 – 4,5
Rezidivierende Venenthrombose	3,0 – 4,5

Kalium (Serum)

Referenzbereich: 3,6 – 4,8 mmol/l

Erhöht:

1. Pseudohyperkaliämie
   a. Hämolysierte Probe
   b. Schwere Thrombozytose (Thrombozytenzahl > 1 Mio/µl)
   c. Schwere Leukozytose (Leukozytenzahl > 11,3 × 10^3/µl)
   d. Bei nicht korrekter Blutentnahme (z. B. zu langes Stauen)
2. Überdosierung (oft im Zusammenhang mit beeinträchtigter Exkretion)
   a. Kaliumersatztherapie
   b. Kost mit hohem Kaliumgehalt
   c. Salz-Ersatzstoffe mit Kalium
   d. Kaliumsalze in Antibiotika
3. Verminderte renale Exkretion
   a. Kaliumsparende Diuretika (z. B. Spironolacton, Triamteren, Amilorid)
   b. Niereninsuffizienz
   c. Mineralokortikoid-Mangel
   d. Hyporeninämischer Hyperaldosteronismus (Diabetes mellitus)
   e. Verminderte Ansprechbarkeit auf Aldosteron (z. B. SLE, Plasmozytom, Sichelzellanämie)
   f. Renale tubuläre Azidose Typ IV
   g. ACE-Hemmer
   h. Heparin-Gabe
   i. NSAR
   j. Trimethoprim, Sulfamethoxazol
   k. Betablocker
   l. Pentamidin
4. Umverteilung (erhöhte Freisetzung aus den Zellen)
   a. Azidose (jeder Anstieg des pH um 0,1 lässt den Serum-Kalium-Wert um 0,4 bis 0,6 mmol/l ansteigen). Laktatazidose und Ketoazidose führen zu minimaler Umverteilung
   b. Insulinmangel
   c. Medikamente (Succinylcholin, deutlich erhöhte Digitalis-Spiegel, Arginin, Betablocker)
   d. Hypertonus
   e. Hämolyse
   f. Gewebenekrosen, Rhabdomyolyse, Verbrennungen
   g. Hyperkäliämische periodische Paralyse

Erniedrigt:

1. Transzelluläre Kaliumverschiebung (Umverteilung) und unbestimmte Mechanismen
   a. Alkalose (jeder Anstieg des pH um 0,1 lässt den Serum-Kalium-Wert um 0,4 bis 0,6 mmol/l sinken)
   b. Insulin-Gabe
   c. Vitamin-B_{12}-Therapie bei megaloblastärer Anämie, akuter Leukämie
   d. Hypokaliämische periodische Paralyse: seltene hereditäre Erkrankung mit anfallsweise auftretender schlaffer Lähmung und Hypokaliämie
   e. β-Sympathomimetika (z. B. Terbutalin), abschwellende Bronchospasmolytika, Theophyllin, Koffein)
   f. Barium-Intoxikation, Methylbenzol-Intoxikation, Verapamil-Intoxikation, Chloroquin-Intoxikation
   g. Behandlung einer Digoxin-Intoxikation mit Digitalis-Antidot BM®
2. Erhöhte renale Exkretion
   a. Medikamente

Teil II

(1) Diuretika, einschließlich Carboanhydrasehemmer (z. B. Acetazolamid)
(2) Amphotericin B
(3) Hochdosiertes Natrium-Penicillin oder Ampicillin
(4) Cisplatin
(5) Aminoglykoside
(6) Kortikosteroide, Mineralokortikoide
(7) Foscarnet-Natrium
b. Renale tubuläre Azidose Typ I (distale Form) oder Typ II (proximale Form)
c. Diabetische Ketoazidose, Ureteroenteroanastomose
d. Magnesium-Mangel
e. Z.n. obstruktiver Nephropathie, polyurische Phase bei akuter Tubulusnekrose
f. Osmotische Diurese (z. B. Mannitol)
g. Bartter-Syndrom: Hyperplasie der juxtaglomerulären Zellen, die zu erhöhten Renin- und Aldosteron-Spiegeln, metabolischer Alkalose, Hypokaliämie, Muskelschwäche und Tetanie führen kann (beobachtet bei jungen Erwachsenen)
h. Erhöhte mineralokortikoide Aktivität (primärer oder sekundärer Aldosteronismus), Cushing-Syndrom
i. Chronische metabolische Alkalose nach Erbrechen (erhöhte renale Kaliumausscheidung)

3. Gastrointestinale Verluste
   a. Erbrechen, Magensonde
   b. Diarrhoe
   c. Laxantienabusus
   d. Villöse Adenome
   e. Fisteln
4. Unzureichende Aufnahme mit der Nahrung (z. B. Anorexia nervosa)
5. Verluste über die Haut (starkes Schwitzen)
6. Kost mit hohem Salzgehalt, Lakritze in großen Mengen

Kalium (Urin)

Referenzbereich: 34 – 126 mmol/ 24 h

Erhöht: Aldosteronismus (primär, sekundär), Glukokortikoide, Alkalose, renale tubuläre Azidose, Kost mit hohem Kaliumgehalt

Erniedrigt: Akutes Nierenversagen, kaliumsparende Diuretika, Diarrhoe, Hypokaliämie

Kälteagglutinine

Nachweisbar: Mycoplasma pneumoniae, infektiöse Mononukleose, CMV-Infektion, andere Ursachen (Leberzirrhose, erworbene hämolytische Anämie, Erfrierungen, Plasmozytom, Lymphom, Malaria)

Kalzium

Siehe CALCIUM

β-Karotin (Serum)

Referenzbereich: 0,47 – 4,1 mg/l

Erhöht: Karotinämie, chronische Nephritis, Diabetes mellitus, Hypothyreose, nephrotisches Syndrom, Hyperlipidämie

Erniedrigt: Fett-Malabsorption, Steatorrhö, Pankreas-Insuffizienz, Mangel an Karotinoiden in der Kost, hohes Fieber, Lebererkrankungen

Katecholamine (Urin)

Referenzbereich:
Adrenalin: < 27 μg/ 24 h
Noradrenalin: < 97 μg/ 24 h

Erhöht: Phäochromozytom, Neuroblastom, Stress

Ketonkörper (Serum oder Plasma)

Normal: Negativ

Erhöht: Diabetische Ketoazidose, Fasten, Isopropanol-Aufnahme

Ketonkörper (Urin)

Normal: Nicht nachweisbar

Nachweisbar: Diabetische Ketoazidose, alkoholbedingte Ketoazidose, Fasten, Isopropranol-Aufnahme

Kortisol (Plasma)

Referenzbereich: 8 Uhr: 5 – 25 µg/dl
24 Uhr: ≤ 5 µg/dl

Erhöht: ACTH-Produktion (z. B. kleinzelliges Lungenkarzinom), fehlende Kortisol-Tagesrhythmik, Schwangerschaft, chronische Niereninsuffizienz, iatrogen, Stress, Nebennierenhyperplasie, Nebennierenadenom, Hypophysenhyperplasie oder Hypophysenadenom

Erniedrigt: Primäre Nebennierenrindeninsuffizienz, Hypophysenvorderlappen-Überfunktion, sekundäre Nebennierenrinden-Insuffizienz, adrenogenitales Syndrom

Kortisol, freies (Urin)

Referenzbereich: 20 – 90 µg/24 h

Erhöht: Siehe KORTISOL (SERUM)

Kreatinin (Serum)

Referenzbereich: 0,66 – 1,25 mg/dl (Jaffé)

Erhöht: Akutes Nierenversagen, chronische Niereninsuffizienz, verminderte renale Perfusion (Hypotension, Dehydration, dekompensierte Herzinsuffizienz), Rhabdomyolyse, Verabreichung von Kontrastmittel, Ketonämie, Medikamente (Antibiotika [Aminoglykoside], ACE-Hemmer [bei Patienten mit Nierenarterienstenose], Diuretika)

Falsch-hoch: Diabetische Ketoazidose, Einnahme von Cephalosporinen (z. B. Cefoxitin, Cefazolin)

Erniedrigt: Abnahme von Muskelmasse (einschließlich ältere Menschen und Menschen mit Amputationen), Schwangerschaft, anhaltende Entkräftung

Kreatinin (Urin)

Referenzbereich: 36 – 130 mg/dl in 24 h

Kreatinin-Clearance

Referenzbereich: 95 – 160 ml/min

Erhöht: Schwangerschaft, körperliche Aktivität

Erniedrigt: Niereninsuffizienz, Medikamente (z. B. Cimetidin, Procainamid, Antibiotika, Chinidin)

Kreatinkinase

Referenzbereich: 10 – 80 U/l

Erhöht: Körperliche Aktivität, intramuskuläre Injektionen, Myokardinfarkt, Myokarditis, Rhabdomyolyse, Myositis, Prellung/ Trauma, Polymyositits, Dermatomyositis, Muskeldystrophie, Myxödem, Krampfanfälle, maligne Hyperthermie, Apoplex, Lungenembolie und Lungeninfarkt, akute Aortendissektion

Erniedrigt: Steroid-Einnahme, Verlust an Muskelmasse, Kollagenose, alkoholbedingte Lebererkrankungen, metastasierendes Karzinom

Kreatinkinase-Isoenzyme

CK-MB

Erhöht: Myokardinfarkt, Myokarditis, Perikarditis, Muskeldystrophie, Defibrillation, Herz-OP, ausgedehnte Rhabdomyolyse, anstrengende körperliche Aktivität (z. B. Marathonläufer), Sharp-Syndrom, Kardiomyopathie, Hypothermie
Anmerkung: CK-MB existiert im Blut in zwei Varianten; MB2 wird von den Herzmuskelzellen freigesetzt und im Blut zu MB1umgewandelt. Ein Schnelltest auf CK-MB-Varianten kann einen Myokardinfarkt innerhalb von 6 h nach Einsetzen der Symptome nachweisen (CK-MB2 > 10 µg/l, mit einem MB2/ MB1-Verhältnis > 1,5)

CK-MM

Erhöht: Prellungen, Krampfanfälle, maligne Hyperthermie, Rhabdomyolyse, Myositis, Polymyositis, Dermatomyositis, körperliche Aktivität, Muskeldystrophie, intramuskuläre Injektionen, akute Aortendissektion

CK-BB

Erhöht: Apoplex, subarachnoidale Blutung, Neoplasie (Prostata, Gastrointestinaltrakt, Gehirn, Ovarien, Mamma, Lunge), schwerer Schock, Darminfarkt, Hypothermie, Meningitis

Kryoglobuline (Serum)

Referenzbereich: Nicht nachweisbar

Nachweisbar: Kollagengefäßkrankheiten, chronisch aktive Hepatitis, chronisch lymphatische Leukämie, hämolytische Anämie, Plasmozytom, Makroglobulinämie, Morbus Hodgkin

Kryptosporidium (Stuhl)

Referenzbereich: Nicht nachweisbar

Nachweisbar: Kryptosporidiose

Kupfer (Serum)

Referenzbereich: 74 – 131 µg/dl

Erniedrigt: Morbus Wilson, Malabsorption, Mangelernährung, Nephrose, parenterale Ernährung, akute Leukämie in Remission

Erhöht: Aplastische Anämie, biliäre Zirrhose, SLE, Hämochromatose, Hyperthyreose, Hypothyreose, Infektionen, Eisenmangelanämie, Leukämie, Lymphom, orale Kontrazeptiva, perniziöse Anämie, rheumatoide Arthritis

Kupfer (Urin)

Referenzbereich: 10-60 µg/ 24 h

Laktat (Blut)

Referenzbereich: 4,5–20 mg/dl (venöses Vollblut oder Plasma)

Erhöht: Gewebehypoxie (Schock, respiratorische Insuffizienz, schwere dekompensierte Herzinsuffizienz, Kohlenmonoxid- oder Zyanid-Intoxikation), systemische Erkrankungen (Leber- oder Niereninsuffizienz, Krampfanfälle), abnormale Darmflora (D-Laktatazidose), Medikamente oder Toxine (Salizylate, Äthanol, Methanol, Ethylenglykol), G_6PD-Mangel

Laktat-Dehydrogenase [LDH]

Referenzbereich: 135 – 225 U/l

Erhöht: Myokard-, Lungen- oder Niereninfarkt, Erkrankungen des kardiopulmonalen Systems, der Leber, des Bindegewebes oder des ZNS, hämolytische Anämie, megaloblastäre Anämie, Transfusionen, Krampfanfälle, Muskeltrauma, Muskeldystrophie, akute Pankreatitis, Hypotension, Schock, infektiöse Mononukleose, Entzündungen, Neoplasie, Ileus, Hypothyreose

Laktat-Dehydrogenase-Isoenzyme

Referenzbereiche: **LDH_1:**18 – 33 % (Herzmuskel, Erythrozyten)
LDH_2: 28 – 40 % (Herzmuskel, Erythrozyten)
LDH_3: 18 – 30 % (Lunge)
LDH_4: 6 – 16 % (Leber, Skelettmuskel)
LDH_5: 2 – 13 % (Leber, Skelettmuskel)
$LDH_1 < LDH_2$
$LDH_5 < LDH_4$

Abnormale Werte: $LDH_1 > LDH_2$: Myokardinfarkt (ebenso bei hämolytischer Anämie, perniziöser Anämie, Folsäuremangel, Niereninfarkt)
$LDH_5 > LDH_4$: Lebererkrankungen (Zirrhose, Hepatitis, Stauungsleber)

LDH

Siehe LAKTAT-DEHYDROGENASE

LDL-Cholesterin (Low-Density Lipoprotein)

Referenzbereich: < 155 mg/dl (niedrigere Werte für Patienten mit Diabetes und kardiovaskulären Risikofaktoren)

Erhöht: Kost mit einem hohen Anteil an gesättigten Fettsäuren, familiäre Hyperlipidämie, sitzende Lebensweise, schlecht eingestellter Diabetes mellitus, nephrotisches Syndrom, Hypothyreose

Legionella-Titer

Normal: Negativ

Positiv: Legionärskrankheit (ein Titer > 1:256 spricht für einen akuten Infekt)

LH

Siehe LUTEINISIERENDES HORMON

Lipase

Referenzbereich: 7 – 59 U/l (Farbtest)

Erhöht:
Akute Pankreatitis, perforierter peptischer Ulkus, Pankreaskarzinom (Frühstadium), Pankreasgangobstruktion, Darminfarkt, Ileus

Liquor [CSF]

Referenzbereich:

Aussehen:	klar
Glukose:	> 50 % des Serumwertes
Protein:	bis 50 mg/dl
Chlorid:	115 – 132 mmol/l
Druck:	100 – 200 mmH_2O
Zellzahl (Zellen/µl):	< 5/µl (> 5/µl = Pleozytose)
Zelltyp:	granulozytäre, lymphozytäre oder gemischtzellige Leukozyten

Interpretation der Ergebnisse:

1. Aussehen der Flüssigkeit
   a. Klar: Normal
   b. Gelbfärbung (Xanthochromie) im Überstand des zentrifugierten Liquors innerhalb einer Stunde oder weniger nach Entnahme ist ein Hinweis auf eine vorhergehende Blutung (Subarachnoidalblutung). Die Färbung kann auch durch eine Proteinerhöhung im Liquor, Melanin von einem malignen Melanom menigialen Ursprungs oder Carotinoide entstehen.
   c. Rosafärbung ist üblicherweise das Ergebnis einer blutigen Punktion. Die Färbung klärt sich stufenweise zwischen dem 1. und 4. Abnahmeröhrchen (der Überstand ist bei traumatischen Punktionen normalerweise kristallklar)
   d. Liquor-Trübung entsteht durch das Vorhandensein von Leukozyten (bei einer Blutung gelangt etwa 1 Leukozyt/ 500 Erythrozyten in den Liquor)
2. Liquordruck: erhöhter Druck geht einher mit Meningitis, Meningoenzephalitis, Pseudotumor zerebri, Massenverschiebung und intrazerebraler Blutung
3. Zellzahl: beim Erwachsenen finden sich normalerweise keine Zellen im Liquor (obwohl bis zu 5 Zellen/µl als normal gelten). Das Vorhandensein von Granulozyten ist immer pathologisch
   a. Neutrophile: bei bakterieller Meningitis, im Frühstadium einer viralen Meningoenzephalitis und im Frühstadium einer tuberkulösen Meningitis
   b. Erhöhte Lymphozytenzahl: bei tuberkulöser Meningitis, viraler Meningoenzephalitis, syphilitischer Meningoenzephalitis und fungaler Meningitis
4. Protein: Serumproteine sind zu groß, um die normale Blut-Hirn-Schranke zu überschreiten. Dennoch sind erhöhte Liquor-Proteine bei meningialer Entzündung, traumatischer Punktion, erhöhter Liquorproduktion, Gewebeuntergang, Obstruktion der Liquorzirkulation und bei Guillain-Barré-Syndrom beobachtbar
5. Glukose
   a. Niedrige Glukosewerte sind ein Zeichen für bakterielle Meningitis, tuberkulöse Meningitis, fungale Meningitis, Subarachnoidalblutung und manche Arten von viralen Meningitiden
   b. Ein leichter Anstieg der Liquor-Glukose tritt auf bei Patienten mit stark erhöhten Serum-Glukosewerten

Lupus-Antikoagulanz

Siehe ANTIKÖRPER GEGEN PHOSPHOLIPIDE

Luteinisierendes Hormon [LH] (Blut)

Referenzbereich **Erwachsene**
Frauen:

Follikelphase 3 – 15 IU/l
Ovulationsphase 20 – 200 IU/l
Lutealphase 5 – 10 IU/l
postmenopausal > 20 IU/l
Erwachsene Männer: < 15 IU/l

Erhöht: Gonadendysgenesie, Anorchie, Menopause, testikuläre Feminisierung

Erniedrigt: Primäre Hypophysenvorderlappeninsuffizienz, Hypothalamusinsuffizienz

Lymphozyten

Referenzbereich: 20 – 40 %
Lymphozytenzahl: $2{,}5 \times 10^3/\mu l$
T-Lymphozyten: $0{,}8 - 2{,}2 \times 10^3/\mu l$

Erhöht: Chronische Infektionen, infektiöse Mononukleose und andere Virusinfektionen, chronische lymphatische Leukämie, Morbus Hodgkin, Colitis ulcerosa, Nebenniereninsuffizienz, idiopathische thrombozytopenische Purpura

Erniedrigt: HIV-Infektion, Knochenmarkssuppression aufgrund chemotherapeutischer Medikamente oder Chemotherapie, aplastische Anämie, Neoplasie, Steroid-Einnahme, Überfunktion der Nebennierenrinde, neurologische Erkrankungen (Multiple Sklerose, Myasthenia gravis, Guillain-Barré-Syndrom)
CD4-Lymphozyten werden aus der Gesamtanzahl der Leukozyten × % Lymphozyten × % $CD4^+$-markierte-T-Lymphozyten berechnet. Sie sind bei AIDS und anderen Krankheiten des Immunsystems erniedrigt.

Magnesium

Referenzbereich: 1,8 – 2,6 mg/dl

Erhöht:
1. Niereninsuffizienz (verminderte glomeruläre Filtrationsrate)
2. Verminderte renale Ausscheidung bei Salzverlust
3. Übermäßige Einnahme magnesiumhaltiger Antazida und Laxantien bei Patienten mit Niereninsuffizienz
4. Endokrinopathien (fehlende Mineralokortikoide oder Schilddrüsenhormone)
5. Erhöhter Muskelzelluntergang (Rhabdomyolyse)
6. Umverteilung: akute diabetische Ketoazidose, Phäochromozytom
7. Andere Ursachen: Lithium, Volumenverlust, familiäre hypokalziurische Hyperkalzämie

Erniedrigt:
1. Gastrointestinale Verluste und mangelnde Zufuhr mit der Nahrung
   a. Mangelhafte GI-Absorption (Malabsorption)
   b. Mangelhafte Zufuhr (z. B. Alkoholiker)
   c. Parenterale Ernährung ohne Magnesium
   d. Chronische Diarrhoe, villöses Adenom, Magensonde, Fisteln (Dünndarm, biliär)
2. Hohe renale Verluste
   a. Diuretika
   b. Renal-tubuläre Azidose
   c. Polyurische Phase einer akuten Tubulusnekrose
   d. Endokrinologische Störungen (diabetische Ketoazidose, Hyperaldosteronismus, Hyperthyreose, Hyperparathyreoidismus), SIADH, Bartter-Syndrom, Hyperkalzurie, Hypokaliämie
   e. Cisplatin, Alkohol, Cyclosporine, Digoxin, Pentamidin, Mannitol, Amphotericin B, Foscarnet, Methotrexat
   f. Antibiotika (Gentamicin)
   g. Umverteilung: Hypoalbuminämie, Zirrhose, Verabreichung von Insulin und Glukose, Theophyllin, Adrenalin, akute Pankreatitis, kardiopulmonaler Bypass
   h. Sonstige: Schwitzen, Verbrennungen, Ausdauersport, Stillen, „Hungry-bone“-Syndrom

MCV

Siehe MITTLERES ZELLVOLUMEN

Metanephrin (Urin)

Referenzbereich: < 320 µg/ 24 h

Erhöht: Phäochromozytom, Neuroblastom, Koffein, Medikamente (Phenothiazin, Monoamin-Oxidase-Hemmer), Stress

Mittleres Zellvolumen [MCV]

Referenzbereich: 80 – 96 μm^3

Erhöht: Alkoholabusus, Retikulozytose, Vitamin-B_{12}-Mangel, Folsäuremangel, Lebererkrankungen, Hypothyreose, Knochenmarkaplasie, Myelofibrose

Erniedrigt: Eisenmangel, Anämie bei chronischen Erkrankungen, Thalassämie, andere Hämoglobinopathien, sideroblastische Anämie, chronische Niereninsuffizienz, Bleiintoxikation

Monozyten

Referenzbereich: 2 – 10 %

Erhöht: Viruserkrankungen, Parasiten, Infektionen, Neoplasie, entzündliche Darmerkrankungen, monozytäre Leukämie, Lymphom, Myelom, Sarkoidose

Erniedrigt: Virales Syndrom, Verabreichung von Glukokortikoiden, aplastische Anämie, lymphatische Leukämie

Myoglobin (Urin)

Normal: Nicht nachweisbar

Nachweisbar: Schweres Trauma, Hyperthermie, Polymyositis oder Dermatomyositis, Kohlenmonoxid-Intoxikation, Medikamente (Toxizität von Narkotika, Amphetaminen), Hypothyreose, Muskelischämie

Natrium (Serum)

Referenzbereich: 135 – 145 mmol/l

Erhöht:

1. *Isovolämische Hypernatriämie* (Gesamtkörperwasser vermindert, Gesamtkörpernatrium und extrazelluläre Flüssigkeit normal)
   a. Diabetes insipidus (neurogen und nephrogen)
   b. Verluste über die Haut (Hyperthermie), iatrogen, „reset osmostat" (neuer Normwert)
2. *Hypervolämische Hypernatriämie* (Gesamtkörperwasser erhöht, Gesamtkörpernatrium und extrazelluläre Flüssigkeit deutlich erhöht)
   a. Iatrogen (Verabreichung hypernatriämischer Lösungen)
   b. Mineralokortikoidexzess (Conn-Syndrom, Cushing-Syndrom)
   c. Salzaufnahme mit der Nahrung
3. *Hypovolämische Hypernatriämie*: Verlust von H_2O und Na^+ (H_2O-Verluste > Na^+)
   a. Renale Verluste (z. B. Diuretika, Glykosurie)
   b. GI-Verluste, respiratorische Verluste, Verluste über die Haut
   c. Nebennierenbedingte Natriumverluste

Erniedrigt:

1. Hypotone Hyponatriämie
   Isovolämische Hyponatriämie
   a. SIADH
   b. Wasserintoxikation (z. B. Patienten mit Schizophrenie, primäre Polydipsie, natriumfreie Lösungen zur Darmspülung, mehrfache Hebe-Senk-Einläufe mit Leitungswasser, verdünnte Säuglingsnahrung); Dies ist jedoch selten und oft in Verbindung mit einer Störung der ADH-Sekretion
   c. Niereninsuffizienz
   d. „Reset osmostat" (z. B. chronisch-aktive TB, Karzinose)
   e. Gukokortikoidmangel (Hypophysenvorderlappen-Insuffizienz)
   f. Hypothyreose
   g. Thiazide, NSAR, Carbamazepin, Amitriptylin, Thioridazin, Vincristin, Cyclophosphamid, Colchicin, Tolbutamid, Chlorpropramid, ACE-Hemmer, Clofibrate, Oxytocin, selektive Serotoninwiederaufnahmehemmer, Amiodaron. Bei diesen Medikamenten sind verschiedene Medikamenten-induzierte Mechanismen beteiligt.
   Hypovolämische Hyponatriämie
   a. Renale Verluste (Diuretika, einseitige Harnwegsobstruktion, Salzverlust-Niere)
   b. Extrarenale Verluste: GI (Erbrechen, Diarrhoe), großflächige Verbrennungen, transzelluläre Verschiebungen (Peritonitis, Pankreatitis)
   c. Nebenniereninsuffizienz

Hypervolämische Hyponatriämie
   a. Dekompensierte Herzinsuffizienz
   b. Nephrotisches Syndrom
   c. Zirrhose
   d. Schwangerschaft
2. Isotone Hyponatriämie (normale Serum-Osmolalität)
   a. Pseudohyponatriämie (erhöhte Serum-Lipide und Serum-Proteine). Neuere Natrium-Tests haben diese Problematik beseitigt
   b. Isotone Infusionen (z. B. Glukose, Mannitol)
3. Hypertone Hyponatriämie (erhöhte Serum-Osmolalität)
   a. Hyperglykämie
   b. Hypertone Infusionen (z. B. Glukose, Mannitol)

Natrium (Urin)

Referenzbereich: 94 – 222 mmol/24h

Erhöht: Diuretika, hohe Salzzufuhr mit der Nahrung, Salzverlust-Niere, akute Tubulusnekrose, Erbrechen, Morbus Addison, SIADH, Hypothyreose, dekompensierte Herzinsuffizienz, Leberinsuffizienz, chronische Niereninsuffizienz, Bartter-Syndrom, Glukokortikoidmangel, interstitielle Nephritis durch Analgetikaabusus, Mannitol-, Dextran- oder Glycerol-Therapie, Milch-Alkali-Syndrom, verminderte Renin-Sekretion, gesteigerte Diurese nach Harnwegsobstruktion

Erniedrigt: Erhöhter Aldosteron-Spiegel, Glukokortikoidexzess, Hyponatriämie, prärenale Azotämie, verminderte Salzaufnahme

Neutrophile

Referenzbereich: Segmentkernige: 46 – 66 %
Stabkernige: 2 – 8 %

Erhöht: Akute bakterielle Infektion, akuter Myokardinfarkt, Stress, Neoplasie, myeloische Leukämie

Erniedrigt:
Virusinfektionen, aplastische Anämie, Immunsuppressiva, Bestrahlung des Knochenmarks, Agranulozytose, Medikamente (Antibiotika, Thyreostatika), lymphatische und monozytäre Leukämie

Nitirit (Urin)

Normal: Nicht nachweisbar

Nachweisbar: Harnwegsinfektionen

Noradrenalin

Referenzbereich: < 275 ng/l

Erhöht: Phäochromozytom, Neuroblastom, Stress, körperliche Aktivität, bestimmte Lebensmittel (Bananen, Schokolade, Kaffee, Tee, Vanille)

Nüchternblutzucker (Plasma)

Referenzbereich: 60 – 109 mg/dl

Erhöht:
Diabetes mellitus, Stress, Infektionen, Myokardinfarkt, Apoplex, Cushing-Syndrom, Akromegalie, akute Pankreatitis, Glucagonom, Hämochromatose, Medikamente (Glukokortikoide, Diuretika [Thiazide, Schleifendiuretika]), gestörte Glukosetoleranz

Erniedrigt: Anhaltendes Fasten, Überdosierung von Insulin oder hypoglykämischen Wirkstoffen, Insulinom

17β-Östradiol (Serum)

Referenzbereich: Frauen prämenopausal: 30 – 600 ng/l (abhängig von der Phase im Menstruationszyklus)
Frauen postmenopausal: < 10 ng/l
Erwachsene Männer: < 55 ng/l

Erniedrigt: Ovarialinsuffizienz

Erhöht: Tumoren der Ovarien, Hoden oder Nebennieren (selten nicht-endokrine Tumoren)

Osmolalität (Serum)

Referenzbereich:
280 – 300 mosmol/kg
Die Osmolalität kann auch durch folgende Formel geschätzt werden:

1,86 × Na^+ + Glukose + Harnstoff + 9 (Angaben in mmol/l)

Erhöht: Dehydration, Hypernatriämie, Diabetes insipidus, Urämie, Hyperglykämie, Mannitol-Therapie, Intoxikation (Ethylenglykol, Methanol, Äthanol), Hyperkalzämie, Diruetika

Erniedrigt: SIADH, Hyponaträmie, Hyperhydratation, Morbus Addison, Hypothyreose

Osmolalität (Urin)

Referenzbereich: 50 – 1200 mosmol/kg

Erhöht: SIADH, Dehydration, Glykosurie, Nebenniereninsuffizienz, Kost mit hohem Proteingehalt

Erniedrigt: Diabetes insipidus, exzessive Wasserzufuhr, Infusionen mit 5 %-iger Glukose-Lösung, akutes Nierenversagen, Glomerulonephritis

Partielle Thromboplastinzeit [PTT]

Referenzbereich: 28 – 40 Sekunden

Erhöht: Heparin-Therapie, Mangel der Gerinnungsfaktoren I, II, V, VIII, IX, X, XI, XII, Lebererkrankungen, Vitamin-K-Mangel, DIC, Marcumar-Therapie, Hemmung bestimmter Faktoren (Penicillin-Reaktion, rheumatoide Arthritis), thrombolytische Therapie, nephrotisches Syndrom
Anmerkung: Hilfreich zur Beurteilung des intrinsischen Blutgerinnungssystems

pH-Wert (Blut)

Referenzbereich:
Arteriell: 7,37 – 7,45
Venös: 7,35 – 7,43
Bei abnormalen Werten BLUTGASANALYSE beachten

pH-Wert (Urin)

Referenzbereich: 5,5 – 7,0 (Mittelwert 6,0)

Erhöht: Bakteriurie, vegetarische Kost, Niereninsuffizienz mit verminderter Ammoniakausscheidung, Medikamente (Antibiotika, Natriumbicarbonat, Acetazolamid)

Erniedrigt: Azidose (metabolisch, respiratorisch), Medikamente (Ammoniumchlorid, Methenamin, Mandelat), Diabetes mellitus, Fasten, Diarrhoe

Phenobarbital

Therapeutischer Bereich: 10 – 40 mg/l

Phenytoin

Therapeutischer Bereich: 10 – 20 mg/l (Erwachsene mit Epilepsie)

Phosphat (Serum)

Referenzbereich: 2,6 – 4,5 mg/dl

Erhöht:

1. Phosphat-Überdosierung
   a. Überhöhte orale Einnahme oder i.v. Verabreichung
   b. Laxantien mit Phosphatgehalt (Phosphattabletten, Klistiere mit phosphathaltigen Lösungen)
2. Verminderte Phosphatexkretion der Nieren
   a. Nierenversagen oder Niereninsuffizienz
   b. Hyperparathyreoidismus oder Pseudohyperparathyreoidismus
   c. Akromegalie, thyreotoxische Krise
   d. Therapie mit Biphosphonaten
   e. Tumoröse Kalzinose
   f. Sichelzellanämie
3. Transzelluläre Verschiebung der Phosphationen
   a. Chemotherapie aufgrund Lymphom oder Leukämie, Tumorlyse-Syndrom, Hämolyse
   b. Azidose
   c. Rhabdomyolyse, maligne Hyperthermie
4. Artefakt: In-vitro-Hämolyse
5. Pseudohyperphosphatämie: Hyperlipidämie, Paraproteinämie, Hyperbilirubinämie

Erniedrigt:
1. Mangelnde Aufnahme (andauerndes Fasten [Alkoholabusus], Hyperalimentation oder i.v. Infusionen ohne Phosphat)
2. Malabsorption
3. Phosphat-bindende Antazida
4. Renale Verluste
   a. Renal tubuläre Azidose
   b. Debré-Toni-Fanconi-Syndrom, Vitamin-D-Mangel-Rachitis
   c. Akute Tubulusnekrose (polyurische Phase)
   d. Hyperparathyreoidismus (primär oder sekundär)
   e. Familiäre Hypophosphatämie
   f. Hypokaliämie, Hypomagnesiämie
   g. Akute Volumenexpansion
   h. Glykosurie, idiopathische Hyperkalzurie
   i. Acetazolamid
5. Transzelluläre Verschiebung der Phosphationen
   a. Alkoholentzug
   b. Diabetische Ketoazidose (Erholungsphase)
   c. Glukose-Insulin- oder Katecholamin-Infusion
   d. Anabole Steroide
   e. Parenterale Ernährung
   f. Theophyllin-Überdosierung
   g. Schwere Hyperthermie, Genesung nach Hypothermie
   h. „Hungry-bones"-Syndrom

Phosphat (Urin)

Referenzbereich: 22 – 74 mg/dl in 24 h

Erhöht: Akute Tubulusnekrose (polyurische Phase), chronische Nierenerkrankungen, schlecht eingestellter Diabetes mellitus, Hyperparathyreoidismus, Hypomagnesiämie, metabolische Azidose, metabolische Alkalose, Neurofibromatose, Vitamin-D-Mangel-Osteomalazie

Erniedrigt: Akromegalie, akutes Nierenversagen, verminderte Zufuhr mit der Nahrung, Hypoparathyreoidismus, respiratorische Azidose

Plasma-Thrombinzeit [PTZ]

Referenzbereich: 16 – 24 sek

Erhöht: Thrombolyse- und Heparin-Therapie, DIC, Hypofibrinogenämie, Dysfibrinogenämie

Pleuraerguss

Testen und Beurteilung der Ergebnisse:

1. Das Ziel initialer Laboruntersuchungen sollte die Differenzierung der Pleuraflüssigkeit in Exsudat oder Transsudat sein (siehe „Pleuraerguss" in Kapitel III)
   a. Röhrchen 1: Protein, LDH, Albumin
   b. Röhrchen 2, 3, 4: Die Flüssigkeit bis auf weiteres aufbewahren. Bei ausgewählten Patienten mit V.a. Emphysem kann die Bestimmung des pH hilfreich sein (meist <7,0)

   Anmerkung: Vor der Durchführung weiterer Tests sollte die Bestätigung eines Exsudats auf der Basis von Protein- und LDH-Bestimmung erfolgen. Kann diese Bestimmung nicht in angemessener Zeit durchgeführt werden, sollten während der Thorakozentese zusätzliche Laborwerte angeordnet werden.
2. Ein Albumin-Gradient (Serum-Albumin – Pleuraerguss-Albumin) < 12 g/l spricht für ein Exsudat, besonders bei Patienten mit dekompensierter Herzinsuffizienz und Diabetika-Einnahme
3. Das Aussehen der Flüssigkeit beachten:
   a. Ein blutiger Erguss kann das Ergebnis eines Traumas, einer Neoplasie oder einer Lungenembolie mit -infarkt sein
   b. Milchiges Aussehen
      (1) Chylöser Erguss: Verursacht durch Trauma oder Tumorinvasion des Ductus thoracicus; Lipidelektrophorese zum Nachweis von Chylomikronen und Triglyceriden
      (2) Pseudochylöser Erguss: Oft beobachtbar bei chronischen Entzündungen der Pleura (z. B. TB, Kollagenosen)
4. Bei einem Transsudat in Betracht zu ziehen sind: dekompensierte Herzinsuffizienz, Zirrhose, chronische Niereninsuffizienz und andere hypoproteinämischen Zustände; baldige Abklärung erforderlich
5. Bei einem Exsudat die Anordnung folgender Tests in Betracht ziehen:

a. Zytologische Untersuchung auf maligne Zellen (bei V.a. Neoplasie)
b. Gram-Färbung, Kulturen (aerob und anaerob) und Antibiogramm (bei V.a. infektiösen Prozess)
c. Ziehl-Neelsen-Färbung und Kulturen (bei V.a. TB)
d. pH: Ein Wert > 7,0 spricht für einen parapneumonischen Erguss oder ein Empyem; zur pH-Bestimmung muss die Pleuraflüssigkeit anaerob gewonnen und sofort eingefroren werden
e. Glukose: Ein niedriger Glukose-Spiegel ist ein Hinweis auf parapneumonische Ergüsse und rheumatoide Arthritis
f. Amylase: Ein hoher Amylase-Spiegel spricht für eine Pankreatitis oder eine Ösphagusruptur
g. Unklare Pleuraergüsse sind oft maligne (z. B. Lymphom, malignes Mesotheliom, Ovarialkarzinom), TB, subdiaphragmaler Prozess, Asbestexpostition und Postkardiotomie-/Postmyokardinfarktsyndrom (Dressler-Syndrom)

Protoporphyrin (Erythrozyten)

Referenzbereich: Freies Protoporphyrin: 500 – 1.800 nmol/l Erythrozyten

Erhöht: Eisenmangel, Bleiintoxikation, sideroblastische Anämie, Anämie bei chronischen Erkrankungen, hämolytische Anämie, erythropoetische Protoporphyrie

Procainamid

Therapeutischer Bereich: 4 – 10 mg/l

Prolaktin

Referenzbereich: 3,0 – 23,2 μg/l

Erhöht: Prolaktinom (Werte > 200 μg/l), Medikamente (Phenotiazine, Cimetidin, tricyclische Antidepressiva, SSRI, Metoclopramid, Östrogene, Antihypertensiva [Methyldopa, Verapamil], Haloperidol), post partum, Stress, Hypoglykämie, Hypothyreose

Prostata-spezifisches Antigen [PSA]

Referenzbereich: < 4 μg/l

Erhöht: Benigne Prostatahyperplasie, Prostatakarzinom, digital-rektale Untersuchung, Prostatatrauma, Androgene, Prostatitis, transurethrale Eingriffe
Anmerkung: Die Messung des freien PSA ist hilfreich zur Beurteilung des Risiko eines Prostatakarzinoms bei Männern mit befundloser digital-rektaler Untersuchung und Werten zwischen 4 und 10 μg/l. Bei diesen Patienten besteht ein 25 %iges Prostatarisiko.
Wenn das freie PSA > 25 % ist, sinkt das Risiko eines Prostatakarzinoms um 8 %, ist dagegen das freie PSA < 10 %, steigt das Risiko um 56 %. Mit Hilfe des freien PSA lässt sich auch die Aggressivität von Prostatakrebs beurteilen: ein niedriger Prozentsatz des freien PSA indiziert ein hochgradiges Karzinom, ein niedriger Prozentsatz dagegen spricht für einen langsam wachsenden Tumor.

Erniedrigt: Finasterid, Dutasterid, Bettruhe, Antiandrogene

Proteine (Serum)

Referenzbereich: 66 – 83 g/l

Erhöht: Dehydration, Sarkoidose, Kollagengefäßkrankheiten, Plasmozytom, Makroglobulinämie

Erniedrigt: Mangelernährung, Zirrhose, Nephrose, Kost mit niedrigem Proteingehalt, Hyperhydratation, Malabsorption, Schwangerschaft, schwere Verbrennungen, Neoplasie, chronische Erkrankungen

Proteine (Urin)

Referenzbereich: 28 – 146 mg/ 24 h

Erhöht: Nierenerkrankungen (glomerulär, tubulär, interstitiell), dekompensierte Herzinsuffizienz, Hypertension, Nierenbecken- oder Blasen-Neoplasie, Plasmozytom, Makroglobulinämie

Teil II

PSA

Siehe PROSTATA-SPEZIFISCHES ANTIGEN

PT

Siehe PARTIELLE THROMBOPLASTINZEIT

Quick

Siehe THROMBOPLASTINZEIT

RDW

Siehe ERYTHROZYTENVERTEILUNGSBREITE

Renin (Serum)

Referenzbereich:
liegend: 2,9 – 27,6 pg/ml
stehend: 4,1 – 44,7 pg/ml

Erhöht: Renale Hypertension, vermindertes Plasmavolumen, sekundärer Aldosteronismus, Medikamente (Thiazide, Östrogene, Minoxidil), chronische Niereninsuffizienz, Bartter-Syndrom, Schwangerschaft (normal), Phäochromozytom

Erniedrigt: Primärer Aldosteronismus, adrenokortikale Hypertonie, erhöhtes Plasmavolumen, Medikamente (Propranolol, Reserpin, Clonidin)

Retikulozytenzahl

Referenzbereich: 0,5 – 1,5 %

Erhöht: Hämolytische Anämie (Sichelzellanämie, Thalassaemia major, Autoimmunhämolyse), Blutungen, nach Anämie-Therapie (Folsäure, Eisensulfat, Vitamin B_{12}), chronisches Nierenversagen

Erniedrigt: Aplastische Anämie, Knochenmarksuppression (Sepsis, Chemotherapeutika, Strahlentherapie), Leberzirrhose, Bluttransfusionen, Anämie durch gestörte Zellreifung (Eisenmangelanämie, megaloblastäre Anämie, sideroblastische Anämie, Anämie bei chronischen Erkankungen)

Rheumafaktoren

Normal: Negativ

Nachweisbar mit Titer > 1:20:
Rheumatoide Arthritis, SLE, chronisch entzündliche Prozesse, ältere Menschen, Infektionen, Lebererkrankungen, Plasmozytom, Sarkoidose, Lungenfibrose, Sjögren-Syndrom

Säure-Hämolyse-Test [HAM-Test]

Normal: Negativ

Postitiv: Paroxysmale nächtliche Hämoglobinurie (PNH)

Falsch-positiv: Hereditäre oder erworbene Sphärozytose, Transfusion alter Erythrozytenkonzentrate, aplastische Anämie, myeloproliferatives Syndrom, Leukämie, kongenitale dyserythropoetische Anämie Typ II

Saure Phosphatase (Serum)

Referenzbereich: Enzymatisch, prostataspezifisch ≤ 3,7 U/l
Enzymatisch, gesamt 4,8 – 13,5 U/l

Erhöht: Prostatakarzinom, andere Neoplasien (Brust, Knochen), Morbus Paget, Hämolyse, Plasmozytom, Osteogenesis imperfecta, Knochenmetastasen, Morbus Gaucher, myeloproliferative Erkrankungen, Prostata-Untersuchung oder -OP, Hyperparathyreoidismus, Lebererkrankungen, chronische Niereninsuffizienz, idiopathische thrombozytopenische Purpura (ITP)

Schilling-Test

Siehe Abb. 2 – 5

Serumprotein-Elektrophorese

Abb. 2 – 4 zeigt klinisch-pathologische Korrelationen mit der Serumprotein-Elektrophorese

Referenzbereich:
Albumin: 60,6 – 68,6 %
α_1: 1,6 – 5,8 %
α_2: 5,9 – 11,1 %
β: 7,9 – 13,9 %
γ: 11,4 – 18,2 %

Vitamin-B_{12}-Mangel im Serum

↓

Phase I
orale Verabreichung von radioaktiv markiertem Vitamin B_{12}
und
IM-Injektion von nicht-markiertem Vitamin B_{12}

↓

24 – 48 h Sammelurin

normale Ausscheidung des radioaktiv-markierten Vitamin B_{12} (8 – 28% in 24 – 48 h)

- orale Dosis wird resorbiert, jedoch wird aufgrund der gleichzeitigen parenteralen Vitamin-B_{12}-Verabreichung eine signifikante Menge im Urin ausgeschieden

↓

nahrungsbedingter Vitamin-B_{12}-Mangel

geringe Ausscheidung des radioaktiv-markierten Vitamin B_{12} (< 8%)

↓

- perniziöse Anämie *oder*
- geringe Resorption der oralen Dosis aufgrund Malabsorption *oder* Pankreasinsuffizienz *oder*
- falsch-niedrige Ergebnisse aufgrund von Niereninsuffizienz oder nicht ausreichender Urinmenge

↓

Phase II
orale Verabreichung von radioaktiv-markiertem Vitamin B_{12}
und
IM-Injektion von nicht-markiertem Vitamin B_{12}
und
Intrinsic Faktor

↓

24 – 48 h Sammelurin

normale Ausscheidung des radioaktiv-markierten Vitamin B_{12} (8 – 28%)

↓

perniziöse Anämie

geringe Ausscheidung des radioaktiv-markierten Vitamin B_{12} (< 8%)

↓

- Malabsorption *oder*
- Pankreasinsuffizienz *oder*
- falsch-niedrige Ergebnisse (s.o.)

↓

Phase III
Schilling-Test nach Antibiotika-Therapie (z.B. mit Ampicillin oder Tetracyclin) wiederholen (siehe Phase I)

normale Ausscheidung des radioaktiv-markierten Vitamin B_{12} (8 – 28%) indiziert bakterielle Überwucherung des Dünndarms

geringe Ausscheidung
- Pankreasinsuffizienz
- falsch-niedrige Ergebnisse

↓

Phase IV
Schilling-Test unter Zugabe von Pankreasextrakt wiederholen

↓

normale Ausscheidung des radioaktiv-markierten Vitamin B_{12} zeigt Pankreasinsuffizienz

Abb. 2–5: Schilling-Test
[Aus: Ferri FF: *Practical Guide to the Care of the Medical Patient*, 6. Auflage, St. Louis, Mosby, 2004]

Albumin: 35,2 – 50,4 g/l
α_1: 1,3 – 3,9 g/l
α_2: 5,4 – 9,3 g/l
β: 5,9 – 11,4 g/l
γ: 5,8 – 15,2 g/l

Erhöht: Albumin: Dehydration
α_1: Neoplasie, Entzündungen
α_2: Neoplasie, Entzündungen, Infektionen, nephrotisches Syndrom
β: Hypothyreose, biliäre Zirrhose, Diabetes mellitus
γ: Siehe IMMUNGLOBULINE

Erniedrigt: Albumin: Mangelernährung, chronische Lebererkrankungen, Malabsorption, nephrotisches Syndrom, Verbrennungen, SLE
α_1: Emphysem (α_1-Antitrypsin-Mangel), Nephrose
α_2: Hämolytische Anämie (erniedrigtes Haptoglobin), schwere hepatozelläre Schäden
β: Hypercholesterolämie, Nephrose
γ: Siehe IMMUNGLOBULINE

SF

Siehe SYNOVIALFLÜSSIGKEIT

SMA-Antikörper

Siehe ANTIKÖRPER GEGEN GLATTE MUSKULATUR

Sudan III-Färbung (qualitative Bestimmung des Stuhlfettgehalts)

Normal: Negativ. Dem Test vorausgehen sollte eine einwöchige Diät mit einem Fettgehalt von 100 – 150 g/ Tag. Eine ballaststoffreiche Kost und Suppositorien sollten vor der Stuhlprobe vermieden werden.

Positiv: Steatorrhö, Verwendung von Rizinusöl

Synovialflüssigkeit [SF]

Interpretation der Ergebnisse:

1. *Farbe:* Normalerweise klar oder hellgelb; Trübung ist ein Hinweis auf einen entzündlichen Prozess oder Kristalle, Zelltrümmer, Fibrin oder Triglyzeride
2. *Viskosität:* Normalerweise besteht eine hohe Viskosität aufgrund von Hyaluronan; gibt man die Flüssigkeit auf einen Objektträger, kann sie bis zu einer Länge > 2 cm gezogen werden, bis sie reißt (eine geringe Viskosität zeigt eine Hyluronan-Störung [lysosomale Enzyme von Leukozyten] oder ist ein Nachweis für Ödemflüssigkeit)
3. *Mucin-Fällungstest:* 2 Tropfen SF zu 2 – 3 ml 1 %- Essigsäure in ein Reagenzglas geben und schütteln. Nach etwa 1 min kommt es zu einer Fällung des Komplexes (ein kompakter Klumpen ist normal und zeigt die Anwesenheit großer Hyaluronan-Moleküle). Dieser Test ist nicht-spezifisch und wird nicht überall durchgeführt
4. *Glukose:* Entspricht normalerweise dem Serum-Glukose-Wert; bei Infektionen kann der Glukose-Wert der SF bis zu 40 mg/dl niedriger als im Blut sein
5. *Protein:* Bei normaler SF liegt die Proteinkonzentration bei 1,1 – 2,2 g/dl; ein erhöhter Wert ist ein Hinweis auf entzündliche oder septische Arthritis
6. *Mikroskopische Untersuchung auf Kristalle*
   a. Gicht: Natriumuratkristalle
   b. Pseudogicht: Calciumpyrophosphatkristalle

T_3 (Trijodthyronin) und freies T_3

Referenzbereich: TT_3: 0,9 – 1,8 µg/l
fT_3: 3,5 – 8,0 µg/l

Abnormale Werte:

1. Erhöht bei Hyperthyreose (meist früher und in größerem Ausmaß als T_4)
2. Hilfreich bei der Diagnose:
   a. T_3-Hyperthyreose (Thyreotoxikose): erhöhtes T_3, normaler freier Thyroxinindex
   b. Toxische Knotenstruma: erhöhtes T_3, normales oder erhöhtes T_4
   c. Jodmangel: normales T_3, evtl. erhöhtes T_4
   d. Schilddrüsenhormontherapie mit Triiodthyronin: normales T_4, erhöhtes T_3 bei Patienten mit symptomatischer Hyperthyreose

3. Nicht routinemäßig angeordnet, aber indiziert bei V.a. Hyperthyreose und ergebnislosem Serum-T_4 oder freiem Thyroxinindex

T_4 (Thyroxin) und freies T_4

Referenzbereich: TT_4: 55 – 110 µg/l
fT_4: 8 – 18 ng/l

Erhöht:

1. Morbus Basedow
2. Toxische Knotenstruma
3. Toxisches Adenom
4. Iatrogen
5. Transiente Hyperthyreose
   a. Subakute Thyroiditis
   b. Hashimoto-Thyroiditis
   c. Schmerzlose Thyroiditis
6. Seltene Gründe: TSH-Hypersekretion (z.B. Hypophysen-Neoplasie), Struma ovarii, Einnahme großer Jodmengen bei Patienten mit Schilddrüsenhyperplasie oder -adenom, Blasenmole, Schilddrüsenkarzinom, Amiodaron-Therapie bei Arrhythmie

Die Werte variieren mit der Proteinbindung. Veränderungen in der T_4-Konzentration sekundär zu Veränderungen des Tyhroxin-bindenden Globulins (TBG) können verursacht werden durch:
Erhöhte TBG (erhöhter T_4)
Schwangerschaft, Östrogene, akute infektiöse Hepatitis, orale Kontrazeptiva, familiär bedingt, Fluorouracil, Clofibrate, Heroin, Methadon
Erniedrigtes TBG (erniedrigter T_4)
Androgene, Glukokortikoide, nephrotisches Syndrom, Zirrhose, Akromegalie, Hypoproteinämie, familiär bedingt, Phenytoin, ASS und andere NSAR, hohe Dosen Penicillin, Asparaginase, chronische Erschöpfung

Testosteron

Erhöht: Androgenitales Syndrom, polyzystisches Ovarialsyndrom

Erniedrigt: Klinefelter-Syndrom, männlicher Hypogonadismus

Theophyllin

Therapeutischer Bereich: 8 – 20 mg/l

Thromboplastinzeit [TPZ]/ Quick

Referenzbereich: 70 – 130 %
Anmerkung: Zur Interpretation der Thromboplastinzeit sollte die INR benutzt werden

Erhöht: Lebererkrankungen, orale Antikoagulanzien (z.B. Marcumar), Heparin, Faktormangel (I, II, V, VII, X), DIC, Vitamin-K-Mangel, Afibrinogenämie, Dysfibrinogenämie, Medikamente (Salizylate, Chlorhydrat, Phenytoin, Östrogene, Antazida, Phenylbutazon, Chinidin, Antibiotika, Allopurinol, anabole Steroide)

Erniedrigt: Vitamin K-Substitution, Thrombophlebitis, Medikamente (Aminoglutethimid, Östrogene, Grisofulvin, Diphenhydramin)

Thrombozytenzahl

Referenzbereich: 201 – 406 × 10^3/µl

Erhöht: Eisenmangel, nach Blutung, Neoplasie (GI-Trakt), chronische myeloische Leukämie, Polycythaemia vera, Myelofibrose mit myeloischer Metaplasie, Infektion, nach Splenektomie, post partum, Hämophilie, Pankreatitis, Zirrhose

Erniedrigt:

1. Vermehrte Thrombozytenzerstörung
   a. Immunbedingt
   b. Medikamente: Chinin, Chinidin, Digitalis, Procainamid, Thiazide, Sulfonamide, Phenytoin, ASS, Penicillin, Heparin, Gold, Meprobamate, Phenylbutazon, NSAR, Methyldopa, Cimetidin, Furosemid, Isoniazid, Cephalosporine, Chlorpropramid, organisches Arsen, Chloroquin, Glykoprotein-IIb/IIIa-Rezeptorhemmer, Ranitidin, Indometacin, Carboplatin, Ticlopidin, Clopidogrel
   c. Idiopathische thrombozytopenische Purpura

d. Nach Transfusion: Thrombozyten mit Plasminogenaktivatoren bei Empfängern ohne PA-1
e. Fetomaternale Rhesus-Inkompabilität
f. Kollagengefäßkrankheiten (z. B. SLE)
g. Autoimmunhämolytische Anämie
h. Lymphoretikuläre Erkrankungen (z. B. chronische lymphatische Leukämie)
i. Nicht-immunbedingt
j. Künstliche Herzklappen
k. Thrombotische thrombozytopenische Purpura
l. Sepsis
m. DIC
n. Hämolytisch-urämisches Syndrom
o. Kavernöses Riesenhämangiom

2. Verminderte Thrombozytenbildung
   a. Knochenmarkveränderungen
   b. Knochenmarkinfiltration (z. B. Leukämie, Lymphom, Fibrose)
   c. Knochenmarksuppression (Chemotherapie, Alkohol, Bestrahlung)
   d. Erbkrankheiten
   e. Wiskott-Aldrich-Syndrom: X-chromosomale Erkrankung mit Thrombozytopenie, Ekzemen und Infektanfälligkeit
   f. May-Hegglin-Anomalie: Erhöhte Megakaryozytenzahl aber verkürzte Thrombozytenüberlebenszeit
   g. Vitamin-Mangel (z. B. B_{12}, Folsäure)
3. Blutzellsequestration in der Milz, Hypersplenismus
4. Hämodilution durch massive Transfusionen

Thyroidea stimulierendes Hormon [TSH]

Referenzbereich: 0,4 – 4,0 mU/l

Erhöht:

1. Primäre Hypothyreose (Schilddrüseninsuffizienz) ist die Ursache von > 90 % aller Hypothyreosen
   a. Hashimoto-Thyreoiditis (chronisch lymphozytäre Thyreoiditis); die häufigste Ursache für eine Hypothyreose bei Patienten > 8 Jahre
   b. Idiopathisches Myxödem (wahrscheinlich eine Form der Hashimoto-Thyreoiditis ohne Struma)
   c. Vorhergehende Behandlung einer Hyperthyreose (^{131}-Radiojod-Therapie, subtotale Strumaresektion)
   d. Subakute Thyreoiditis
   e. Strahlentherapie des Halses (meist bei maligner Erkrankung)
   f. Jodmangel oder -exzess
   g. Medikamente (Lithium, p-Aminosalicylsäure, Sulfonamide, Phenylbutazon, Amiodaron, Thioharnstoffe)
   h. Kongenital (ca. 1:4.000 Lebendgeburten)
   i. Längere Behandlung mit Jod
2. Schilddrüsenhormon-Restistenz (selten)

TSH wird in erster Linie eingesetzt, um eine Hypothyreose zu diagnostizieren (der erhöhte TSH-Spiegel ist die erste nachweisbare Auffälligkeit). Herkömmliche Radioimmunoassays wurden von Tests der dritten Generation abgelöst, mit deren Hilfe klinische und subklinische Thyroideahormonexzesse und -mängel nachgewiesen werden können. Der TSH-Spiegel kann durch verschiedene Faktoren beeinflusst werden (Erholung von schwerer Erkrankung, Metoclopramid, Chlorpromazin, Haloperidol und Amiodaron lassen den TSH-Spiegel steigen; Dopamin und Kortikosteroide lassen ihn dagegen sinken). Bei offenbar gesunden gehfähigen Patienten mit subnormalem TSH-Spiegel sollte das Gesamt-T_3 und das freie T_4 bestimmt werden. Wenn sie keine Auffälligkeiten zeigen, sollte der T_3-Spiegel (durch Gleichgewichtsdialyse) dazu benutzt werden, eine subklinische Hyperthyreose von einer T_3-Toxikose zu unterscheiden.

Erniedrigt: Hyperthyreose, sekundäre Hypothyreose (Hypophysendysfunktion, Post-partum-Nekrose, Neoplasie, infiltrative Erkrankungen die zu einem TSH-Mangel führen), tertiäre Hypothyreose (Erkrankungen des Hypothalamus [Granulom, Neoplasie oder Bestrahlung, die zu einem TSH-Mangel führt])

TPHA-Test

= Treponema pallidum Hämagglutinationsassay

Normal: Negativ

Positiv bei: Syphilis
Anmerkung: Ca. 2 – 4 Wochen nach der Infektion nachweisbar. Meist lebenslang positiv

Transferrin

Referenzbereich: 220 – 370 mg/dl

Erhöht: Eisenmangelanämie, orale Kontrazeptiva, Virushepatitis, fortgeschrittene Schwangerschaft

Erniedrigt: Nephrotisches Syndrom, Lebererkrankungen, hereditäre Mängel, Protein-Mangelernährung, Neoplasie, chronische Entzündungsprozesse, chronische Erkrankungen, Thalassämie, Hämochromatose, hämolytische Anämie

Triglyceride

Referenzbereich: ≤ 200 mg/dl

Erhöht: Hyperlipoproteinämie (Typ I, IIb, III, IV, V), Kost mit hohem Anteil an gesättigten Fetten, Hypothyreose, Schwangerschaft, Östrogene, Pankreatitis, Alkohol, nephrotisches Syndrom, schlecht eingestellter Diabetes mellitus, sitzende Lebensweise, Glykogenspeicherkrankheit

Erniedrigt: Mangelernährung, körperliche Aktivität, kongenitale Abeta-Lipoproteinämie, Medikamente (Gemfibrozil, Fenofibrat, Nikotinsäure, Metformin, Clofibrate)

Troponin (Serum)

Referenzbereich: Kardiales Troponin T (cTnT): < 0,1 µg/l (bei starkem klinischen V.a. Myokardinfarkt sollte der Test nach 2 h wiederholt werden)
Kardiales Troponin I (cTnI): < 0,1–2,0 µg/l

Kardiales Troponin T ist ein hoch sensitiver Marker für Myokardschädigungen innerhalb von 48 h und bis zu 5 – 7 Tagen nach einem Myokardinfarkt (siehe Abb. 2 – 3). Es ist auch nachweisbar bei Niereninsuffizienz, chronischen Muskelerkrankungen und Trauma
Kardiales Troponin I besitzt eine hohe Sensitivität und Spezifität bei Myokardschädigungen (> CK-MB) in den ersten 8 h, erreicht die höchsten Werte innerhalb von 24 h und ist bis zu 7 Tage nachweisbar. Mit einem Anstieg der cTnI-Werte steigt aufgrund zunehmender Nekrose auch das Mortalitätsrisiko

TSH

Siehe THYROIDEA STIMULIERENDES HORMON

Urin-Status

Referenzbereich: Farbe: hellgelb
Aussehen: klar
PH: 4,5 – 8,0 (Mittelwert 6,0)
Spezifisches Gewicht: 1.012 – 1.022 g/l
Proteine: nicht nachweisbar
Ketonkörper: nicht nachweisbar
Glukose: nicht nachweisbar
Okkultes Blut: nicht nachweisbar

Mikroskopische Untersuchung:
Sediment-Gesichtsfeld-Methode:
Erythrozyten: bis 2
Leukozyten: bis 5
Bakterien: nicht nachweisbar
Hyaline-Zylinder: bis 4

Vanillinmandelsäure (Urin)

Referenzbereich: < 6.600 µg/ 24 h

Erhöht: Phäochromozytom, Neuroblastom, Ganglioblastom, Medikamente (Levodopa, Sulfonamide, Chlorpromazin), Stress, Nahrungsmittel (Bananen, Schokolade, Vanille, Tee, Kaffee)

Erniedrigt: Medikamente (Monoaminooxidase-Hemmer, Reserpin, Guanethidin, Methyldopa)

VDRL-Test

Normal: Negativ

Postiver Test: Syphilis, andere Treponema-Erkrankungen (Frambösie, Pinta, Bejel)
Anmerkung: Ein falsch-positiver Test kann auftreten bei Patienten mit SLE oder anderen Autoimmunkrankheiten, infektiöser Mononukleose, HIV, atypischer Pneumonie, Malaria, Lepra, Fleckfieber, Rattenbisskrankheit, rezidivierendem Fieber

Viskosität (Serum)

Referenzbereich:
1,4 – 1,8fach höhere Viskosität als Wasser (1,10 – 1,22 Centipoise)

Erhöht: Monoklonale Gammopathie (Makroglobulinäme, Plasmozytom), Hyperfibrinogenämie, SLE, rheumatoide Arthritis, Polyzythämie, Leukämie

Vitamin B_{12}

Erniedrigt:
Perniziöse Anämie, bestimmte Kostformen (Ovo-Lacto-Vegetarier, einseitige Diäten), Malabsorption (Achlorhydrie, Gastrektomie, Ileumresektion, Morbus Crohn, Pankreasinsuffizienz, Medikamente [Omeprazol und andere PPH, Metformin, Cholestyramin]), chronischer Alkoholabusus, Helicobactor-pylori-Infektion

Zuckerwasser-Test

Normal: Keine Hämolyse

Positiv: Paroxysmale nächtliche Hämoglobinurie

Falsch-positiv: Autoimmunhämolytische Anämie, megaloblastäre Anämie

Falsch-negativ: Heparin oder Ethylendiamintetraessigsäure (EDTA)

Teil III

Entscheidungsbäume – Symptome und Krankheiten

In diesem Teil des Buches finden Sie die diagnostischen Mittel und Methoden (Bildgebung und Labordiagnostik) und dazugehörige Algorithmen um die folgenden 222 Symptome und Krankheiten zu diagnostizieren. Dabei wird vorausgesetzt, dass vor den genannten Tests eine ausführliche Anamnese und körperliche Untersuchung erfolgt ist.
Die Algorithmen sollen Kliniker bei der Beurteilung und Behandlung von Patienten unterstützen. Sie sind nicht auf alle Patienten mit einer bestimmten Erkrankung oder Störung anwendbar und können zudem nicht die individuelle Beurteilung durch den Arzt ersetzen. Bitte beachten Sie, dass die hier vorgeschlagenen diagnostischen Wege durch bestimmte klinische und anamnestische Befunde komplett ungültig werden können.

1. Abruptio placentae
2. Abszess, abdominaler
3. Abszess, perianaler
4. Abszess, retropharyngealer
5. Abszess, spinaler/epiduraler
6. Achalasie
7. Addison, Morbus
8. Adenopathie, mediastinale
9. AIDS
10. Akromegalie
11. Aktinomykose
12. Akustikusneurinom
13. Alkalose, metabolische
14. Alkalose, respiratorische
15. Alpha$_1$-Antitrypsin-Mangel
16. Alzheimer'sche Krankheit
17. Amaurosis fugax
18. Amenorrhö, primäre
19. Amenorrhö, sekundäre
20. Amöbiasis
21. Amyloidose
22. Amyotrophische Lateralsklerose (ALS)
23. Anämie, makrozytäre
24. Anämie, mikrozytäre
25. Aneurysma der Aorta abdominalis
26. Antiphospholipid-Antikörpersyndrom (APLS)
27. Antinukleäre Antikörper (ANA) positiv
28. Aortendissektion
29. Apoplex
30. Appendizitis
31. ARDS (akutes Lungenversagen)
32. Arteriitis temporalis
33. Arthritis, infektiöse (bakterielle)
34. Askariasis
35. Aszites
36. Azidose, metabolische
37. Azidose, respiratorische
38. Baker-Zyste
39. Beckenabszess
40. Beckentumor
41. Bilirubinerhöhung
42. Bronchiektasen
43. Brustimplantate, rupurierte
44. Brustwarzen, nässende
45. Budd-Chiari-Syndrom
46. Cholangitis
47. Cholelithiasis
48. Cholezystitis
49. CK-Erhöhung
50. Claudicatio
51. Cushing-Syndrom
52. Delirium
53. Diabetes insipidus
54. Diarrhoe
55. Divertikulitis
56. Dünndarmileus
57. Dysphagie
58. Dyspnoe
59. Dysurie
60. Echinokokkeninfektion
61. Endokarditis, infektiöse
62. Endometriose
63. Enuresis (Bettnässen)
64. Epiglottitis
65. Erschöpfung, chronische
66. Fieber unklarer Ursache
67. Gelenkerguss

68. Gelenkschmerzen, sakroiliakale
69. Gerinnung, disseminierte intravasale (DIC)
70. Genitale Läsionen/Ulcera
71. Gerinnungsstörung, kongenitale
72. Gicht
73. Gewichtsverlust, unbeabsichtigter
74. Gynäkomastie
75. Hämatom, subdurales
76. Hämaturie
77. Hämochromatose
78. Hämophilie
79. Hämoptyse
80. Hepatitis A
81. Hepatitis B, akute
82. Hepatitis C
83. Hepatomegalie
84. Hepatorenales Syndrom
85. Hirnabszess
86. Hirsutismus
87. Hoden-Neoplasie
88. Hodentorsion
89. Hyperaldosteronismus (Conn-Syndrom)
90. Hyperkaliämie
91. Hyperkalzämie
92. Hypermagnesiämie
93. Hypernatriämie
94. Hyperphosphatämie
95. Hypertension, portale
96. Hypertension, pulmonale
97. Hyperthyreose
98. Hypogonadismus
99. Hypokaliämie
100. Hypomagnesiämie
101. Hyponatriämie
102. Hypophosphatämie
103. Hypophysenadenom
104. Hypothyreose
105. Ikterus
106. Insulinom
107. Kardiomegalie (auf dem Rö-Tx)
108. Karzinoidsyndrom
109. Katzenkratzkrankheit
110. Kavernosusthrombose
111. Kiefergelenksarthropathie
112. Knieschmerzen
113. Knochennekrose
114. Kolitis, pseudomembranöse
115. Krampfanfall
116. Leberabszess
117. Leberwerte, erhöhte
118. Lungenabszess
119. Lungenembolie
120. Lymphadenopathie, axilliäre
121. Lymphadenopathie, epitrochleare
122. Lymphadenopathie, generalisierte
123. Lymphadenopathie, inguinale
124. Lymphadenopathie, zervikale
125. Lymphödem
126. Makroglobulinämie (Morbus Waldenström)
127. Makrozytose
128. Mamma-Abszess
129. Malabsorption
130. Mamma-Karzinom
131. Mastoiditis
132. Meckel'sches Divertikel
133. Meningiom
134. Meningitis
135. Mesenterialvenenthrombose
136. Mesotheliom
137. Mikrozytose
138. Multiple Sklerose
139. Muskelkrämpfe
140. Muskelschwäche
141. Myasthenia gravis
142. Myokardischämie
143. Nebennierentumor
144. Nekrose, aseptische
145. Neutropenie
146. Nierenarterienstenose
147. Niereninsuffizienz
148. Nierentumor
149. Nierenvenenthrombose
150. Normaldruckhydrozephalus
151. Ödeme, der unteren Extremität
152. Ödeme, generalisierte
153. Oligurie
154. Ösophagusperforation
155. Osteomyelitis
156. Osteoporose
157. Paget, Morbus
158. Panarteriitis nodosa
159. Pankreaskarzinom
160. Pankreastumor
161. Pankreatitis, akute
162. Peptisches Ulkus
163. Periphere arterielle Verschlusskrankheit (pAVK)
164. Pfortaderthrombose
165. Phäochromozytom
166. Placenta praevia
167. Plasmozytom (multiples Myelom)
168. Pleuraerguss
169. Polycythaemia vera
170. Prolaktinom
171. Prostatakarzinom
172. Proteinurie
173. Pruritus, generalisierter
174. Pubertät, verspätete (Pubertas tarda)
175. Pubertät, vorzeitige (Pubertas praecox)
176. Pulmonale Rundherde

177. Purpura
178. Raumforderung, intrakraniale
179. Rhabdomyolyse
180. Rotatorenmanschettenruptur
181. Rückenschmerzen, akute (im Lumbosakralbereich)
182. Sarkoidose
183. Schilddrüsenknoten
184. Schwangerschaft, extrauterine
185. Schwerhörigkeit
186. Sensibilitätsstörungen peripherer Nerven
187. SIADH (Syndrom der inadäquaten ADH-Sekretion)
188. Sialolithiasis
189. Sinusitis
190. Skrotumtumor
191. Speicheldrüsen-Neoplasie
192. Spinalkanalstenose
193. Splenomegalie
194. Struma
195. Subarachnoidalblutung
196. Subclavian-steal-Syndrom
197. Sudeck, Morbus (sympathische Reflexdystrophie)
198. Synkope
199. Thoracic-outlet-Syndrom
200. Thrombozytopenie
201. Thrombozytose
202. Thyreoiditis
203. TIA (transitorische ischämische Attacke)
204. Tiefe Venenthrombose (TVT)
205. Tinnitus
206. Trigeminusneuralgie
207. Unfruchtbarkeit
208. Unterleibsschmerzen, bei Frauen im gebärfähigen Alter
209. Urethra-Ausfluss
210. Urolithiasis
211. Vaginal-Ausfluss
212. Vaginalblutung (im 1. Trimenon)
213. Vena-cava-superior-Syndrom
214. Virushepatitis
215. Vertigo
216. Von Willebrand-Syndrom
217. Wegener-Granulomatose
218. Wilson, Morbus
219. Zöliakie (glutensensitive Enteropathie)
220. Zollinger-Ellison-Syndrom
221. Zyanose
222. Zystennieren

1. Abruptio placentae (vorzeitige Plazentalösung)

Bilddiagnostik

Best Test(s)
- Schwangerschafts-Sonographie

Ergänzende Tests
- Kardiotokographie (CTG)

Laborwerte

Best Test(s)
- ∅

Ergänzende Tests
- Großes Blutbild (um Blutverlust abzuschätzen)
- Gerinnung (Quick/INR, PTT, Thrombozyten, Fibrinogen)
- Blutgruppe und Antikörper-Suchtest, um Rhesus-negative Patientinnen zu identifizieren, die eine Anti-D-Prophylaxe benötigen

Diagnostischer Algorithmus

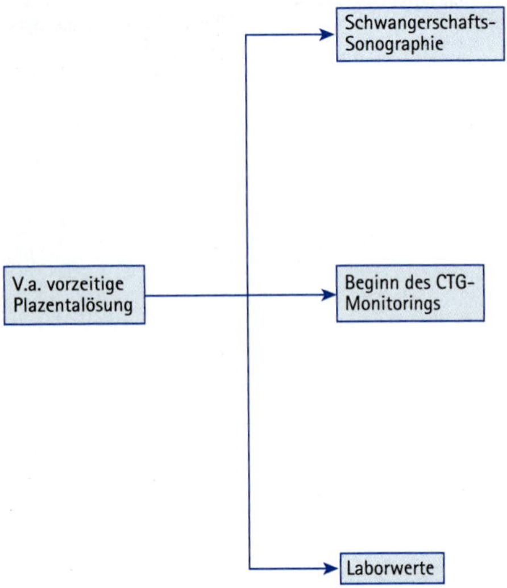

2. Abszess, abdominaler

Bilddiagnostik

Best Test(s)
- Abdomen-CT mit Kontrastmittel

Ergänzende Tests
- Abdomen-Sonographie bei jungen Frauen und Kindern

Laborwerte

Best Test(s)
- Gram-Färbung, Kulturen u. Antibiogramm des Abszessmaterials

Ergänzende Tests
- Großes Blutbild mit Differentialblutbild
- 2 × Blutkulturen
- GPT, GOT
- Harnstoff, Kreatinin, Glukose

Diagnostischer Algorithmus

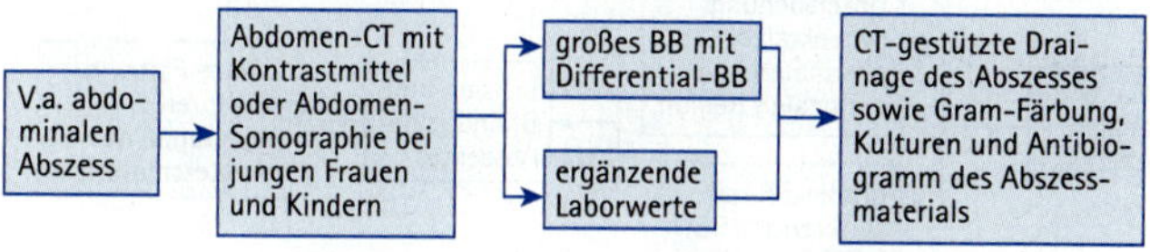

3. Abszess, perianaler

Bilddiagnostik

Best Test(s)

- Ø (Bilddiagnostik ist nur bei ausgedehnten Abszessen indiziert)

Ergänzende Tests

- Becken-CT mit i.v. Kontrastmittel

Laborwerte

Best Test(s)

- Gram-Färbung, Kulturen u. Antibiogramm des Abszessmaterials (aerobe und anaerobe Kulturen)

Ergänzende Tests

- Großes Blutbild mit Differentialblutbild
- 2 × Blutkulturen

Diagnostischer Algorithmus

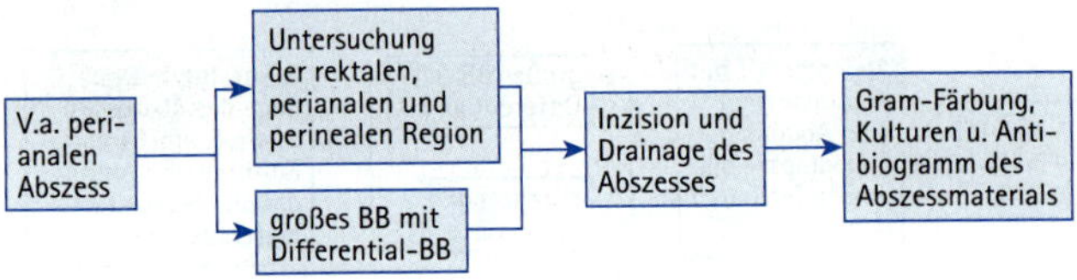

4. Abszess, retropharyngealer

Bilddiagnostik

Best Test(s)

- CT des Hals-Weichteilgewebes mit i.v. Kontrastmittel

Ergänzende Tests

- Laterale Röntgen-Weichteilaufnahme des Halses ist häufig die Initialuntersuchung

Laborwerte

Best Test(s)

- ∅

Ergänzende Tests

- Großes Blutbild mit Differentialblutbild
- Kulturen u. Antibiogramm vom Rachenabstrich
- 2 × Blutkulturen

Diagnostischer Algorithmus

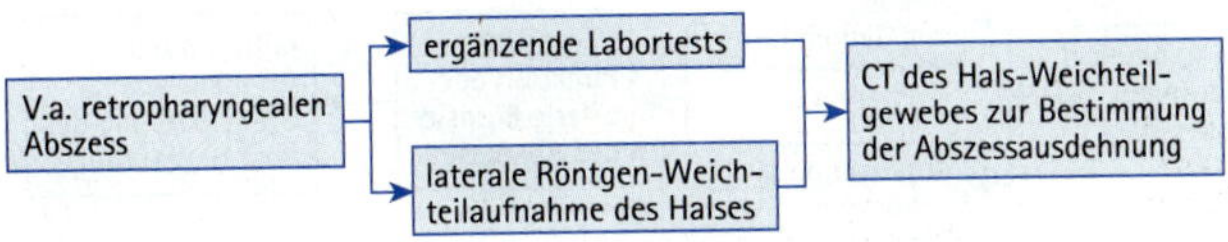

5. Abszess, spinaler/epiduraler

Bilddiagnostik

Best Test(s)
- Spinales MRT mit Gadolinium

Ergänzende Tests
- CT-Myelographie besitzt eine höhere Sensitivität bei Rückenmarkskompression

Laborwerte

Best Test(s)
- Gram-Färbung, Kulturen u. Antibiogramm des Abszessmaterials

Ergänzende Tests
- Großes Blutbild mit Differentialblutbild
- 2 × Blutkulturen
- BKS, CRP

Diagnostischer Algorithmus

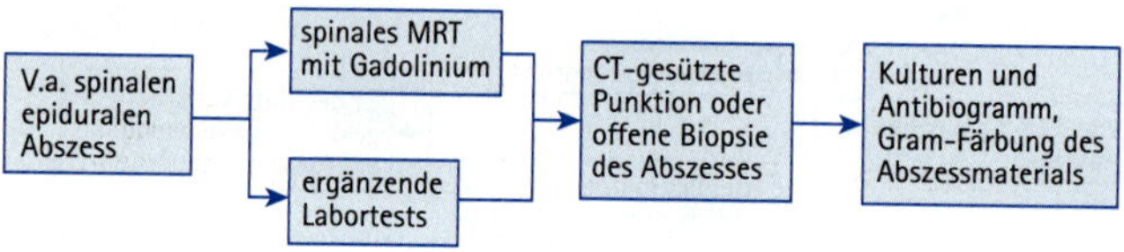

6. Achalasie

Bilddiagnostik

Best Test(s)
- Bariumbreischluck unter Durchleuchtung

Ergänzende Tests
- Ösophagus-Manometrie bei unklarer Bariumbreischluck-Untersuchung
- Ösophagogastroduodenoskopie mit Biopsieentnahme

Laborwerte

Best Test(s)
- Ø

Ergänzende Tests
- Großes Blutbild
- Serum-Albumin zur Einschätzung des Ernährungszustands

Diagnostischer Algorithmus

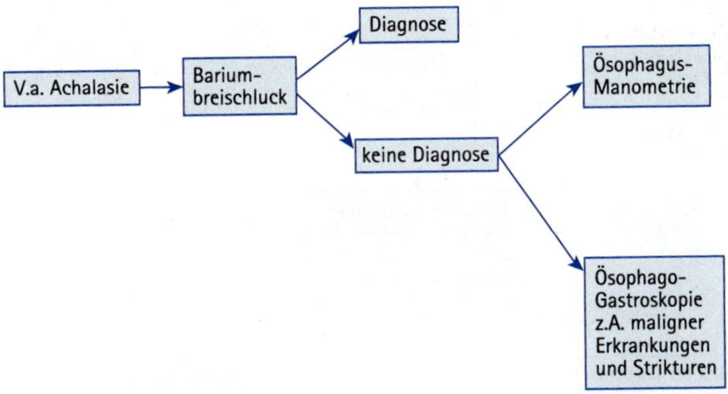

7. Addison, Morbus (primäre Nebennierenrindeninsuffizienz)

Bilddiagnostik

Best Test(s)

- ∅

Ergänzende Tests

- CT oder MRT der Nebennieren mit Kontrastmittel

Laborwerte

Best Test(s)

- ACTH-Test (Synacthen®-Test), regelmäßige Serum-Kortisol-Bestimmung

Ergänzende Tests

- Serum-Elektrolyte (Hyponatriämie, Hyperkaliämie)
- Nüchtern-Blutzucker, Harnstoff, Kreatinin
- Großes Blutbild (Anämie)

Diagnostischer Algorithmus

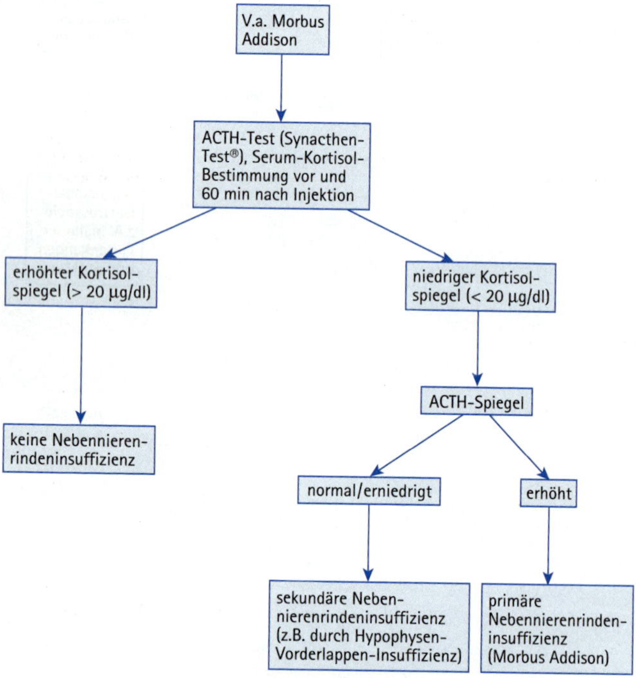

8. Adenopathie, mediastinale

Bilddiagnostik

Best Test(s)
- Thorax-CT mit i.v. Kontrastmittel

Ergänzende Tests
- Ø

Laborwerte

Best Test(s)
- Lymphknotenbiopsie

Ergänzende Tests
- Großes Blutbild
- BKS
- GOT, GPT
- Tuberkulin-Test
- Serum-ACE-Spiegel

Diagnostischer Algorithmus

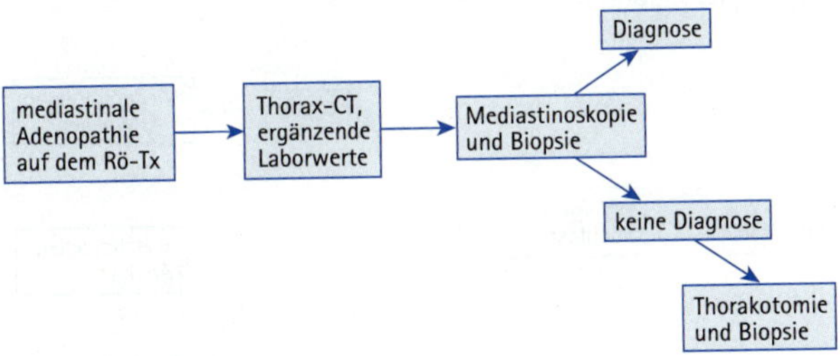

9. AIDS

Bilddiagnostik

Best Test(s)
- Ø

Ergänzende Tests
- Kraniales MRT oder CCT zur Untersuchung auf Enzephalopathie oder fokaler ZNS-Komplikationen
- Röntgen-Thorax, bronchoalveoläre Lavage, transbronchiale Lungenbiopsie bei V.a. Pneumocystis-Pneumonie

Laborwerte

Best Test(s)
- HIV-Antikörper-Suchtest

Ergänzende Tests
- T-Helferzellen-Analyse zur Bestimmung des Immunstatus
- Untersuchung der Viruslast zur Planung einer antiviralen Langzeittherapie
- Resistenzbestimmung

Diagnostischer Algorithmus

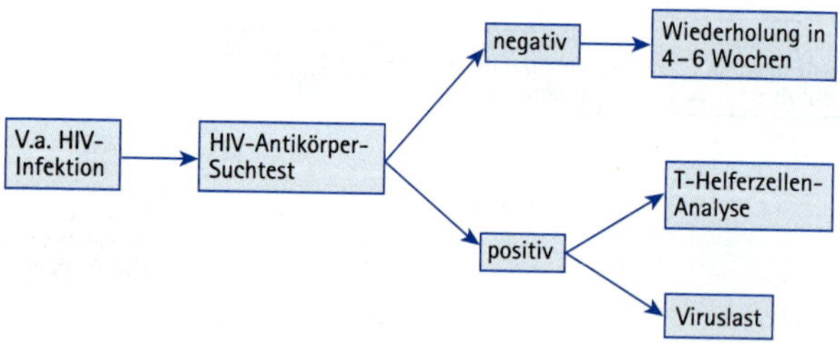

10. Akromegalie

Bilddiagnostik

Best Test(s)
- MRT der Hypophyse und des Hypothalamus mit Kontrastmittel

Ergänzende Tests
- CT der Hypophyse und des Hypothalamus, wenn ein MRT kontraindiziert ist

Laborwerte

Best Test(s)
- Serum-IGF-1-Spiegel

Ergänzende Tests
- Oraler Glukosetoleranztest
- Serum-Phosphat (erhöht), Serum-Kalzium (erhöht)
- Überprüfung der anderen Hypophysenhormone z.A. Hypophyseninsuffizienz

Diagnostischer Algorithmus

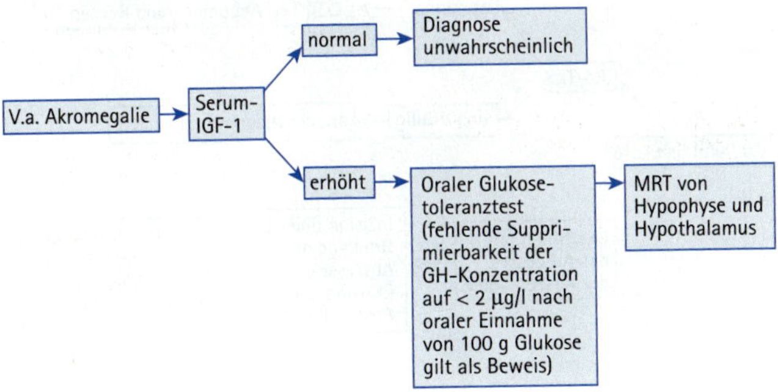

11. Aktinomykose

Bilddiagnostik

Best Test(s)
- Röntgen-Thorax

Ergänzende Tests
- CCT, Thorax-CT, Abdomen-CT und Becken-CT

Laborwerte

Best Test(s)
- Isolation gelblicher Drusen (Konglomerate kleiner Actinomyces-Kolonien) von Gewebeproben oder drainierten Abszesshöhlen

Ergänzende Tests
- Großes Blutbild

Diagnostischer Algorithmus

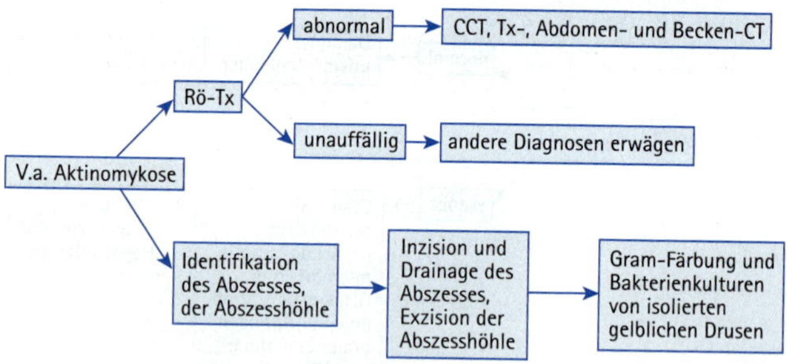

12. Akustikusneurinom

Bilddiagnostik

Best Test(s)

- Kraniales MRT mit Gadolinium (einschließlich Gehörgang)

Ergänzende Tests

- CCT mit Kontrastmittel (einschließlich Gehörgang), wenn MRT kontraindiziert ist

Laborwerte

Best Test(s)

- ∅

Ergänzende Tests

- ∅

Diagnostischer Algorithmus

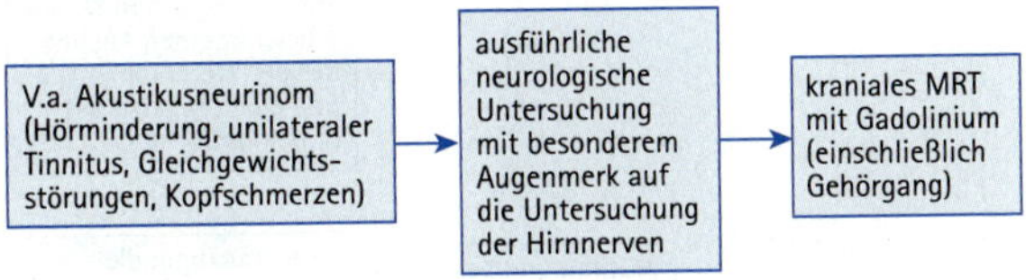

13. Alkalose, metabolische

Bilddiagnostik

Best Test(s)
- Ø

Ergänzende Tests
- Röntgen-Thorax

Laborwerte

Best Test(s)
- Serum-Elektrolyte
- BGA's

Ergänzende Tests
- Harnstoff, Kreatinin
- Chlorid im Urin

Diagnostischer Algorithmus

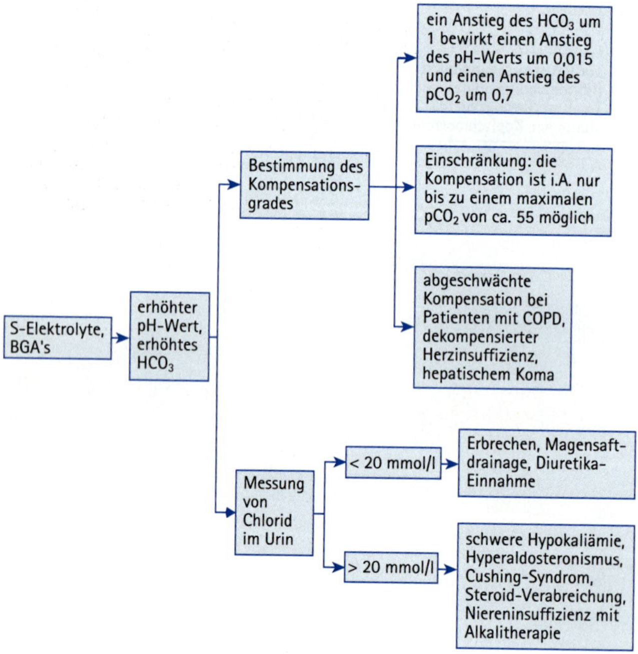

14. Alkalose, respiratorische

Bilddiagnostik

Best Test(s)
- Ø

Ergänzende Tests
- Röntgen-Thorax

Laborwerte

Best Test(s)
- Serum-Elektrolyte
- BGA's

Ergänzende Tests
- Harnstoff, Kreatinin

Diagnostischer Algorithmus

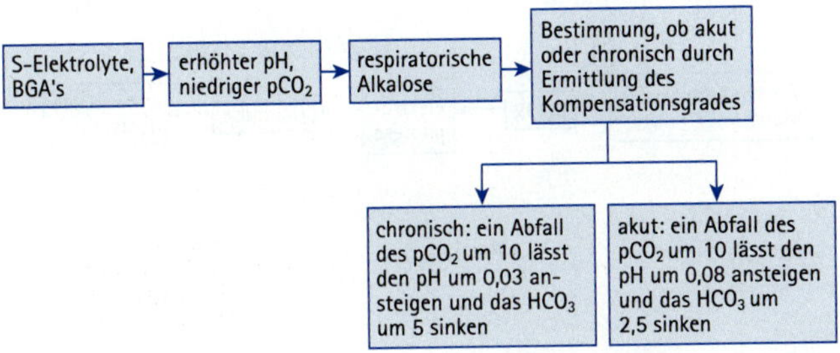

15. Alpha$_1$-Antitrypsin-Mangel

Bilddiagnostik

Best Test(s)

- Ø

Ergänzende Tests

- Röntgen-Thorax (zeigt normalerweise emphysematöse Veränderungen)

Laborwerte

Best Test(s)

- Serumelektrophorese (erniedrigtes α_1-Antitrypsin)

Ergänzende Tests

- Lungenfunktionstest
- GPT, GOT

Diagnostischer Algorithmus

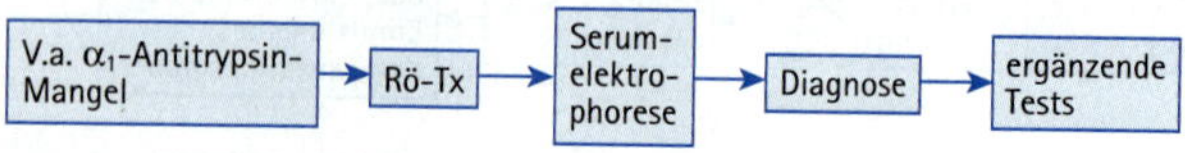

16. Alzheimer'sche Krankheit

Bilddiagnostik

Best Test(s)
- Ø

Ergänzende Tests
- PET oder SPECT des Gehirns mit HMPAO (in bestimmten Fällen)
- CCT oder kraniales MRT, um einen Hydrocephalus oder andere Raumforderungen auszuschließen und eine Atrophie zu dokumentieren (in bestimmten Fällen)

Laborwerte

Best Test(s)
- Ø

Ergänzende Tests
- TSH, Vitamin-B_{12}-Spiegel
- TPHA-Test, HIV (bei bestimmten Patienten)
- Metabolisches Basisprofil

Diagnostischer Algorithmus

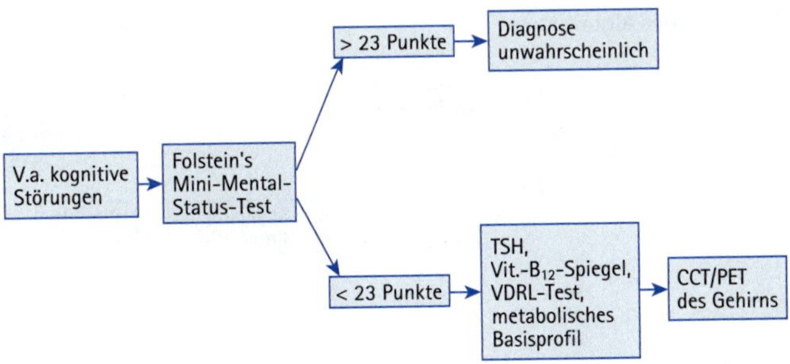

17. Amaurosis fugax

Bilddiagnostik

Best Test(s)
- Karotis-Doppler ist die beste Initialuntersuchung

Ergänzende Tests
- MR-Angiographie der zerebralen Gefäße
- Echokardiographie (z.A. Embolie-Quelle)

Laborwerte

Best Test(s)
- Blutfettwerte
- BKS

Ergänzende Tests
- Großes Blutbild
- Quick, PTT, Thrombozyten
- TPHA-Test, Toxikologie (je nach Anamnese und Alter des Patienten)
- Koagulopathie-Screening bei jungen Patienten oder Koagulopathie in der Familienanamnese (z. B. Protein C, Protein S, Antikardiolipin-Antikörper, Fibrinogen-Spiegel)
- ANA

Diagnostischer Algorithmus

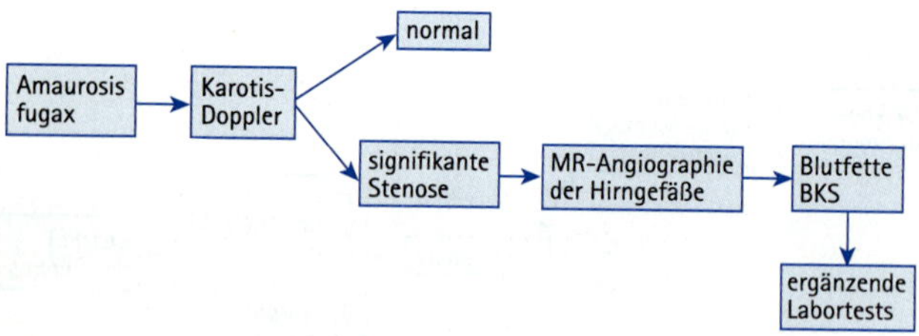

18. Amenorrhö, primäre

Bilddiagnostik

Best Test(s)
- MRT mit Gadolinium von Hypophyse/Hypothalamus bei V.a. Hypothalamus-/Hypophysen-Läsion

Ergänzende Tests
- Becken-Sonographie

Laborwerte

Best Test(s)
- FSH
- Prolaktin
- TSH

Ergänzende Tests
- Serum-βHCG

Diagnostischer Algorithmus

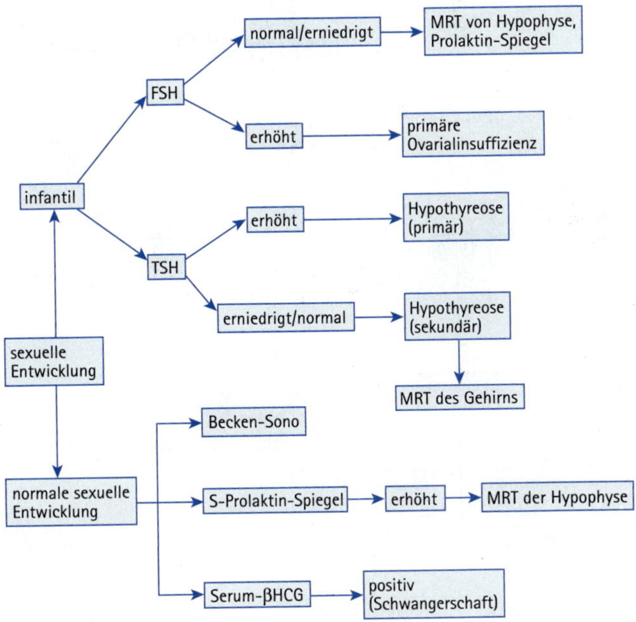

19. Amenorrhö, sekundäre

Bilddiagnostik

Best Test(s)
- MRT mit Gadolinium von Hypophyse/Hypothalamus bei V.a. Hypothalamus-/Hypophysen-Läsion

Ergänzende Tests
- Becken-Sonographie
- CT oder MRT der Nebennieren

Laborwerte

Best Test(s)
- Serum-βHCG
- Prolaktin
- FSH

Ergänzende Tests
- LH
- Testosteron, DHEA-S

Diagnostischer Algorithmus

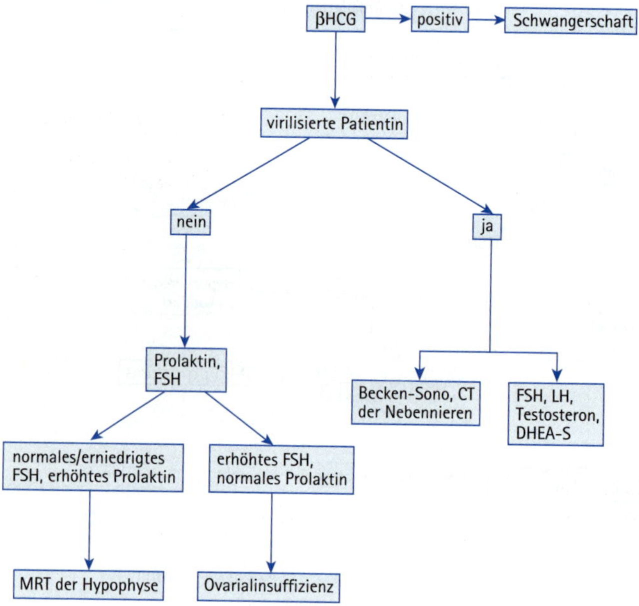

20. Amöbiasis

Bilddiagnostik

Best Test(s)
- CT der Leber mit Kontrastmittel bei V.a. Amöbenabszess

Ergänzende Tests
- Leber-Sonographie, wenn das CT nicht schnell verfügbar ist

Laborwerte

Best Test(s)
- Stuhluntersuchung auf Eier und Parasiten

Ergänzende Tests
- Serum-Antikörper auf Entamoeba histolytica

Diagnostischer Algorithmus

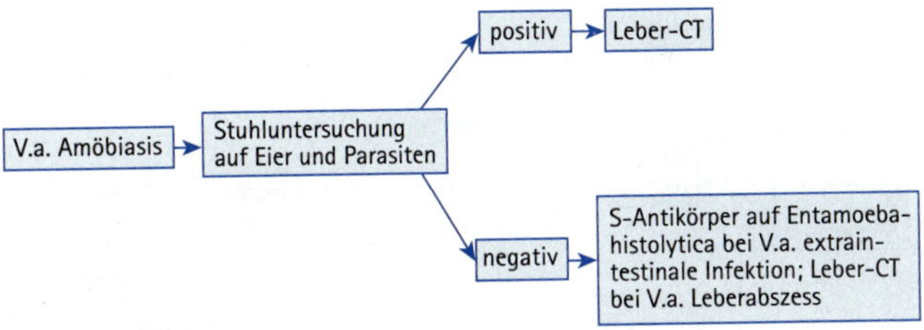

21. Amyloidose

Bilddiagnostik

Best Test(s)

- Ø

Ergänzende Tests

- Röntgen-Thorax
- Echokardiographie
- Szintigraphie mit amyloidbindenen radioaktiven Substanzen

Laborwerte

Best Test(s)

- Rektale Biopsie (positiv in > 60 % der Fälle), um Amyloid-Ablagerungen im Gewebe nachzuweisen

Ergänzende Tests

- Serum- und Urin-Immunelektrophorese
- Großes Blutbild, TSH, Kreatinin, GPT
- Urin-Status

Diagnostischer Algorithmus

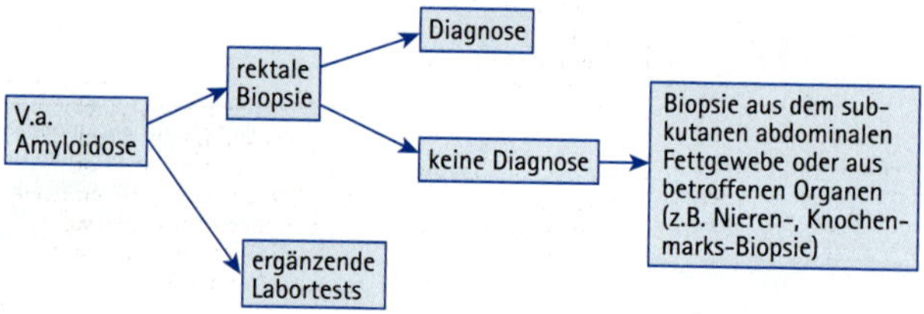

22. Amyotrophische Lateralsklerose (ALS)

Bilddiagnostik

Best Test(s)
- Ø

Ergänzende Tests
- Röntgen-Thorax
- MRT des Gehirns und des Rückenmarks

Laborwerte

Best Test(s)
- Ø

Ergänzende Tests
- Liquorpunktion und Liquoranalyse
- Untersuchung des Knochenmarks
- Serum-Protein-Immunelektrophorese
- Bei bestimmten Patienten Muskelbiopsie z.A. Myopathie

Diagnostischer Algorithmus

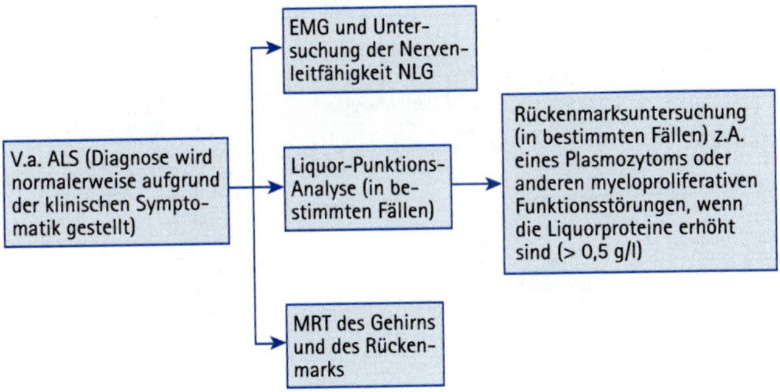

23. Anämie, makrozytäre

Bilddiagnostik

Best Test(s)
- ∅

Ergänzende Tests
- ∅

Laborwerte

Best Test(s)
- Retikulozyten

Ergänzende Tests
- Serum-Vitamin-B_{12}-Spiegel, Folsäure-Spiegel
- GPT, GOT, γGT
- TSH

Diagnostischer Algorithmus

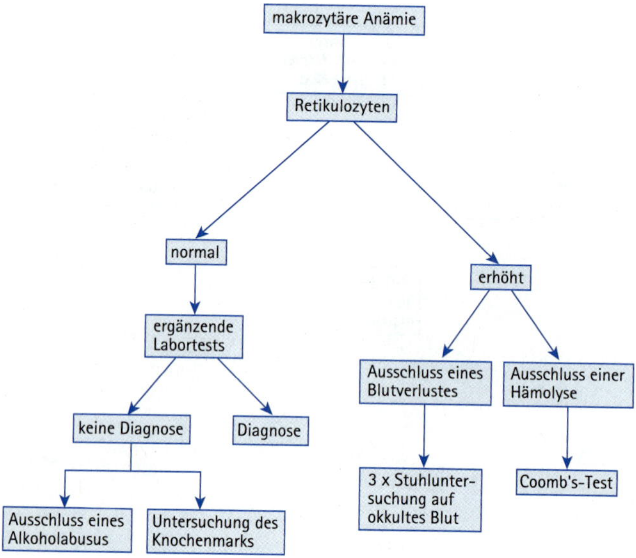

24. Anämie, mikrozytäre

Bilddiagnostik

Best Test(s)
- ∅

Ergänzende Tests
- ∅

Laborwerte

Best Test(s)
- Retikulozyten
- 3 × Stuhluntersuchung auf okkultes Blut (FOBT – fäkaler Okkultbluttest, z. B. Hämoccult®-Test)

Ergänzende Tests
- Ferritin-Spiegel
- Eisenbindungskapazität oder TfS (Transferrin-Sättigung), Serum-Eisen
- Hämoglobin-Elektrophorese
- Serum-Bleispiegel

Teil III

Diagnostischer Algorithmus

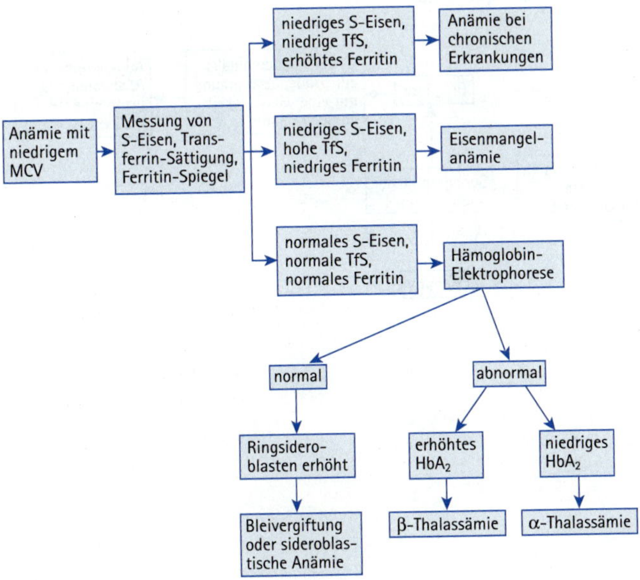

25. Aneurysma der Aorta abdominalis

Bilddiagnostik

Best Test(s)
- Die Sonographie der abdominalen Aorta ist der beste initiale Screeningtest, wohingegen das CT ein genaueres Untersuchungsverfahren ist

Ergänzende Tests
- CT der abdominalen Aorta mit Kontrastmittel zur präoperativen Darstellung und Größenbestimmung, sowie um eine Perforation nachzuweisen
- Angiographie zur detaillierten Darstellung der arteriellen Anatomie vor der OP

Laborwerte

Best Test(s)
- ∅

Ergänzende Tests
- ∅

Diagnostischer Algorithmus

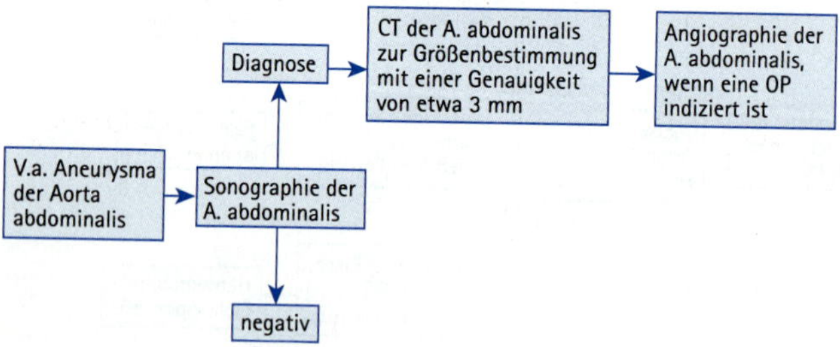

26. Antiphospholipid-Antikörpersyndrom (APLS)

Bilddiagnostik

Best Test(s)

- ∅

Ergänzende Tests

- Sonographie bei V.a. tiefe Beinvenenthrombose (TVT)
- CCT bei Patienten mit neurologischen Syndromen

Laborwerte

Best Test(s)

- Nachweis von Antikardiolipin-AK durch ELISA
- Lupus-Antikoagulanz

Ergänzende Tests

- ANA
- Quick, PTT, Thrombozyten
- Großes Blutbild
- Protein C, Protein S, Antithrombin-III-Spiegel, Faktor-V-Leiden, Faktor VIII, Faktor XI, Homozystein-Spiegel

Diagnostischer Algorithmus

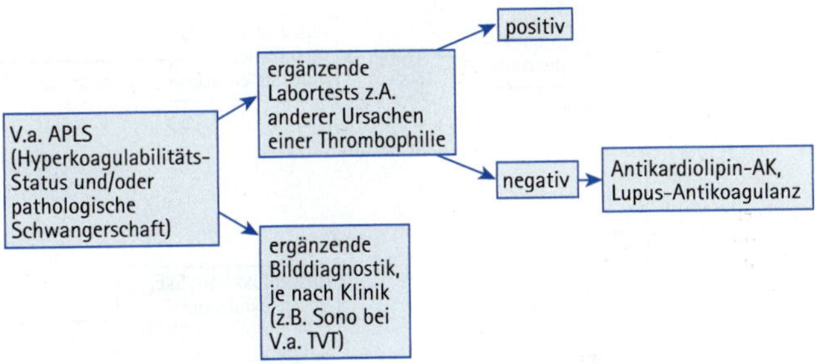

27. Antinukleäre Antikörper (ANA) positiv

Bilddiagnostik

Best Test(s)
- Ø

Ergänzende Tests
- Ø

Laborwerte

Best Test(s)
- ANA-Immunfluoreszenztest auf HEp-2-Zellen

Ergänzende Tests
- Antikörper gegen Doppelstrang-DNA (ds-DNA-AK)
- Anti-Smith-Antikörper (Anti-Sm-AK)
- Anti-U1-RNP-Antikörper
- SS-A-Antikörper, SS-B-Antikörper
- BKS
- Großes Blutbild

Diagnostischer Algorithmus

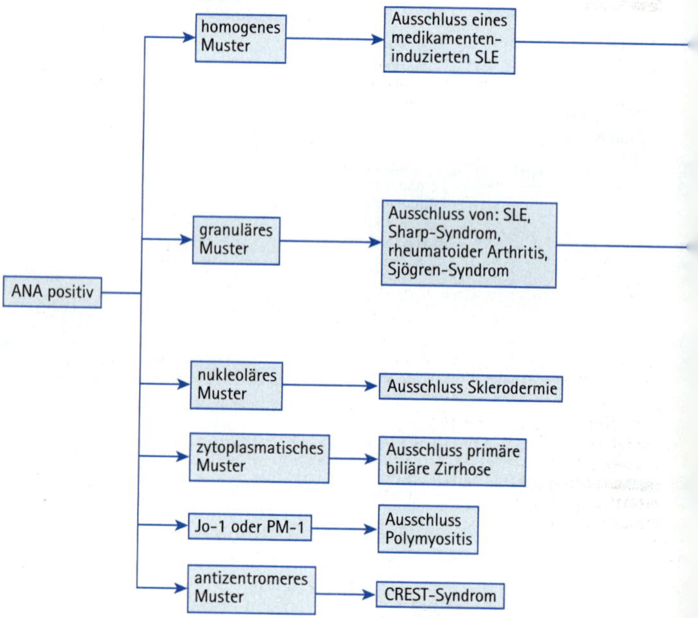

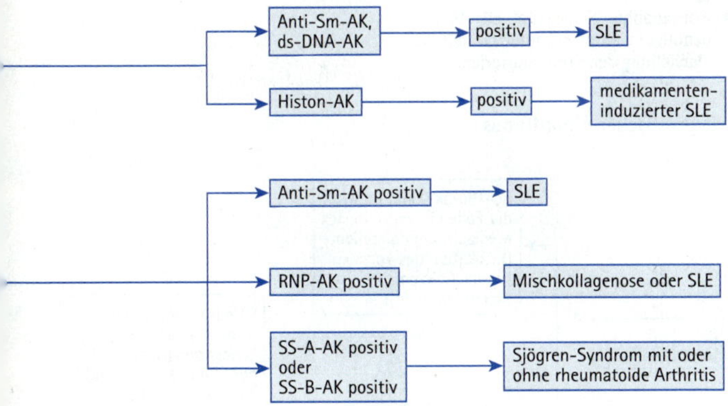
Anti-Sm-AK, ds-DNA-AK
positiv
SLE
Histon-AK
positiv
medikamenten-induzierter SLE
Anti-Sm-AK positiv
SLE
RNP-AK positiv
Mischkollagenose oder SLE
SS-A-AK positiv oder SS-B-AK positiv
Sjögren-Syndrom mit oder ohne rheumatoide Arthritis

28. Aortendissektion

Bilddiagnostik

Best Test(s)

- CT (Sensitivität beträgt 83 – 100 %); CT der Aorta ist normalerweise schnell verfügbar und wird als initiale Untersuchungsmethode der Wahl bei V.a. Aortendissektion eingesetzt

Ergänzende Tests

- MRT (Sensitivität: 90 – 100 %); problematisches Verfahren bei instabilen, intubierten Patienten
- Transösophageale Echokardiographie (Sensitivität: 97 – 100 %); hiermit können auch eine Aorteninsuffizienz und ein Perikarderguss nachgewiesen werden
- Aortographie (Sensitivität: 80 – 90 %); benötigt i.v. Kontrastmittel; erlaubt die Darstellung der Koronararterien

Laborwerte

Best Test(s)

- Ø

Ergänzende Tests

- Großes Blutbild
- Harnstoff, Kreatinin

Diagnostischer Algorithmus

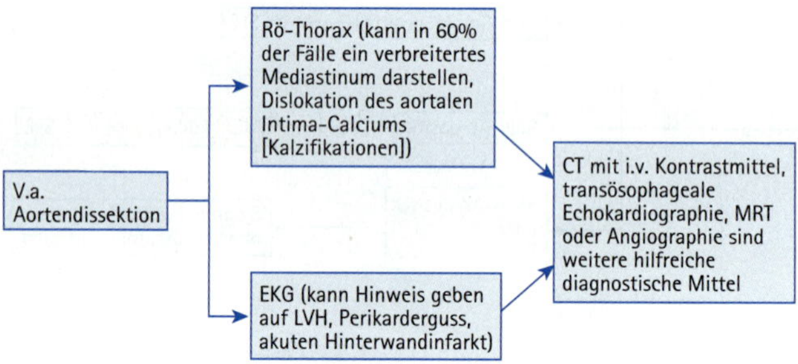

29. Apoplex

Bilddiagnostik

Best Test(s)
- CCT, initial ohne Kontrastmittel, anschließend Wiederholung mit Kontrastmittel

Ergänzende Tests
- Karotis-Doppler-Sonographie
- Echokardiographie
- Kraniales MRT kann anstatt eines CCT mit Kontrastmittel eingesetzt werden

Laborwerte

Best Test(s)
- Ø

Ergänzende Tests
- Quick, PTT, Thrombozyten
- Blutfettwerte, Glukose
- GPT, Elektrolyte, Harnstoff, Kreatinin
- Großes Blutbild

Diagnostischer Algorithmus

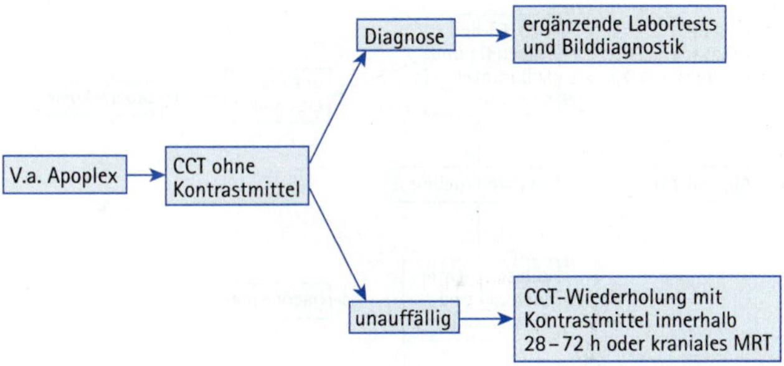

30. Appendizitis

Bilddiagnostik

Best Test(s)
- Sonographie

Ergänzende Tests
- evtl. CT

Laborwerte

Best Test(s)
- Großes Blutbild mit Differentialblutbild
- CRP
- Urin-Status

Ergänzende Tests
- Schwangerschaftstest bei jungen Frauen im gebärfähigen Alter

Diagnostischer Algorithmus

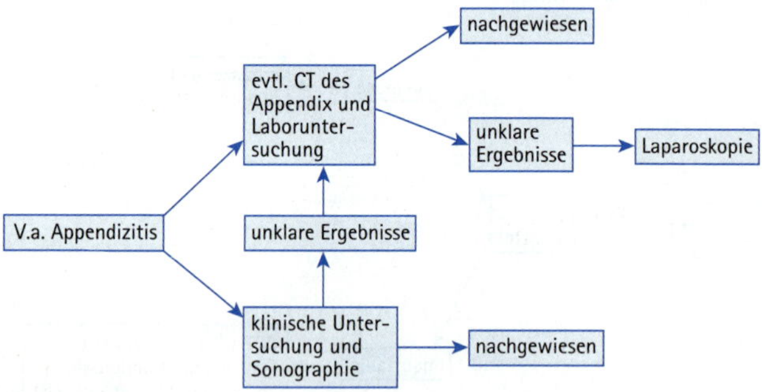

31. ARDS (akutes Lungenversagen)

Bilddiagnostik

Best Test(s)
- Röntgen-Thorax

Ergänzende Tests
- Thorax-CT bei V.a. Lymphangiosis carcinomatosa
- evtl. Herzecho z.A. kardiale Lungenstauung

Laborwerte

Best Test(s)
- BGA's

Ergänzende Tests
- Großes Blutbild mit Differentialblutbild
- Blut- und Urinkulturen
- evtl. Nierenwerte/U-Status z.A. renal bedingtes Lungenödem
- Bronchoalveoläre Lavage (nur bei Patienten, die schlecht auf die Therapie ansprechen)

Diagnostischer Algorithmus

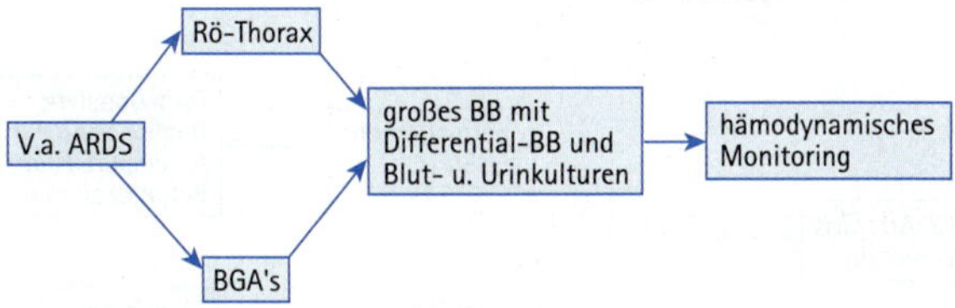

32. Arteriitis temporalis

Bilddiagnostik

Best Test(s)

- Farb-Doppler-Arteriographie der A. temporalis (eine positive Untersuchung zeigt ein dunkles Echo aufgrund des Ödems der Gefäßwand)

Ergänzende Tests

- Röntgen-Thorax und Sonographie der abdominalen Aorta bei dokumentierter Arteriitis temporalis (erhöhtes Aneurysma-Risiko)

Laborwerte

Best Test(s)

- Biopsie der A. temporalis
- BKS

Ergänzende Tests

- Großes Blutbild, GPT, AP

Diagnostischer Algorithmus

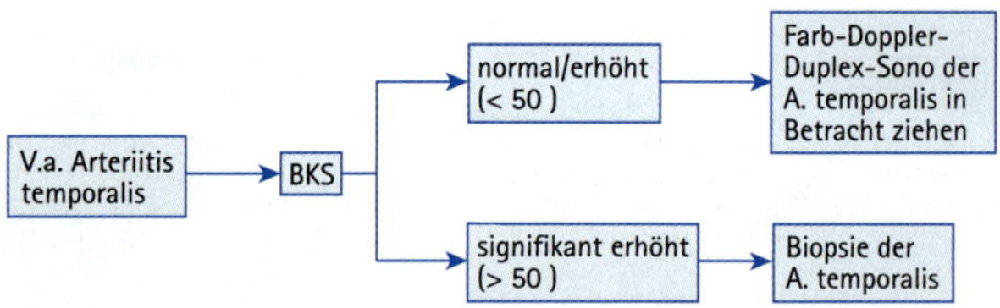

33. Arthritis, infektiöse (bakterielle)

Bilddiagnostik

Best Test(s)

- Röntgen-Nativ-Aufnahme des betroffenen Gelenks z.A. von Frakturen, Neoplasie, Knochendestruktion

Ergänzende Tests

- CT mit Kontrastmittel zur Frühdiagnose bei V.a. Infektionen der Wirbelsäule, Hüfte oder sternoklavikulären u. sakroiliakalen Gelenke

Laborwerte

Best Test(s)

- Gelenkpunktion und Untersuchung des Aspirats, Gram-Färbung, Kulturen u. Antibiogramm der Gelenkflüssigkeit (Kulturen auf Gonokokken bei klinischem V.a. Gonorrhoe)

Ergänzende Tests

- Großes Blutbild mit Differentialblutbild
- 2 × Blutkulturen
- BKS, CRP
- Serum-Harnsäure
- Lyme-Titer (in endemischen Gebieten)
- Untersuchung der Gelenkflüssigkeit auf Kristalle (Harnsäure, Kalzium-Pyrophosphate)

Diagnostischer Algorithmus

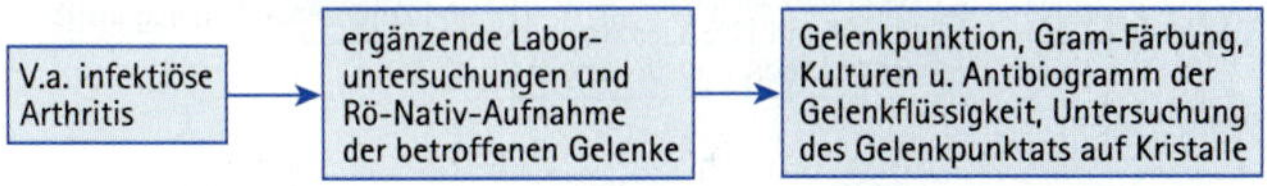

34. Askariasis

Bilddiagnostik

Best Test(s)

- ∅

Ergänzende Tests

- Röntgen-Thorax (kann ovale oder runde Infiltrate zeigen [Löffler-Syndrom])
- Röntgen-Nativ-Aufnahmen und Kontrastmittel-verstärkte Aufnahmen des Abdomens können Würmer in den Darmschlingen darstellen
- Sonographie und ERCP bei V.a. Würmer in den Gallen- bzw. Pankreasgängen

Laborwerte

Best Test(s)

- Stuhluntersuchung auf Askariasis-Eier
- Askariasis Ig4-Antikörper mit ELISA

Ergänzende Tests

- Eosinophile
- Großes Blutbild
- GOT, GPT

Diagnostischer Algorithmus

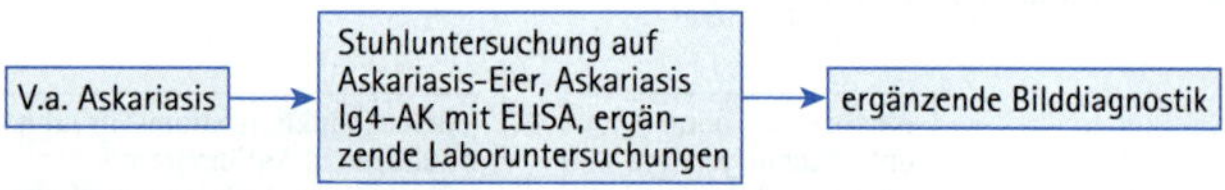

35. Aszites

Bilddiagnostik

Best Test(s)

- Abdomen-/Becken-Sonographie ist die beste Initialuntersuchung

Ergänzende Tests

- Abdomen-/Becken-CT

Laborwerte

Best Test(s)

- Analyse des Aszites-Punktats auf LDH, Glukose, Albumin und Gesamt-Protein

Ergänzende Tests

- Analyse des Aszites-Punktats auf Zellen, sowie Differenzierung der Zellen, Gram-Färbung, Ziehl-Neelsen-Färbung, Bakterien- und Pilz-Kulturen, Amylase
- Serum-LDH, Proteine, Albumin

Diagnostischer Algorithmus

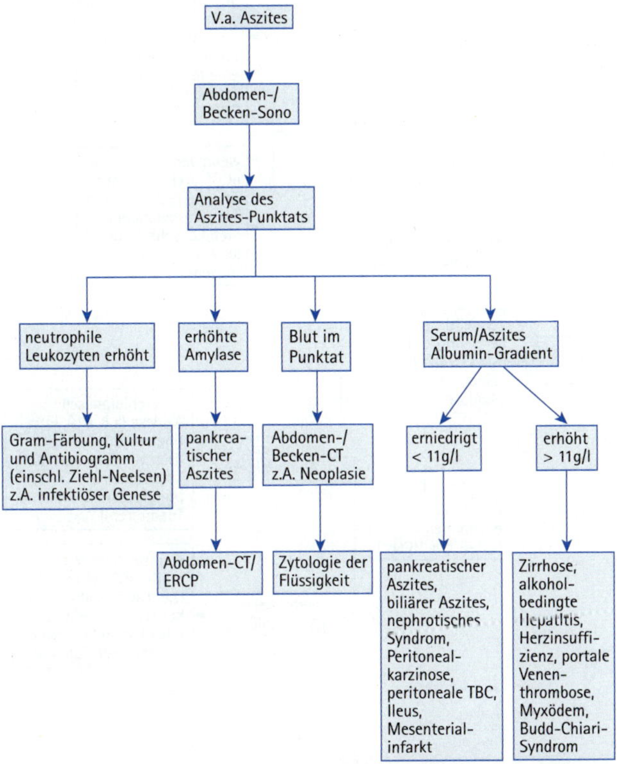

36. Azidose, metabolische

Bilddiagnostik

Best Test(s)

- Ø

Ergänzende Tests

- Röntgen-Thorax

Laborwerte

Best Test(s)

- Serum-Elektrolyte
- BGA's

Ergänzende Tests

- Harnstoff, Kreatinin, Glukose
- Bestimmung der Anionenlücke; Anionenlücke = $Na^+ - (Cl^- + HCO_3^-)$

Diagnostischer Algorithmus

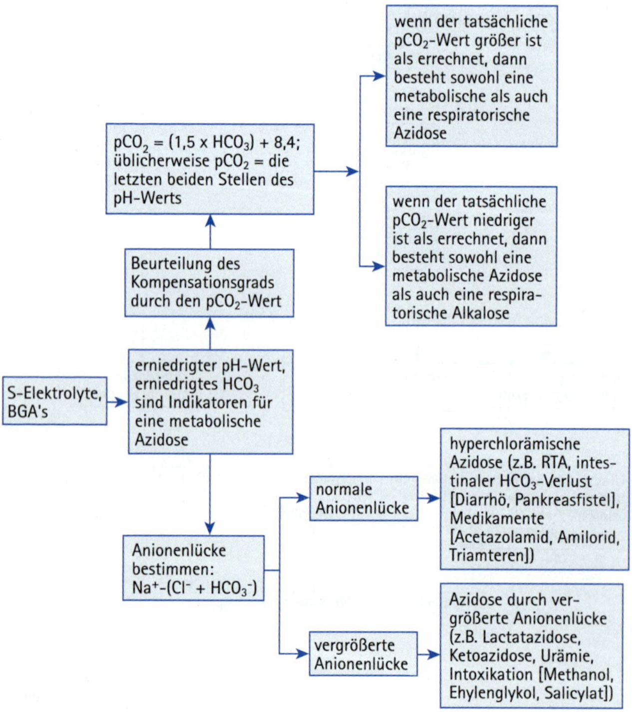

37. Azidose, respiratorische

Bilddiagnostik

Best Test(s)
- Ø

Ergänzende Tests
- Röntgen-Thorax

Laborwerte

Best Test(s)
- Serum-Elektrolyte
- BGA's

Ergänzende Tests
- Harnstoff, Kreatinin

Diagnostischer Algorithmus

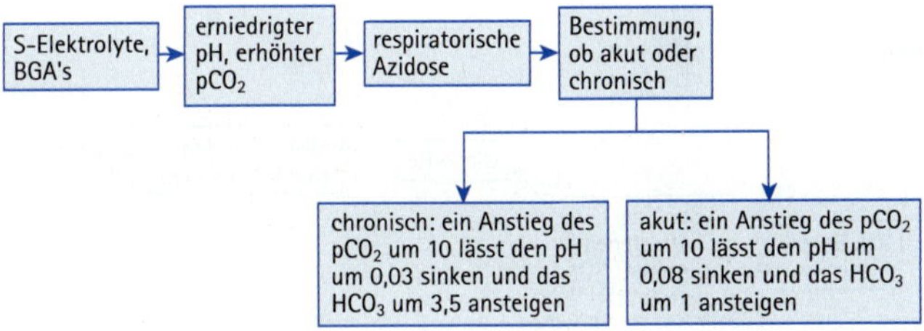

38. Baker-Zyste

Bilddiagnostik

Best Test(s)
- Sonographie der betroffenen unteren Extremität

Ergänzende Tests
- MRT des Kniegelenks ist präoperativ hilfreich, um gleichzeitig vorhandene Kniegelenkserkrankungen zu erkennen (z. B. Meniskusriss)

Laborwerte

Best Test(s)
- Ø

Ergänzende Tests
- Ø

Diagnostischer Algorithmus

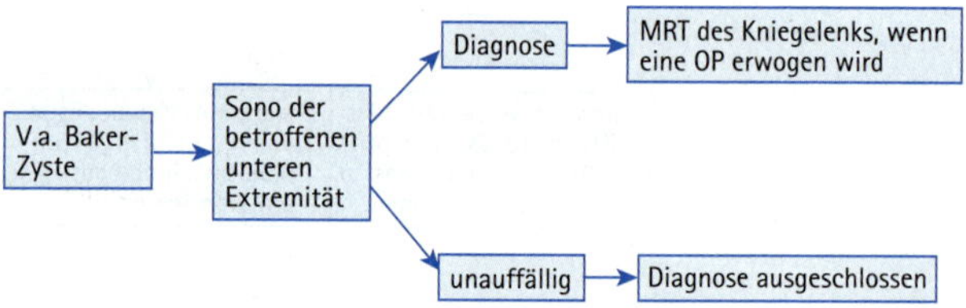

39. Beckenabszess

Bilddiagnostik

Best Test(s)
- Becken-CT mit i.v. Kontrastmittel

Ergänzende Tests
- Becken-Sonographie, wenn CT kontraindiziert ist

Laborwerte

Best Test(s)
- Gram-Färbung, Kulturen u. Antibiogramm des Abszessmaterials

Ergänzende Tests
- Großes Blutbild mit Differentialblutbild
- Aerobe und anaerobe Kulturen von Zervix, Blut, Peritonealhöhle (nach Durchbruch)
- Urin-Status, Urinkulturen u. Antibiogramm
- Schwangerschaftstest bei Frauen im gebärfähigen Alter

Diagnostischer Algorithmus

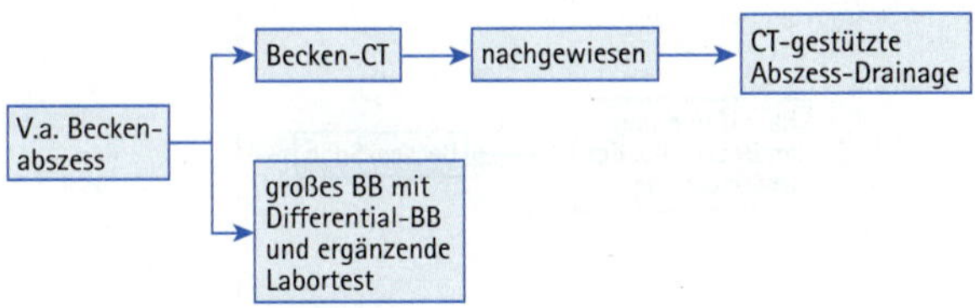

40. Beckentumor

Bilddiagnostik

Best Test(s)
- Becken-Sonographie ist die beste Initialuntersuchung

Ergänzende Tests
- Becken-CT mit i.v. Kontrastmittel
- Becken-MRT

Laborwerte

Best Test(s)
- Biopsie des Tumors

Ergänzende Tests
- CA 125
- Großes Blutbild, Kreatinin

Diagnostischer Algorithmus

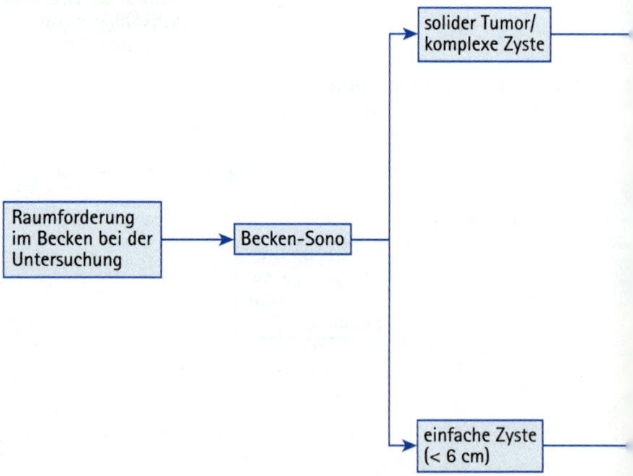

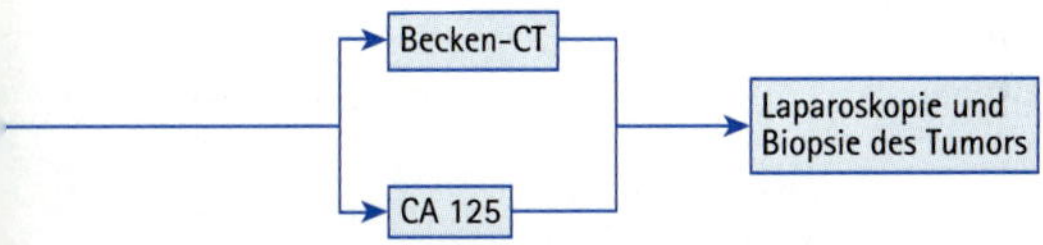
Becken-CT
CA 125
Laparoskopie und Biopsie des Tumors

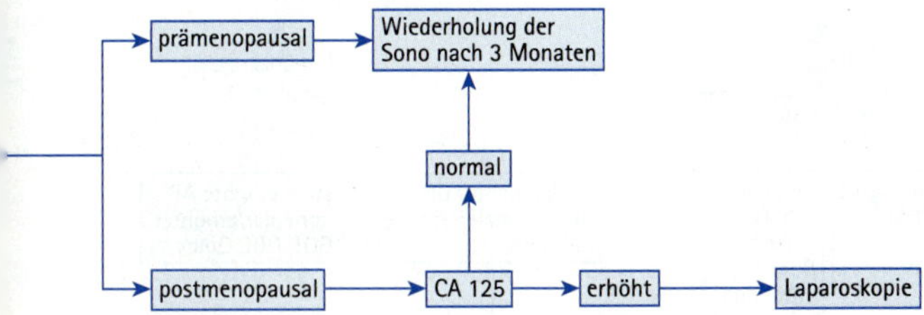
prämenopausal
Wiederholung der Sono nach 3 Monaten
normal
postmenopausal
CA 125
erhöht
Laparoskopie

41. Bilirubinerhöhung

Bilddiagnostik

Best Test(s)
- ∅

Ergänzende Tests
- Abdomen-Sonographie
- Abdomen-CT
- ERCP
- MRCP

Laborwerte

Best Test(s)
- Bilirubin-Fraktionen

Ergänzende Tests
- AP
- GOT, GPT, Quick
- Großes Blutbild
- Coombs-Test, Haptoglobin
- Hepatitis-Serologie
- ANA
- LDH

Diagnostischer Algorithmus

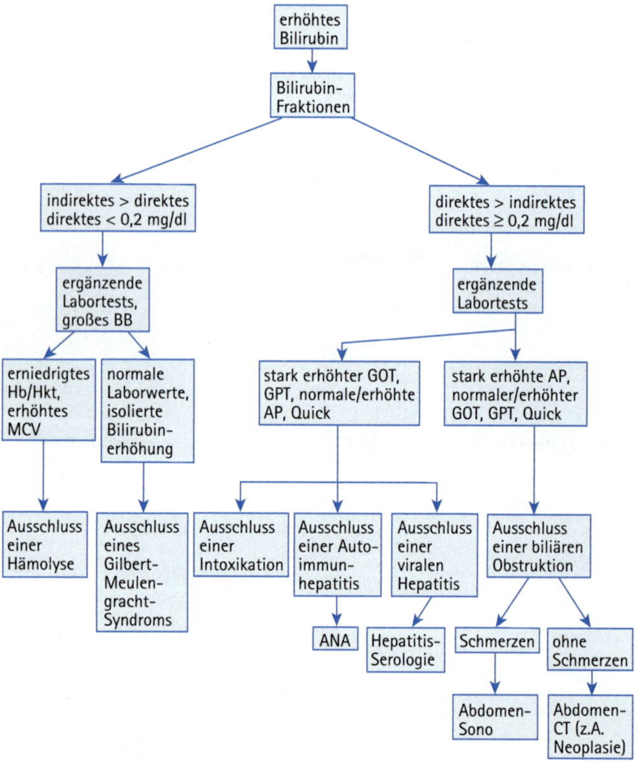

42. Bronchiektasen

Bilddiagnostik

Best Test(s)

- Hochauflösendes Thorax-CT ohne Kontrastmittel

Ergänzende Tests

- Röntgen-Thorax p.a. (zeigt normalerweise überbelüftete Areale, Zeichen einer überblähten Lunge, kleine zystisch veränderte Areale in der Lungenbasis)

Laborwerte

Best Test(s)

- Ø

Ergänzende Tests

- Im Sputum: Gram-Färbung, Kulturen und Antibiogramm, Ziehl-Neelsen-Färbung und Kulturen
- Großes Blutbild mit Differentialblutbild
- Serum-Elektrophorese (z.A. Hypogammaglobulinämie)
- Tuberkulin-Probe
- Serum-Antikörper-Test auf Aspergillose
- Schweißtest bei Patienten mit V.a. Mukoviszidose

Teil III

Diagnostischer Algorithmus

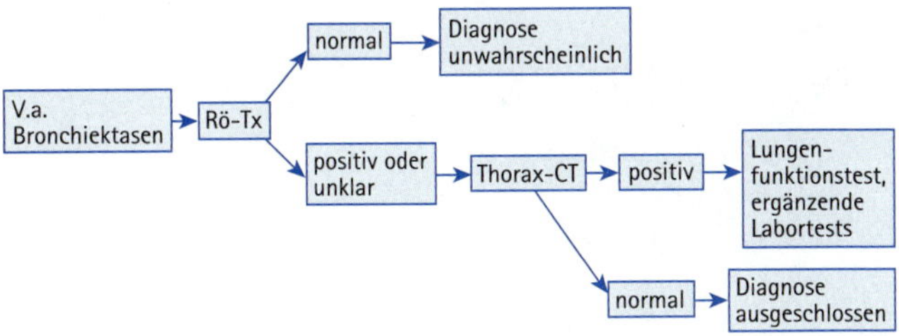

43. Brustimplantate, rupturierte

Bilddiagnostik

Best Test(s)
- Mamma-MRT ohne Kontrastmittel

Ergänzende Tests
- Mamma-Sonographie, wenn ein MRT kontraindiziert ist

Laborwerte

Best Test(s)
- ∅

Ergänzende Tests
- ∅

Diagnostischer Algorithmus

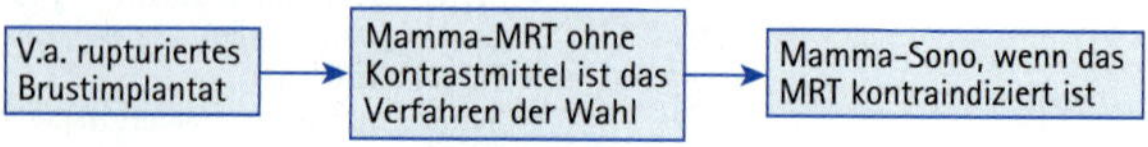

44. Brustwarzen, nässende

Bilddiagnostik

Best Test(s)
- Mammographie

Ergänzende Tests
- Mamma-Sonographie
- Galaktographie (in bestimmten Fällen)

Laborwerte

Best Test(s)
- Prolaktin-Spiegel

Ergänzende Tests
- TSH

Diagnostischer Algorithmus

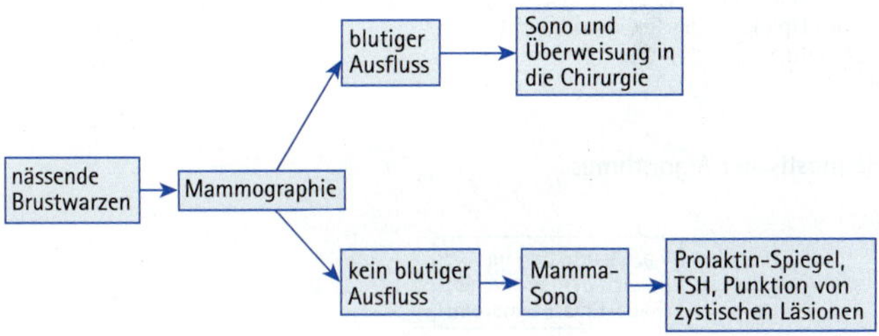

45. Budd-Chiari-Syndrom

Bilddiagnostik

Best Test(s)
- Doppler-Sonographie des Abdomens

Ergänzende Tests
- MRT oder CT des Abdomens mit i.v. Kontrastmittelgabe (kann eine Kollateral-Durchblutung und eine schlechte Darstellbarkeit der hepatischen Venen aufzeigen)
- ^{99m}Tc-Szintigraphie (bei Patienten mit Lebervenenthrombus evtl. Darstellung eines Uptake in der Region des Lobus caudatus)

Laborwerte

Best Test(s)
- Ø

Ergänzende Tests
- GOT, GPT, AP
- Bilirubin, Thrombozyten
- Virushepatitis-Titer
- ANA, α_1-Antitrypsin-Spiegel, Coeruloplasmin-Spiegel, Anti-SMA-Antikörper, antimitochondriale Antikörper
- Toxikologie-Screening

Diagnostischer Algorithmus

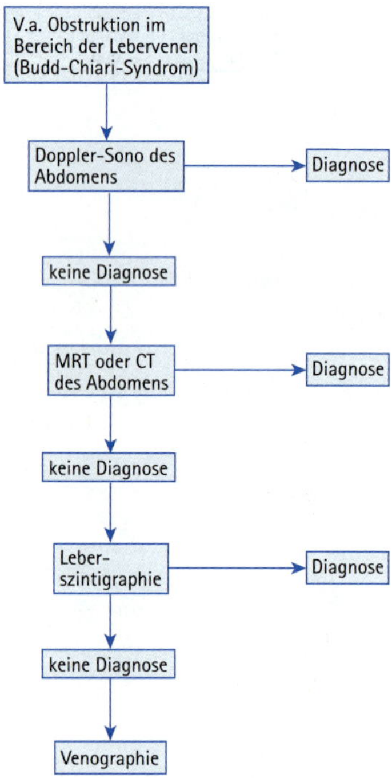

46. Cholangitis

Bilddiagnostik

Best Test(s)

- Abdomen-Sonographie ist das bevorzugte initiale Screeningverfahren. Es erlaubt die Darstellung der Gallenblase und der Gallengänge und damit eine Unterscheidung zwischen extrahepatischer und intrahepatischer Obstruktion. Das Verfahren ist nur wenig sensitiv, aber besitzt eine hohe Spezifität zur Darstellung von Steinen im Ductus choledochus

Ergänzende Tests

- Das Abdomen-CT ist ungenau bei Gallensteinen, aber sensitiver als die Sonographie zur Darstellung der distalen, abführenden Gallengänge. Eine genauere Bestimmung von Neoplasien ist damit ebenfalls möglich
- Eine ERCP ist indiziert, wenn CT und Sonographie ergebnislos sind. Sie kann eine Obstruktion und deren Grad bestätigen, erlaubt die Entnahme von Proben für bakterielle Kulturen und Zytologie, und ermöglicht die Entlastung der Obstruktion
- Die MRCP ist hilfreich zur bildlichen Darstellung des Ductus choledochus und des Obstruktionsgrades

Laborwerte

Best Test(s)

- Großes Blutbild mit Differentialblutbild
- 2 × Blutkulturen

Ergänzende Tests

- Serum-Amylase, Lipase
- GPT, GOT, AP, Bilirubin

Teil III

Diagnostischer Algorithmus

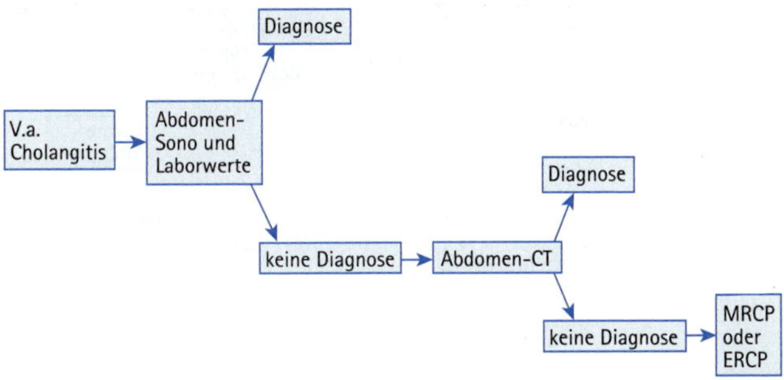

47. Cholelithiasis

Bilddiagnostik

Best Test(s)
- Sonographie der Gallenblase zum Nachweis von Steinen und biliärem „Sludge" (Sensitivität 95 %, Spezifität 90 %)

Ergänzende Tests
- Abdomen-CT ist hilfreich bei Patienten mit ergebnisloser Sonographie z.A. einer Neoplasie oder eines Abszesses, die eine Cholelithiasis vortäuschen. Das CT besitzt jedoch eine geringere Sensitivität als die Sonographie zur Diagnose einer Cholelithiasis

Laborwerte

Best Test(s)
- Ø

Ergänzende Tests
- Blutfettwerte

Diagnostischer Algorithmus

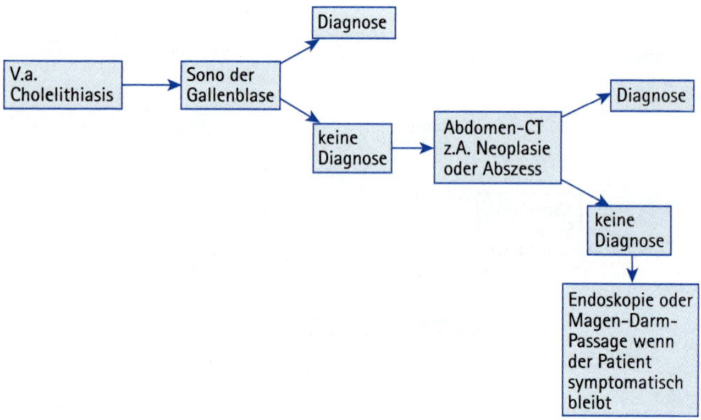

48. Cholezystitis

Bilddiagnostik

Best Test(s)
- Sonographie der Gallenblase

Ergänzende Tests
- HIDA-Szintigraphie ist hilfreich bei V.a. nicht-steinbedingte Cholezystitis oder bei ergebnisloser Sonographie
- Abdomen-CT ist hilfreich bei V.a. Abszess, Neoplasie oder Pankreatitis

Laborwerte

Best Test(s)
- Großes Blutbild mit Differentialblutbild

Ergänzende Tests
- AP
- GOT, GPT, Bilirubin
- Serum-Amylase

Diagnostischer Algorithmus

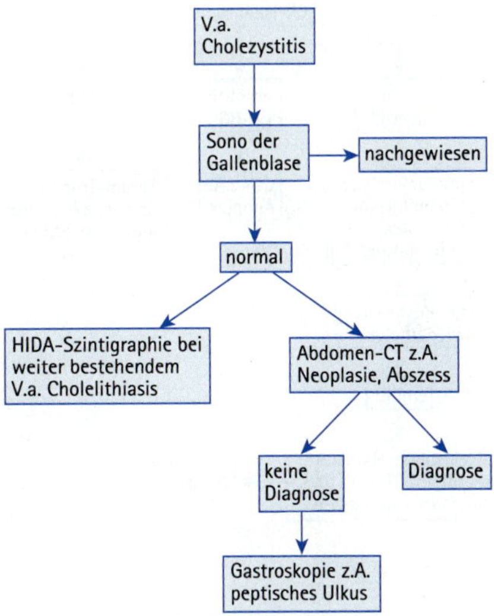

49. CK-Erhöhung

Bilddiagnostik

Best Test(s)

- Ø

Ergänzende Tests

- Ø

Laborwerte

Best Test(s)

- Bestimmung der CK-Isoenzyme

Ergänzende Tests

- Serum-Troponin-Spiegel
- Großes Blutbild, Elektrolyte, Harnstoff, GPT, Kreatinin
- TSH, Urin-Status

Diagnostischer Algorithmus

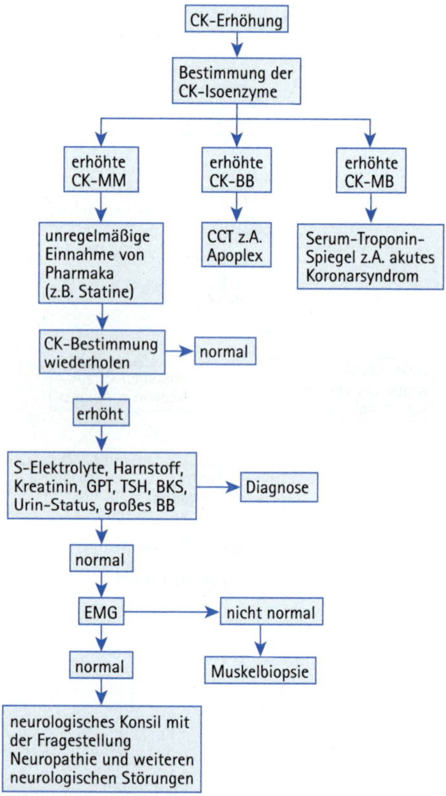

50. Claudicatio

Bilddiagnostik

Best Test(s)

- Doppler-Sonographie, um den systolischen arteriellen Blutdruck und den Knöchel-Arm-Index zu messen. Das Verhältnis von Blutdruck am Knöchel zu Blutdruck am Arm liegt normalerweise bei 1. Bei einer Claudicatio liegen die Werte bei 0,5 bis 0,8. Bei Patienten mit Ruheschmerz oder bevorstehender Amputation liegt das Verhältnis bei ≤ 0,3.

Ergänzende Tests

- Die Doppler-Sonographie kann eingesetzt werden, um Verschlussareale zu lokalisieren und die Durchgängigkeit des peripheren arteriellen Systems oder mögliche Venentransplantate zu beurteilen
- Eine Angiographie ist nur bei bevorstehender chirurgischer Rekonstruktion indiziert
- Abklärung von Koronarstatus und kraniellen Gefäßen, die meist mitbetroffen sind

Laborwerte

Best Test(s)

- Ø

Ergänzende Tests

- Nüchternblutzucker
- Blutfettwerte
- Kreatinin

Diagnostischer Algorithmus

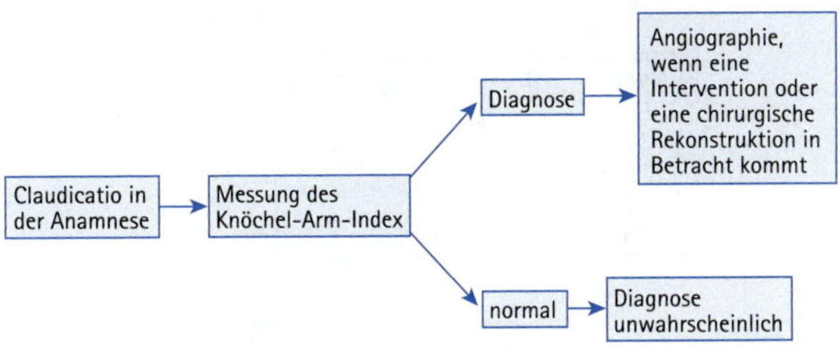

51. Cushing-Syndrom

Bilddiagnostik

Best Test(s)
- MRT oder CT der Nebennieren mit i.v. Kontrastmittel bei V.a. adrenales Cushing-Syndrom
- Kraniales MRT mit Gadolinium bei V.a. hypophysäres Cushing-Syndrom

Ergänzende Tests
- Thorax-CT bei Patienten mit ektopischer ACTH-Produktion z.A. pulmonaler, renaler oder Pankreas-Neoplasien

Laborwerte

Best Test(s)
- Dexamethason-Hemmtest (über Nacht)
- Plasma-Kortisol

Ergänzende Tests
- Elektrolyte, Kreatinin, Dextrose

Diagnostischer Algorithmus

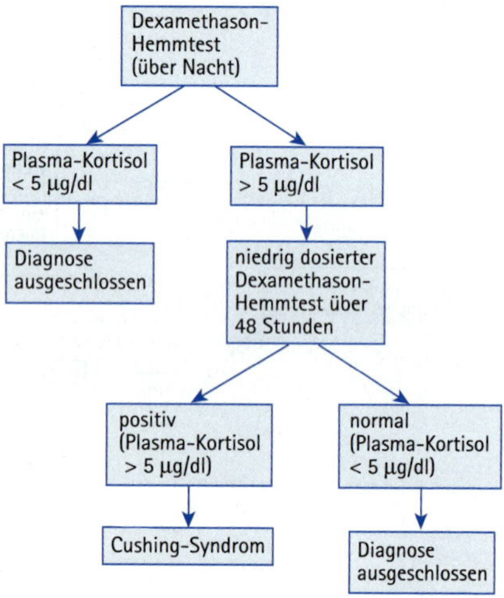

52. Delirium

Bilddiagnostik

Best Test(s)
- CCT ohne Kontrastmittel z.A. subdurales Hämatom, Blutung

Ergänzende Tests
- Röntgen-Thorax

Laborwerte

Best Test(s)
- Je nach klinischem Verdacht und Ergebnis der körperlichen Untersuchung (z.B. toxikologisches Screening bei V.a. Medikamenten-Abusus, Liquoruntersuchung bei V.a. Enzephalitis oder Meningitis, großes Blutbild mit Differentialblutbild bei V.a. infektiösen Prozess)

Ergänzende Tests
- 2 × Blutkulturen
- GOT, GPT
- TSH, Vitamin-B_{12}-Spiegel
- Harnstoff, Kreatinin, Urin-Status
- BGA's oder Pulsoxymetrie
- Serum-Elektrolyte, Glukose, Kalzium, Phosphat, Magnesium

Diagnostischer Algorithmus

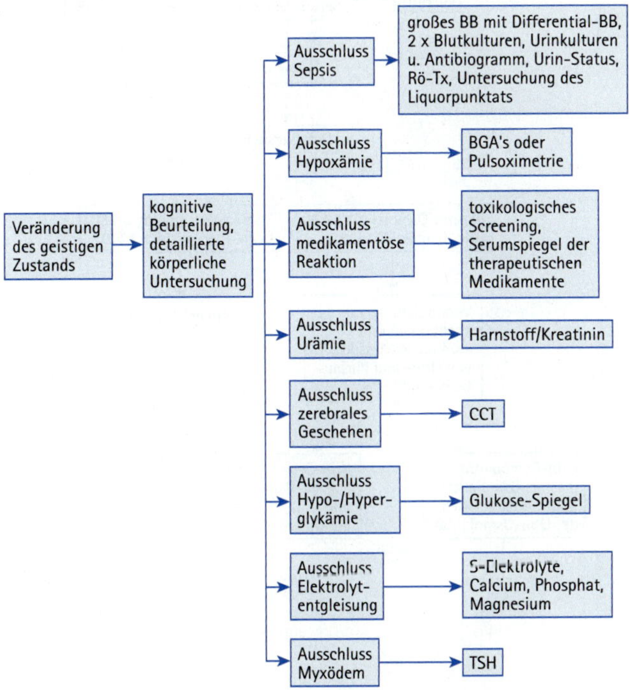

53. Diabetes insipidus

Bilddiagnostik

Best Test(s)
- Ø

Ergänzende Tests
- Kraniales MRT mit Gadolinium, bei nachgewiesenem Diabetes insipidus centralis

Laborwerte

Best Test(s)
- Durstversuch

Ergänzende Tests
- Nüchternblutzucker
- Urin-Status (spezifisches Gewicht < 1,005; ohne Glukosurie)
- Urin-Osmolalität (< 50 mosmol/kg)
- Plasma-Osmolalität (erhöht)
- Serum-Elektrolyte, Kalzium, Harnstoff, Kreatinin

Diagnostischer Algorithmus

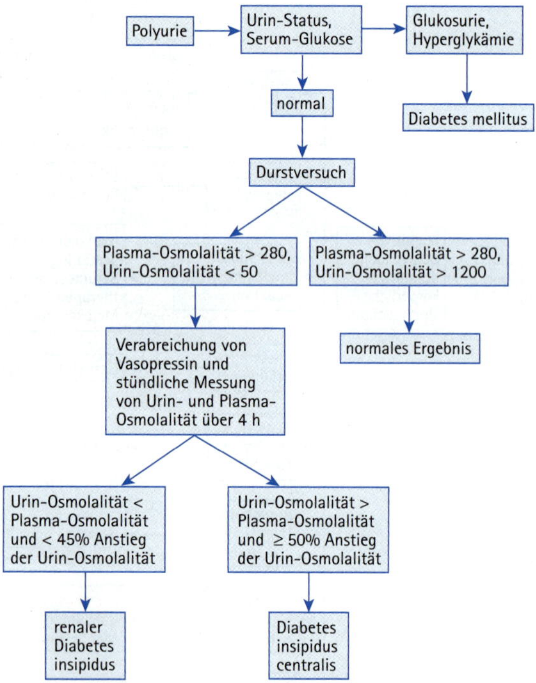

54. Diarrhoe

Bilddiagnostik

Best Test(s)

- ∅

Ergänzende Tests

- Dünndarmdarstellung bei V.a. Malabsorption

Laborwerte

Best Test(s)

- Stuhl auf Eier und Parasiten
- 3 × Stuhl auf okkultes Blut
- Sudan-Färbung des Stuhls (positiv bei Malabsorption, Schleimhauterkrankungen, Pankreasinsuffizienz, insuffizienter Gallensäureproduktion)
- 2 × Stuhl-Osmolalität

Ergänzende Tests

- Serum-Elektrolyte, Harnstoff, Kreatinin
- Natrium und Kalium im Stuhl
- Großes Blutbild mit Differentialblutbild
- Stuhl auf Clostridium-difficile-Toxin
- GOT, GPT
- TSH, fT4
- Albumin, Gesamteiweiß, Glukose
- Stuhlkulturen auf E. coli, Shigella, Salmonella, Yersinia, Campylobacter, Entamoeba histolytica
- Anti-Gliadin-IgA-Antikörper, Anti-Endomysium-IgA-Antikörper
- Kolonbiopsie

Diagnostischer Algorithmus

vgl. folgende Seite

Diagnostischer Algorithmus

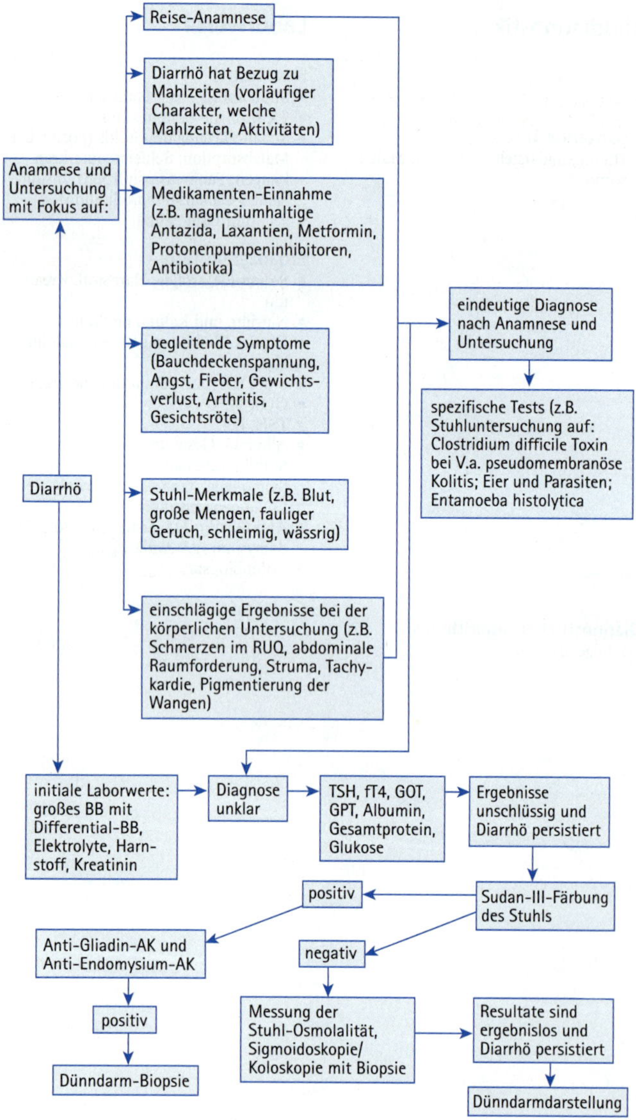

55. Divertikulitis

Bilddiagnostik

Best Test(s)

- Abdomen- und Becken-CT mit oralem und i.v. Kontrastmittel (typische Zeichen sind verdickte Darmwände und Abszesshöhlen)

Ergänzende Tests

- ∅

Laborwerte

Best Test(s)

- Großes Blutbild mit Differentialblutbild
- 2 × Blutkulturen

Ergänzende Tests

- Urin-Status
- GPT, Kreatinin
- Schwangerschaftstest bei Frauen im gebärfähigen Alter

Diagnostischer Algorithmus

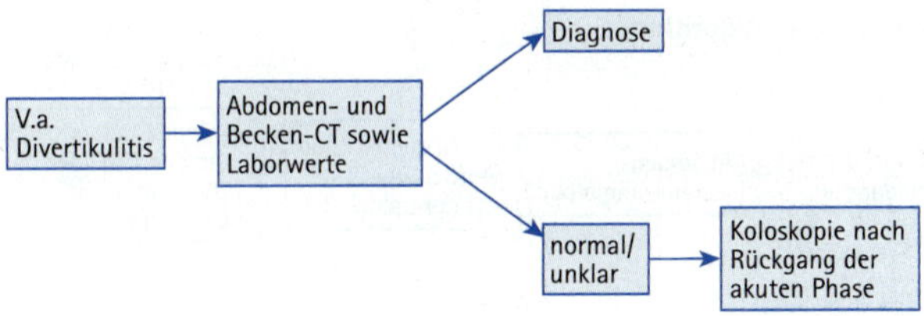

56. Dünndarmileus

Bilddiagnostik

Best Test(s)

- Abdomenleeraufnahme (anterior-posterior) ist die beste Initialuntersuchung

Ergänzende Tests

- Mit Hilfe von Abdomen- und Becken-CT mit i.v. Kontrastmittel kann die Obstruktion nachgewiesen werden
- Dünndarmdarstellung kann notwendig sein, um den Grad der Obstruktion zu bestimmen

Laborwerte

Best Test(s)

- Ø

Ergänzende Tests

- Großes Blutbild mit Differentialblutbild
- Serum-Elektrolyte, Harnstoff, Kreatinin
- GOT, GPT, AP
- Urin-Status, Urin-Kulturen u. Antibiogramm
- Glukose, Amylase

Diagnostischer Algorithmus

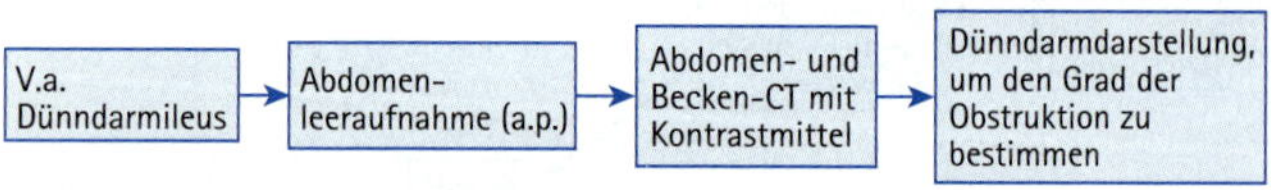

57. Dysphagie

Bilddiagnostik

Best Test(s)
- Barium-Breischluck

Ergänzende Tests
- Ösophagogastroskopie
- Ösophagus-Manometrie

Laborwerte

Best Test(s)
- ∅

Ergänzende Tests
- Großes Blutbild

Diagnostischer Algorithmus

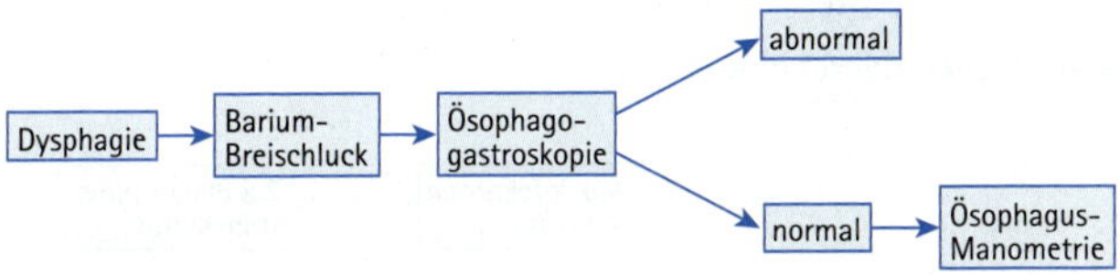

58. Dyspnoe

Bilddiagnostik

Best Test(s)
- Röntgen-Thorax

Ergänzende Tests
- EKG
- Echokardiographie
- Lungenfunktionstest
- Thorax-CT oder V/Q-Scan

Laborwerte

Best Test(s)
- Großes Blutbild (z.A. Anämie, Infektion)

Ergänzende Tests
- BGA oder Pulsoxymetrie (z.A. Lungenembolie)
- TSH
- Serum-Elektrolyte, Harnstoff, Kreatinin

Diagnostischer Algorithmus

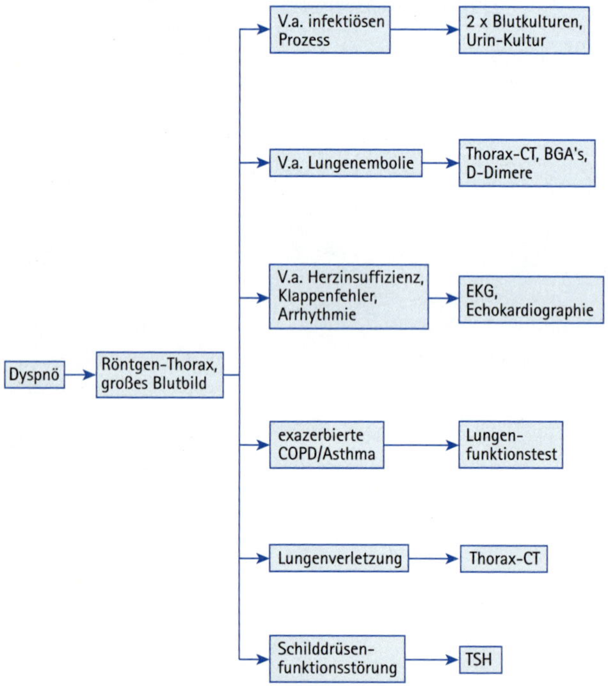

59. Dysurie

Bilddiagnostik

Best Test(s)
- ∅

Ergänzende Tests
- Becken-Sonographie

Laborwerte

Best Test(s)
- Gram-Färbung, Bakterienkulturen und Antibiogramm vom urethralen Ausfluss

Ergänzende Tests
- Urin-Status, Urinkulturen und Antibiogramm
- TPHA-Test, HIV

Diagnostischer Algorithmus

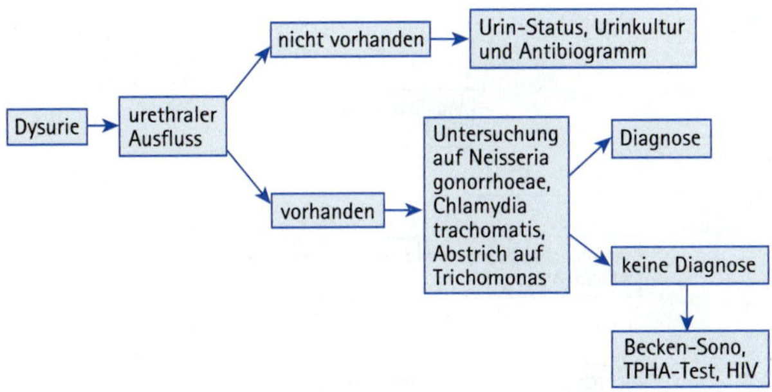

60. Echinokokkeninfektion

Bilddiagnostik

Best Test(s)
- Abdomen und Thorax-CT mit i.v. Kontrastmittel

Ergänzende Tests
- Abdomen-Sonographie, wenn CT kontraindiziert ist

Laborwerte

Best Test(s)
- Histologische Untersuchung der Zyste oder des Zysten-Punktats (erhalten durch Punktion oder Resektion)

Ergänzende Tests
- Echinokokkus-granulosus-Antikörper-Suchtest mit ELISA und Western-Blot (Sensitivität und Spezifität für Leberzysten > 90 %, aber ungenaues Verfahren bei Zysten in anderen Regionen)

Diagnostischer Algorithmus

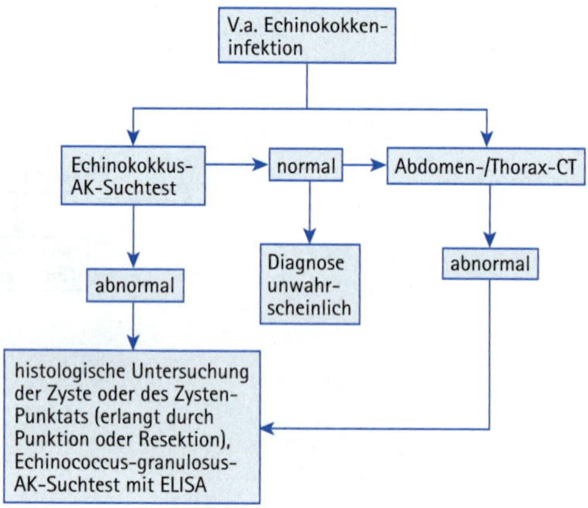

61. Endokarditis, infektiöse

Bilddiagnostik

Best Test(s)
- Transösophageale Echokardiographie (TEE)

Ergänzende Tests
- Transthorakale Echokardiographie (TTE), wenn eine TEE nicht schnell verfügbar ist oder der Patient unkooperativ ist

Laborwerte

Best Test(s)
- 3 × Blutkulturen

Ergänzende Tests
- Großes Blutbild mit Differentialblutbild
- BKS (nicht spezifisch)
- Urin-Status

Diagnostischer Algorithmus

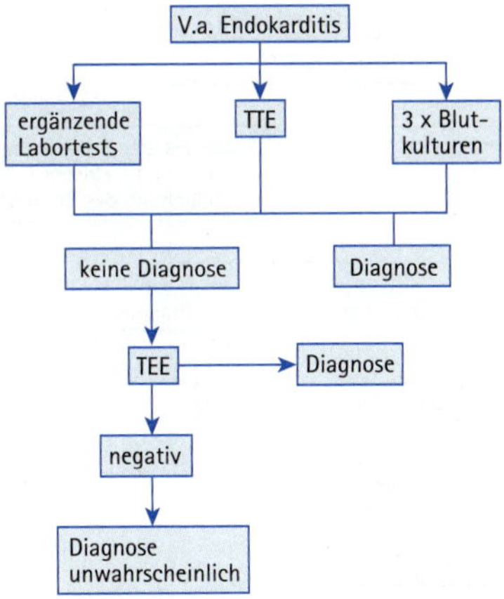

62. Endometriose

Bilddiagnostik

Best Test(s)

- Ø

Ergänzende Tests

- Becken-Sonographie mit Fragestellung Adnex-Tumor
- Abdomen-MRT

Laborwerte

Best Test(s)

- Ø

Ergänzende Tests

- CA 125 (bei einem Wert > 35 U/ml beträgt der positive Vorhersagewert 0,58 und der negative Vorhersagewert 0,96 für Endometriose)

Diagnostischer Algorithmus

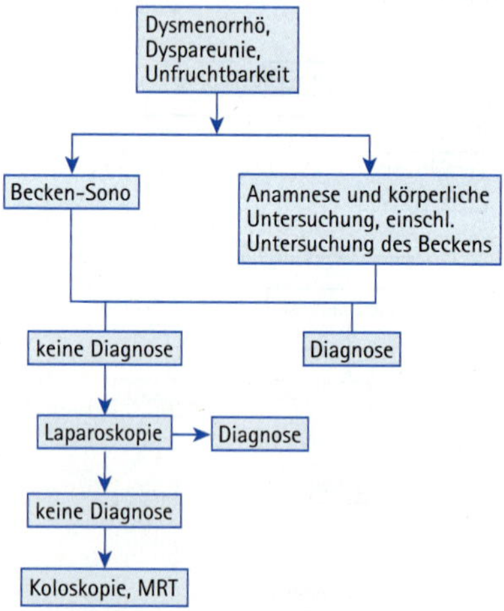

63. Enuresis (Bettnässen)

Bilddiagnostik

Best Test(s)

- ∅

Ergänzende Tests

- CT-Untersuchung von Nieren und Harnblase
- Untersuchung im Schlaflabor

Laborwerte

Best Test(s)

- Urin-Status, Urinkulturen und Antibiogramm

Ergänzende Tests

- Nüchternblutzucker, Elektrolyte, Harnstoff, Kreatinin

Diagnostischer Algorithmus

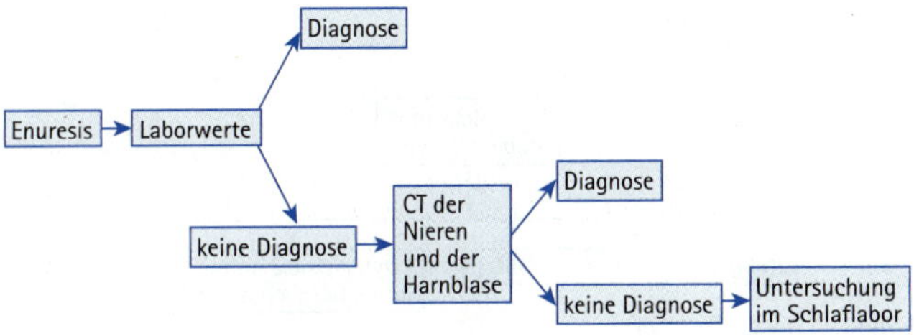

64. Epiglottitis

Bilddiagnostik

Best Test(s)
- Laryngoskopie

Ergänzende Tests
- Röntgen-Thorax einschließlich Larynx (bei > 20 % der Epiglottitis-Fälle ist eine Pneumonie nachweisbar)
- Sonographie der Halsregion (V.a. Struma oder andere Tumoren)

Laborwerte

Best Test(s)
- ∅

Ergänzende Tests
- Großes Blutbild mit Differentialblutbild
- 2 × Blutkulturen
- Abstrich und Kulturen der Epiglottis (sollte nur unter kontrollierten Bedingungen gewonnen werden, z. B. im OP)

Diagnostischer Algorithmus

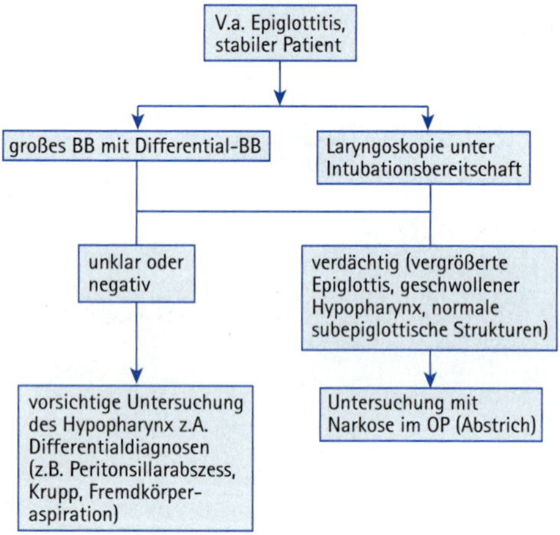

65. Erschöpfung, chronische

Bilddiagnostik

Best Test(s)
- Ø

Ergänzende Tests
- Röntgen-Thorax
- EKG
- Polysomnographie

Laborwerte

Best Test(s)
- Großes Blutbild mit Differentialblutbild

Ergänzende Tests
- TSH, Vitamin-B_{12}-Spiegel
- Elektrolyte, Harnstoff, Kreatinin
- GPT, Nüchternblutzucker
- EBV-Titer, CMV-Titer
- BKS (unspezifisch)

Diagnostischer Algorithmus

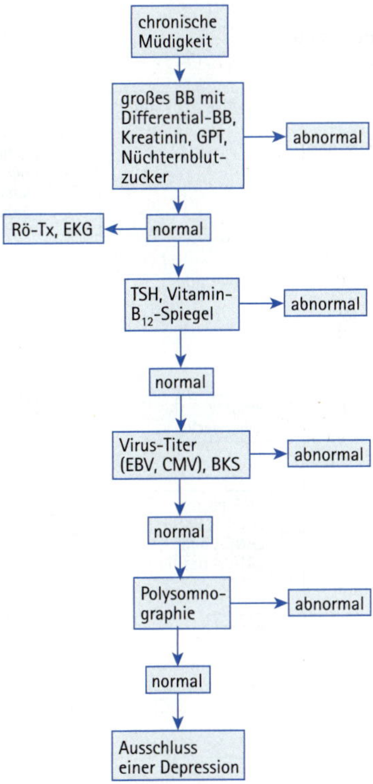

66. Fieber unklarer Ursache

Bilddiagnostik

Best Test(s)
- Ø

Ergänzende Tests
- Röntgen-Thorax
- Echokardiographie (bei positiven Blutkulturen oder klinischem V.a. subakute bakterielle Endokarditis)
- Thorax-/Abdomen-/Becken-CT

Laborwerte

Best Test(s)
- Ø

Ergänzende Tests
- Großes Blutbild mit Differentialblutbild
- 2 × Blutkulturen
- Urin-Status, Urinkulturen und Antibiogramm
- BKS, ANA
- GPT, GOT, Kreatinin
- HIV, PPD
- cANCA, pANCA
- D-Dimere (V.a. Thrombose)

Diagnostischer Algorithmus

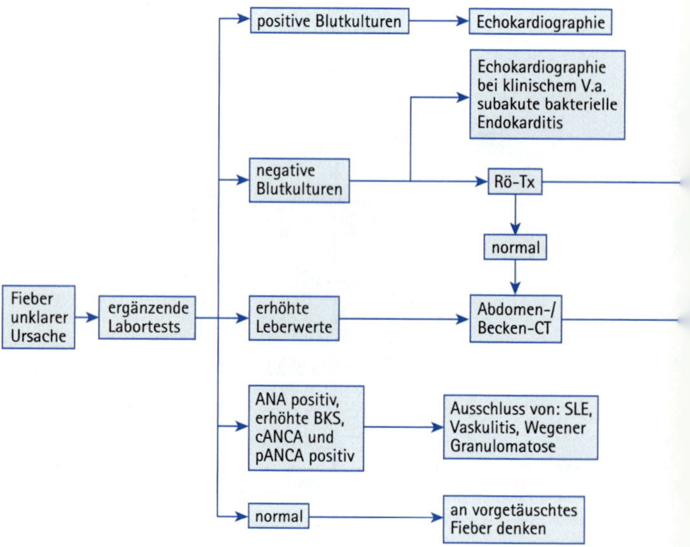

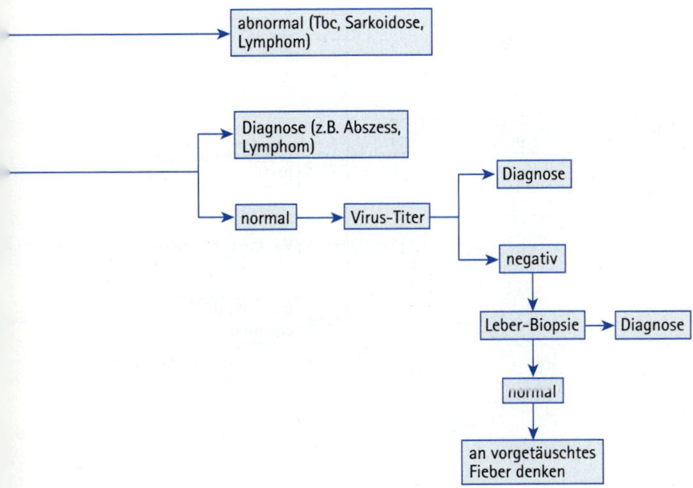
abnormal (Tbc, Sarkoidose, Lymphom)
Diagnose (z.B. Abszess, Lymphom)
normal
Virus-Titer
Diagnose
negativ
Leber-Biopsie
Diagnose
normal
an vorgetäuschtes Fieber denken

67. Gelenkerguss

Bilddiagnostik

Best Test(s)
- Röntgenaufnahme des betroffenen Gelenks bei Trauma in der Anamnese

Ergänzende Tests
- MRT des betroffenen Gelenks bei V.a. Bandverletzung
- CT, wenn die vermutete Fraktur auf der Röntgen-Nativaufnahme nicht sichtbar ist

Laborwerte

Best Test(s)
- Gelenkpunktion mit Analyse des Punktats (Gram-Färbung, Kulturen u. Antibiogramm, Zell-Zählung u. -Differenzierung, Untersuchung auf Kristalle unter dem Polarisationsmikroskop)

Ergänzende Tests
- Lyme-Titer in endemischen Regionen
- Thayer-Martin-Medium (Gonokokken-Nachweis)
- Anaerobe Kulturen
- TB- und Pilz-Kulturen

Diagnostischer Algorithmus

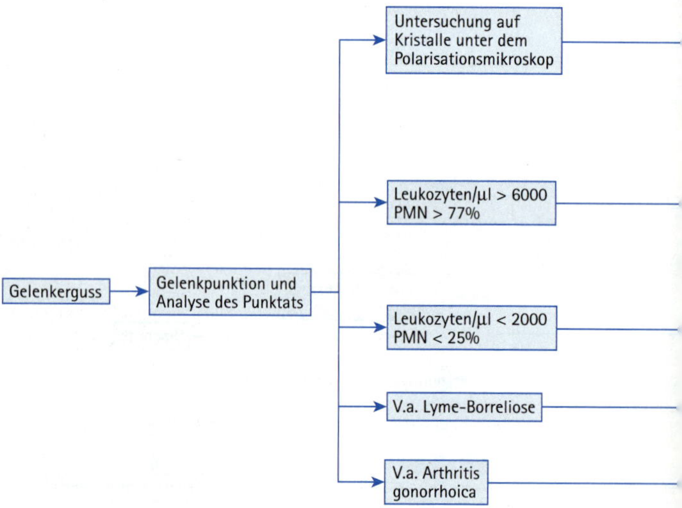

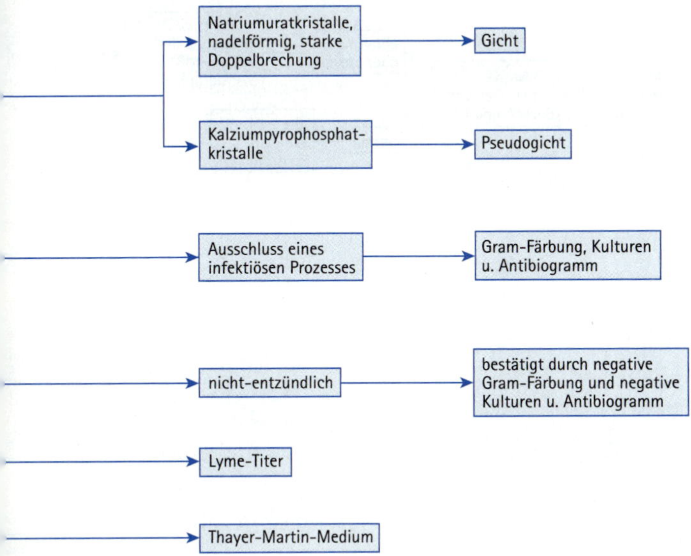
Natriumuratkristalle, nadelförmig, starke Doppelbrechung
Gicht
Kalziumpyrophosphat-kristalle
Pseudogicht
Ausschluss eines infektiösen Prozesses
Gram-Färbung, Kulturen u. Antibiogramm
nicht-entzündlich
bestätigt durch negative Gram-Färbung und negative Kulturen u. Antibiogramm
Lyme-Titer
Thayer-Martin-Medium

68. Gelenkschmerzen, sakroiliakale

Bilddiagnostik

Best Test(s)
- Röntgen-Nativaufnahmen des Beckens und der LWS (anterior-posterior) sind die besten Initialuntersuchungen

Ergänzende Tests
- Becken-MRT ohne Kontrastmittel oder Szintigraphie (nur in ausgewählten Fällen)

Laborwerte

Best Test(s)
- ∅

Ergänzende Tests
- Großes Blutbild
- BKS (unspezifisch)
- Serum-Kalzium, AP
- ANA

Diagnostischer Algorithmus

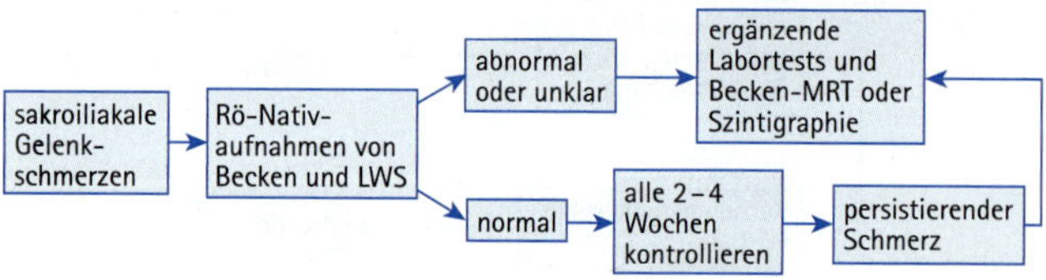

69. Gerinnung, disseminierte intravasale (DIC)

Bilddiagnostik

Best Test(s)

- ∅

Ergänzende Tests

- Röntgen-Thorax z.A. infektiöser Prozess bei Patienten mit pulmonalen Symptomen

Laborwerte

Best Test(s)

- Quick/INR, PTT, Fibrinogen-Spaltprodukte (FSP), D-Dimere
- Fibrinogen-Spiegel, Thrombozyten

Ergänzende Tests

- GOT, GPT z.A. von Lebererkrankungen
- Faktor V, VIII

Diagnostischer Algorithmus

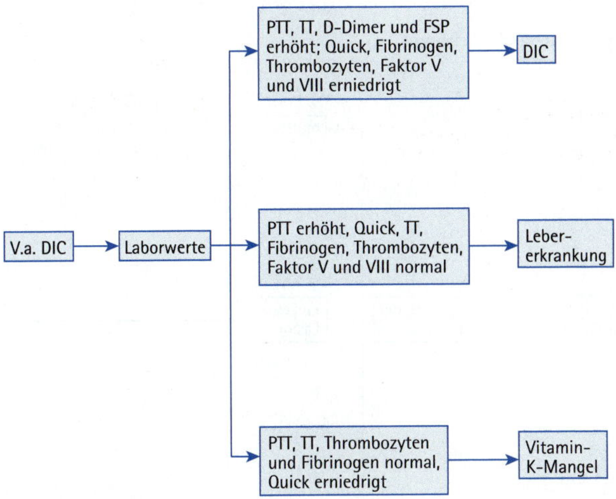

70. Genitale Läsionen/Ulcera

Bilddiagnostik

Best Test(s)
- Ø

Ergänzende Tests
- Ø

Laborwerte

Best Test(s)
- Variabel, je nach Art und Aussehen der Läsion

Ergänzende Tests
- TPHA-Test
- Biopsie der Läsion
- LGV-Komplement-Fixation
- Chlamydia trachomatis-Immunfluoreszenz-Test
- Serologie oder Virustiter auf HSV (Herpes-simplex-Virus)
- HIV

Diagnostischer Algorithmus

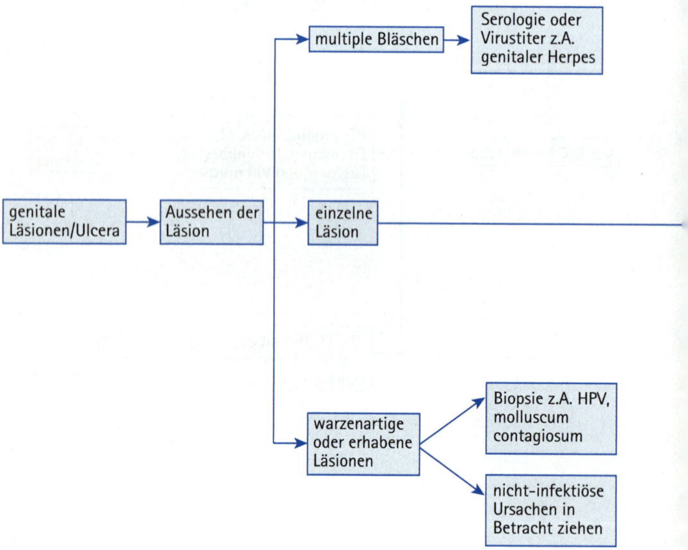

Teil III

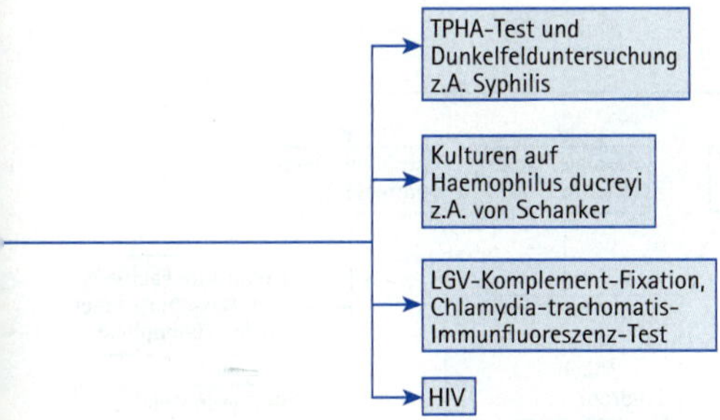
TPHA-Test und Dunkelfelduntersuchung z.A. Syphilis
Kulturen auf Haemophilus ducreyi z.A. von Schanker
LGV-Komplement-Fixation, Chlamydia-trachomatis-Immunfluoreszenz-Test
HIV

71. Gerinnungsstörung, kongenitale

Bilddiagnostik

Best Test(s)
- Ø

Ergänzende Tests
- Ø

Laborwerte

Best Test(s)
- Quick/INR, PTT

Ergänzende Tests
- Thrombozyten
- Blutgerinnsel-Stabilitäts-Test
- Plasma-Thrombinzeit (PTZ)
- Faktor VIII, IX
- Blutungszeit
- Fibrinogen-Spiegel
- Faktor II, V, X, XIII

Diagnostischer Algorithmus

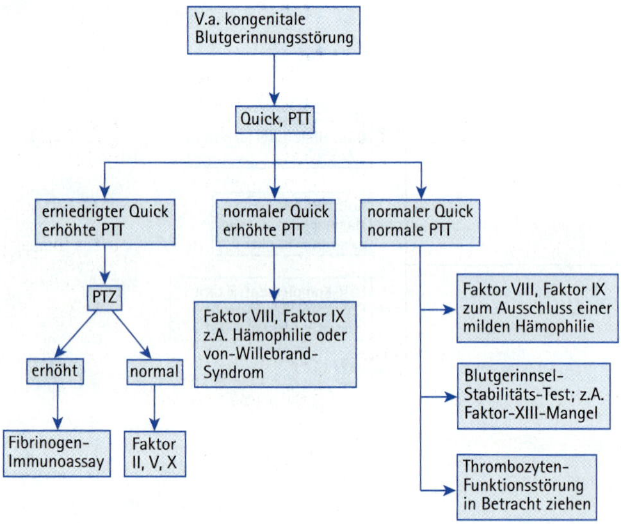

72. Gicht

Bilddiagnostik

Best Test(s)
- ∅

Ergänzende Tests
- Röntgen-Nativaufnahmen des betroffenen Gelenks bei unklarer Diagnose

Laborwerte

Best Test(s)
- Untersuchung der Synovialflüssigkeit nach Punktion des betroffenen Gelenks auf Natriumuratkristalle (spitz, nadelartig, doppelbrechend)

Ergänzende Tests
- Serum-Harnsäure-Spiegel
- Großes Blutbild mit Differentialblutbild, BKS bei V.a. infektiösen Prozess
- Gram-Färbung, Kulturen u. Antibiogramm von Synovialflüssigkeit nach der Punktion

Diagnostischer Algorithmus

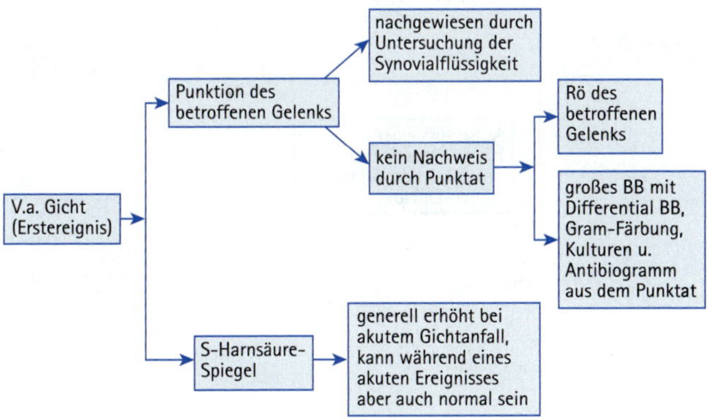

73. Gewichtsverlust, unbeabsichtigter

Bilddiagnostik

Best Test(s)
- Ø

Ergänzende Tests
- Röntgen-Thorax

Laborwerte

Best Test(s)
- TSH, freies T_4

Ergänzende Tests
- Großes Blutbild, Glukose
- BKS (unspezifisch)
- GPT, Kreatinin, Serum-Albumin
- Urin-Status

Diagnostischer Algorithmus

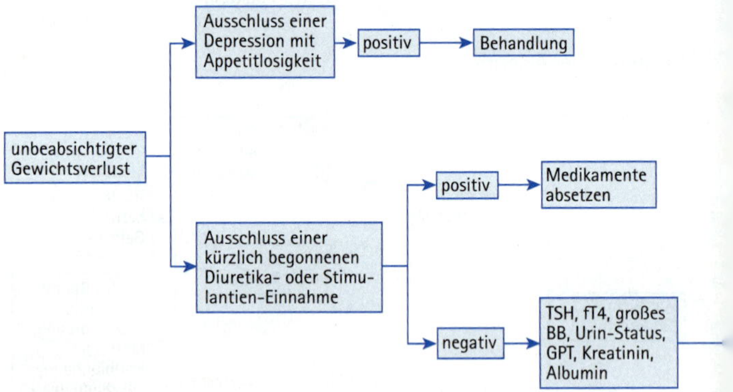

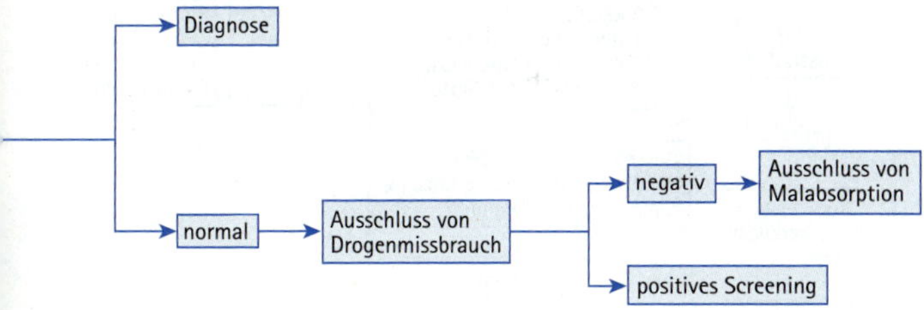
Diagnose
normal
Ausschluss von Drogenmissbrauch
negativ
Ausschluss von Malabsorption
positives Screening

74. Gynäkomastie

Bilddiagnostik

Best Test(s)
- Ø

Ergänzende Tests
- Mammographie/Sonographie bei unilateraler Gynäkomastie
- MRT-Untersuchung der Hypophyse mit Kontrastmittel bei erhöhtem Prolaktin-Spiegel
- Sonographie der Hoden bei V.a. testikuläre Läsion

Laborwerte

Best Test(s)
- Serum-Testosteron, LH
- Prolaktin

Ergänzende Tests
- GOT, GPT, Kreatinin, Urin-Status
- Serum-Östradiol, βHCG

Diagnostischer Algorithmus

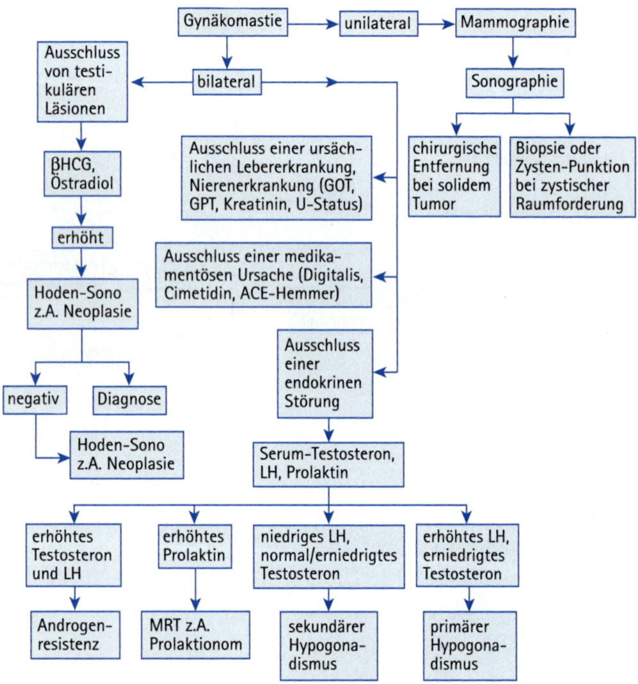

75. Hämatom, subdurales

Bilddiagnostik

Best Test(s)
- CCT ohne Kontrastmittel

Ergänzende Tests
- Ø

Laborwerte

Best Test(s)
- Ø

Ergänzende Tests
- Quick, PTT, Thrombozyten
- Großes Blutbild

Diagnostischer Algorithmus

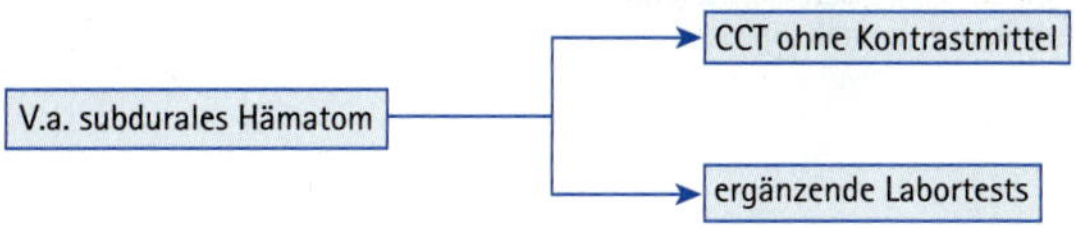

76. Hämaturie

Bilddiagnostik

Best Test(s)

- Sonographie von Nieren und Harnblase ist die beste Initialuntersuchung

Ergänzende Tests

- Abdomen- und Becken-CT ohne Kontrastmittel ist hilfreich z.A. renaler Raumforderungen und Nierensteine
- I.v. Ausscheidungsurographie ist in der Lage, die meisten Nierensteine und Papillennekrosen nachzuweisen

Laborwerte

Best Test(s)

- Mikroskopische Urinsediment-Untersuchung
- Urinkulturen und Antibiogramm

Ergänzende Tests

- 3 × Urin-Zytologie
- Harnstoff, Kreatinin
- Großes Blutbild, Thrombozyten, Quick, PTT

Diagnostischer Algorithmus

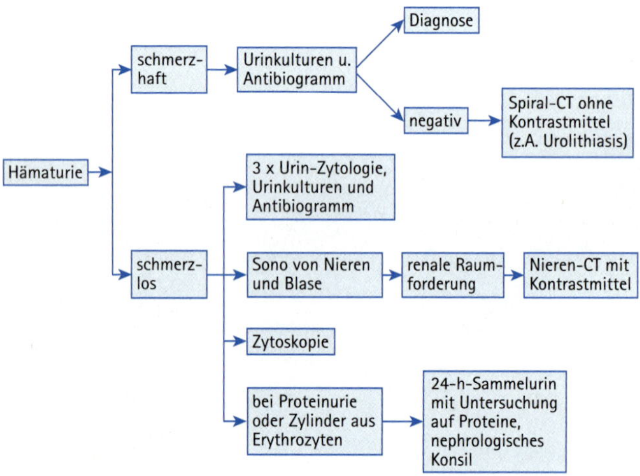

77. Hämochromatose

Bilddiagnostik

Best Test(s)

- ∅

Ergänzende Tests

- CT oder MRT der Leber ohne Kontrastmittel ist hilfreich z.A. anderer Ursachen erhöhter Leberenzyme. Die bildliche Darstellung der Leber kann eine Hypodensität des Lebergewebes zeigen und ist zudem hilfreich als Screeninguntersuchung auf Hepatome (erhöhtes Risiko bei Patienten mit Zirrhose)

Laborwerte

Best Test(s)

- Transferrinsättigung ist der beste Screeningtest
- Plasma-Ferritin ist ebenso ein guter Indikator für die Körpereisenspeicher, kann aber aus vielen anderen Ursachen ebenfalls erhöht sein (z. B. Entzündung, maligne Erkrankung)
- Messung des hepatischen Eisen-Index (hepatische Eisenkonzentration/Alter) aus einer Probe der Leberbiopsie kann die Diagnose bestätigen

Ergänzende Tests

- GOT, GPT, AP
- Genetische Untersuchung (HFE-Phenotypisierung auf C282Y- und H63D-Mutationen)

Teil III

Diagnostischer Algorithmus

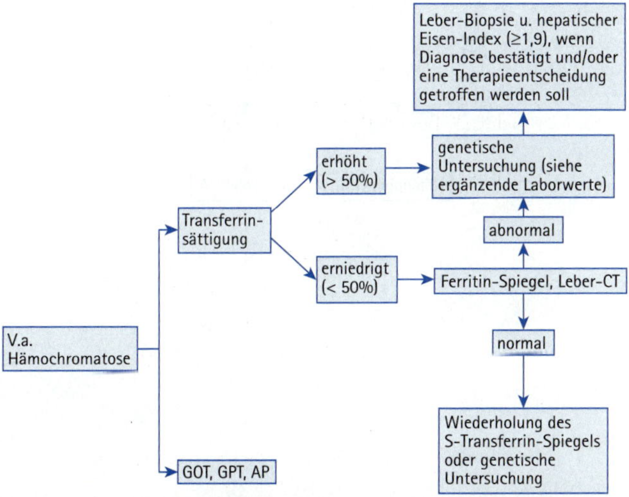

78. Hämophilie

Bilddiagnostik

Best Test(s)

- ∅

Ergänzende Tests

- ∅

Laborwerte

Best Test(s)

- Faktor VIII: C-Spiegel (erniedrigt bei Hämophilie A)
- Faktor-IX-Aktivität (erniedrigt bei Hämophilie B)

Ergänzende Tests

- PTT (verlängert)
- Quick, Faktor-VIII-Antigen, Fibrinogen-Spiegel, Blutungszeit (alle normal)
- Thrombozyten (normal), großes Blutbild

Diagnostischer Algorithmus

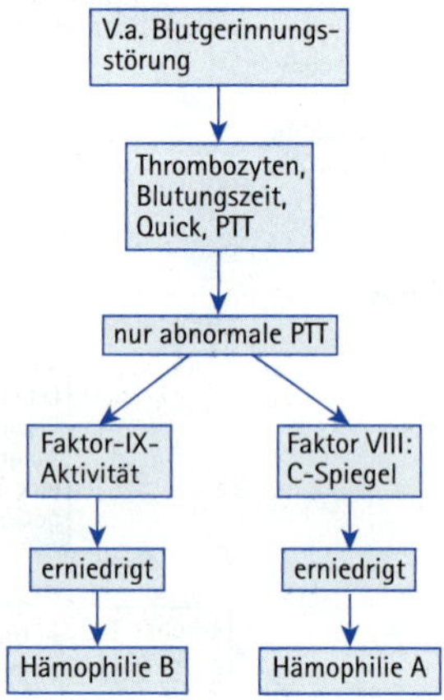

79. Hämoptyse

Bilddiagnostik

Best Test(s)
- Röntgen-Thorax

Ergänzende Tests
- Echokardiographie
- Thorax-CT

Laborwerte

Best Test(s)
- Ø

Ergänzende Tests
- Quick, PTT, Thrombozyten
- Sputum-Kulturen mit Antibiogramm und Gram-Färbung, Ziehl-Neelsen-Färbung
- Großes Blutbild
- BGA's

Diagnostischer Algorithmus

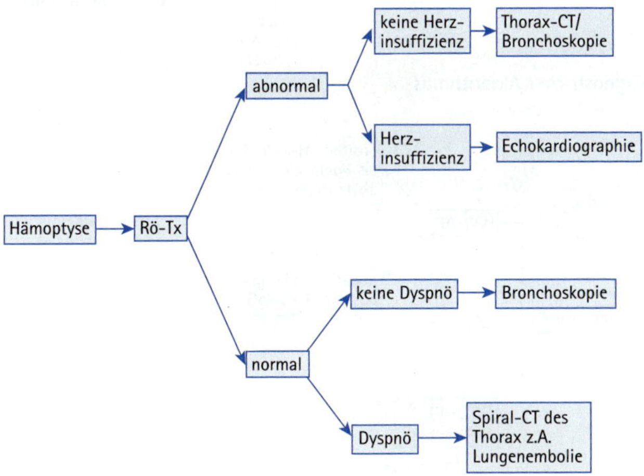

80. Hepatitis A

Bilddiagnostik

Best Test(s)
- ∅

Ergänzende Tests
- Leber-Sonographie oder Leber-CT bei Patienten mit fulminanter Hepatitis

Laborwerte

Best Test(s)
- Anti-HAV-IgM bestätigt die Diagnose. Es ist bei fast allen infizierten Patienten nachweisbar und bleibt 3 bis 6 Monate positiv

Ergänzende Tests
- Anti-HAV-IgG kann bei Krankheitsbeginn und während Kranheitsspitzen 6 bis 12 Monate nachweisbar sein. Es kann über Jahre persistieren
- GPT (stark erhöht), GOT (stark erhöht), AP (leicht erhöht), Bilirubin (erhöht)
- Quick ist in schweren Fällen erniedrigt

Diagnostischer Algorithmus

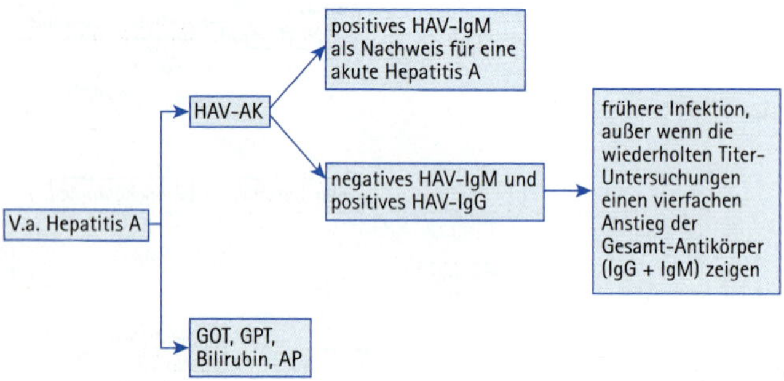

81. Hepatitis B, akute

Bilddiagnostik

Best Test(s)
- ∅

Ergänzende Tests
- Leber-Sonographie oder Leber-CT bei Patienten mit fulminanter Hepatitis

Laborwerte

Best Test(s)
- Nachweis von HBc-AK (IgM) bestätigt entweder eine akute Infektion oder ein frühes HBV-Stadium
- HBsAg kann bei akuter oder chronischer Hepatitis B nachgewiesen werden
- HBeAg ist ein Marker für eine akute Infektion

Ergänzende Tests
- GOT (stark erhöht), GPT (stark erhöht), AP (leicht erhöht), Bilirubin (erhöht)
- Quick/INR bei schweren Fällen beeinträchtigt

Diagnostischer Algorithmus

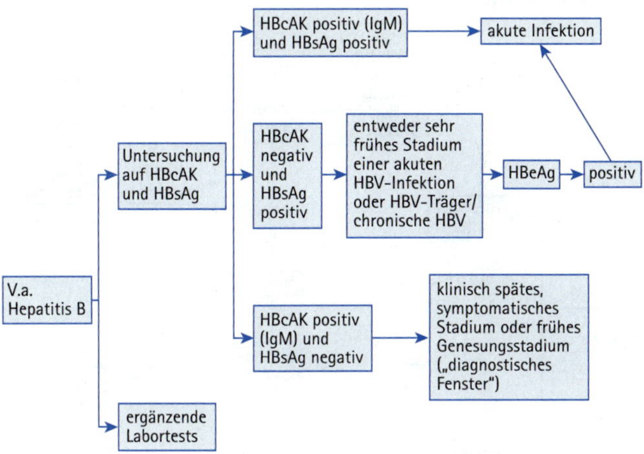

Teil III

82. Hepatitis C

Bilddiagnostik

Best Test(s)

- ∅

Ergänzende Tests

- Leber-Sonographie oder Leber-CT bei Patienten mit fulminanter Hepatitis oder chronischer Hepatitis C

Laborwerte

Best Test(s)

- HCV-RNA kann frühestens 1 bis 2 Wochen nach der Infektion nachgewiesen werden
- HCV-AK mit EIA zeigt eine erfolgte oder vorhandene Infektion, differenziert aber nicht zwischen akuter, chronischer oder durchgemachter Infektion. Alle positiven EIA-Resultate sollten durch eine zusätzliche Untersuchung abgeklärt werden (z.B. Immunoassay)

Ergänzende Tests

- GOT (stark erhöht), GPT (stark erhöht), AP (leicht erhöht), Bilirubin (erhöht)
- Quick (INR) bei schweren Fällen

Diagnostischer Algorithmus

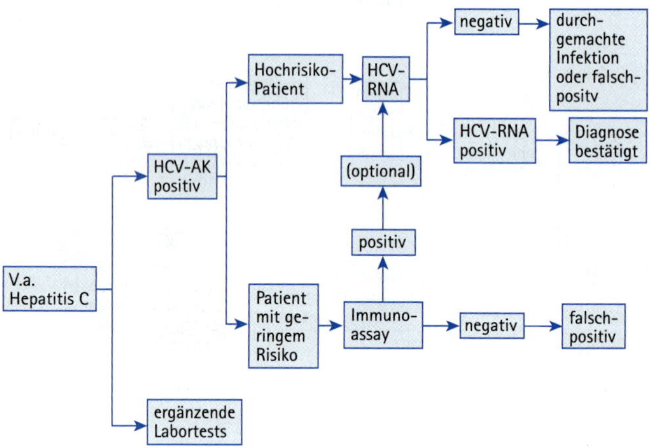

83. Hepatomegalie

Bilddiagnostik

Best Test(s)

- Abdomen-CT

Ergänzende Tests

- Abdomen-Sonographie, wenn ein CT kontraindiziert ist
- Echokardiographie bei V.a. Stauungsleber

Laborwerte

Best Test(s)

- Leberbiopsie

Ergänzende Tests

- GPT, GOT, AP
- Bilirubin, Hepatitis-Serologie, großes Blutbild
- Nüchternblutzucker, Serum-Albumin, INR

Diagnostischer Algorithmus

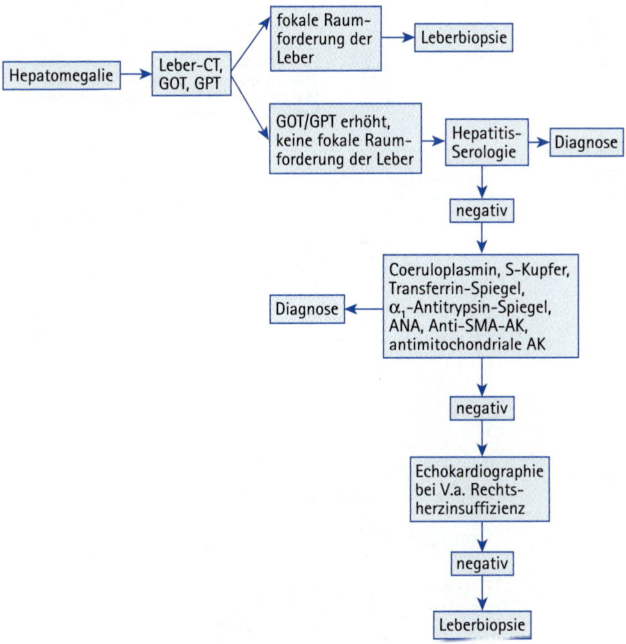

84. Hepatorenales Syndrom

Bilddiagnostik

Best Test(s)

- Ø

Ergänzende Tests

- Nieren-Sonographie z.A. renale Obstruktion

Laborwerte

Best Test(s)

- Berechnung der fraktionellen Natriumexkretion (FE_{Na})
  FE_{Na} = [Na (U) × Kreatinin (S)/ Na (S) × Kreatinin (U)] × 100

Ergänzende Tests

- Serum-Elektrolyte, Kreatinin, Harnstoff, Osmolalität
- NaCl im Urin, Urin-Osmolalität, Urin-Kreatinin

Diagnostischer Algorithmus

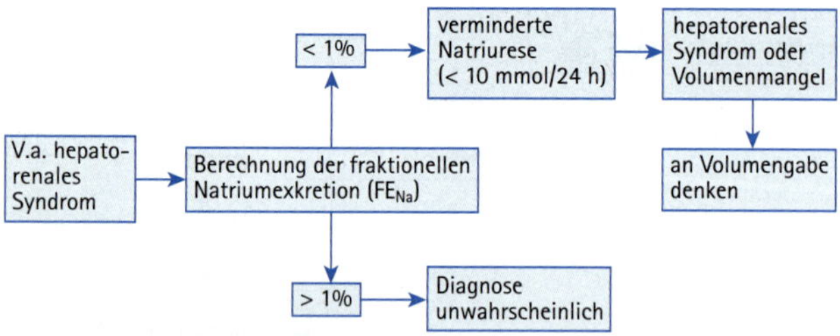

85. Hirnabszess

Bilddiagnostik

Best Test(s)
- MRT des Gehirns mit Kontrastmittel

Ergänzende Tests
- CCT mit Kontrastmittel, wenn MRT kontraindiziert ist
- Echokardiographie bei V.a. bakterielle Endokarditis als Streuherd für eine septische zerebrale Embolie

Laborwerte

Best Test(s)
- Großes Blutbild mit Differentialblutbild

Ergänzende Tests
- Blutkulturen (in 10 % der Fälle positiv)
- BKS

Diagnostischer Algorithmus

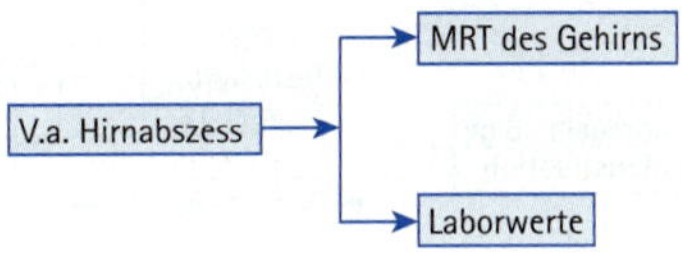

86. Hirsutismus

Bilddiagnostik

Best Test(s)
- ∅

Ergänzende Tests
- CT oder MRT der Nebennieren mit Kontrastmittel
- Becken-Sonographie
- MRT der Hypophyse

Laborwerte

Best Test(s)
- Serum-Testosteron, Dehydroepiandrosteron (DHEA), 17-Hydroxyprogesteron (17-OHP)

Ergänzende Tests
- Dexamethason-Hemmtest
- LH, FSH

Diagnostischer Algorithmus

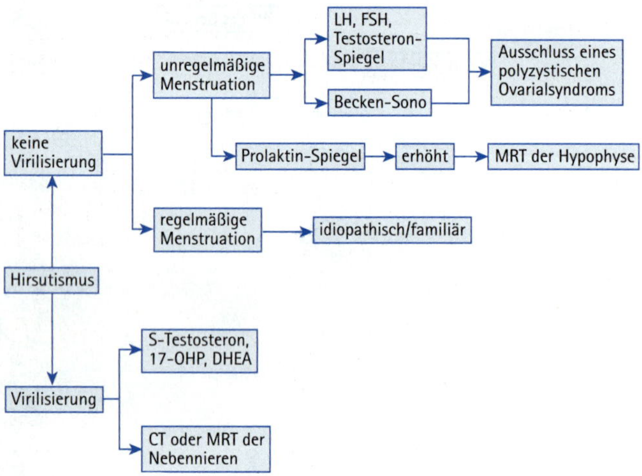

87. Hoden-Neoplasie

Bilddiagnostik

Best Test(s)
- Sonographie der Hoden ist die beste Initialuntersuchung

Ergänzende Tests
- Thorax-, Abdomen- und Becken-CT, wenn die Diagnose bestätigt ist

Laborwerte

Best Test(s)
- Serum-βhCG (erhöht)
- Serum-α1-Fetoprotein (erhöht)

Ergänzende Tests
- Serum-LDH

Diagnostischer Algorithmus

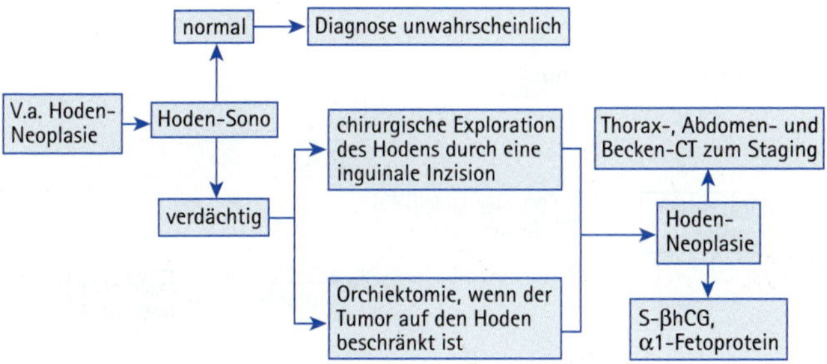

88. Hodentorsion

Bilddiagnostik

Best Test(s)

- Doppler-Sonographie der Hoden (Doppler-Flowmetrie)

Ergänzende Tests

- Hodenszintigraphie mit Technetium (^{99m}Tc) ist ebenfalls ein sehr gutes Verfahren, um den Blutfluss in den Hoden zu beurteilen (fehlender Blutfluss ist ein Hinweis auf eine Torsion)

Laborwerte

Best Test(s)

- Ø

Ergänzende Tests

- Ø

Diagnostischer Algorithmus

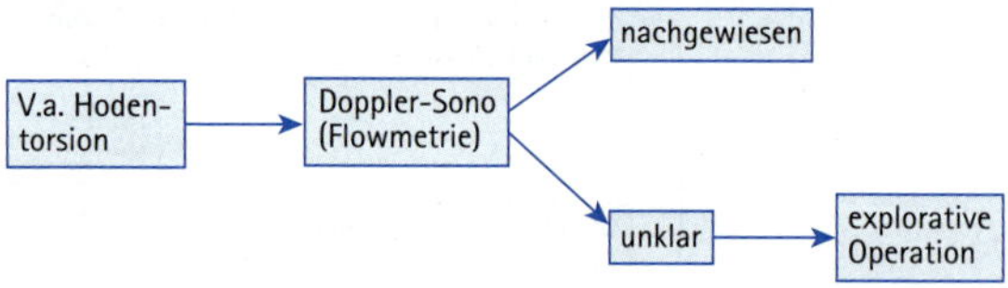

89. Hyperaldosteronismus (Conn-Syndrom)

Bilddiagnostik

Best Test(s)
- ∅

Ergänzende Tests
- MRT oder CT der Nebennieren mit Kontrastmittel zur Lokalisierung einer Neoplasie
- Nebennierenszintigraphie

Laborwerte

Best Test(s)
- Plasma-Aldosteron-Konzentration
- Plasma-Renin-Aktivität
- Aldosteron-/Renin-Quotient (ARQ)

Ergänzende Tests
- Serum-Elektrolyte
- NaCl-Belastungstest oder Fludrokortison-Belastungstest

Diagnostischer Algorithmus

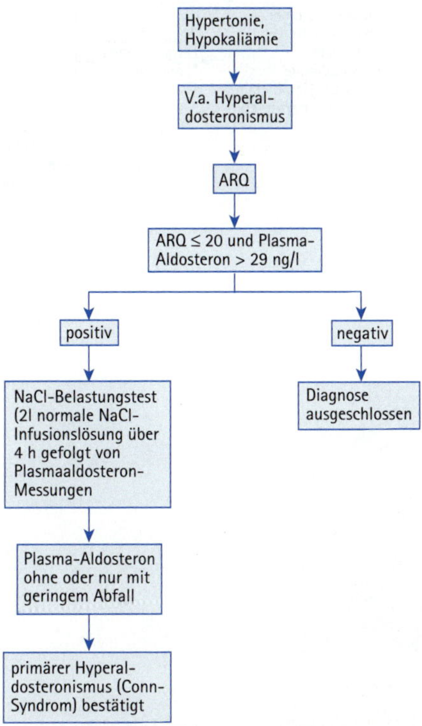

90. Hyperkaliämie

Bilddiagnostik

Best Test(s)
- Ø

Ergänzende Tests
- Ø

Laborwerte

Best Test(s)
- Serum-Kalium-Spiegel

Ergänzende Tests
- Serum-Elektrolyte, Harnstoff, Kreatinin
- Blutgase
- Glukose, großes Blutbild
- CK (bei V.a. Rhabdomyolyse)

Diagnostischer Algorithmus

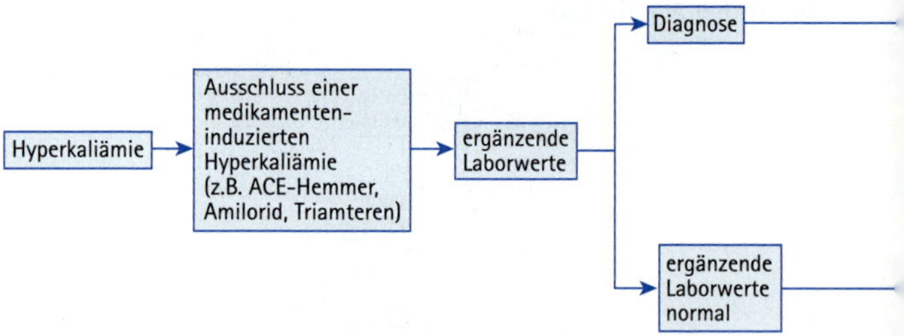

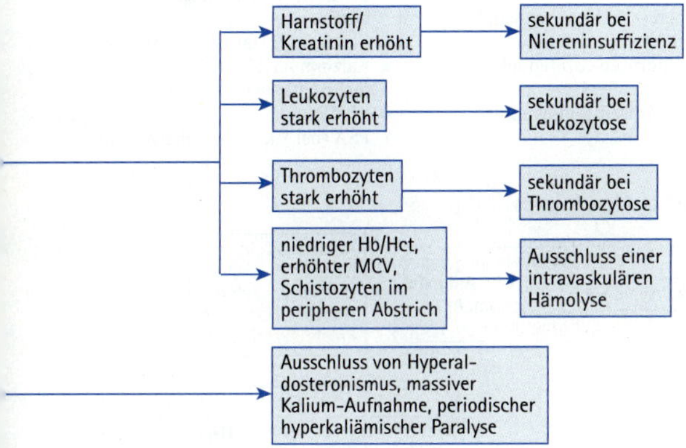

Harnstoff/ Kreatinin erhöht
sekundär bei Niereninsuffizienz
Leukozyten stark erhöht
sekundär bei Leukozytose
Thrombozyten stark erhöht
sekundär bei Thrombozytose
niedriger Hb/Hct, erhöhter MCV, Schistozyten im peripheren Abstrich
Ausschluss einer intravaskulären Hämolyse
Ausschluss von Hyperaldosteronismus, massiver Kalium-Aufnahme, periodischer hyperkaliämischer Paralyse

91. Hyperkalzämie

Bilddiagnostik

Best Test(s)

- Ø

Ergänzende Tests

- Röntgen-Aufnahmen von schmerzhaften Knochen (z.A. Knochenneoplasie, Plasmozytom)
- Nebenschilddrüsen-Szintigraphie mit ^{99m}Tc
- Nebenschilddrüsen-Sonographie

Laborwerte

Best Test(s)

- Serum-Kalzium-Spiegel
- PTH-Spiegel
- PTHrP (PTH related peptide) bei V.a. paraneoplastische Ätiologie

Ergänzende Tests

- Serum-Phosphat, Magnesium, AP, Albumin
- Elektrolyte, Harnstoff, Kreatinin
- Kalzium im 24-h-Sammelurin
- Ig/Leichtketten im Urin
- cAMP im Urin
- PSA (bei V.a. Prostatakarzinom)

Diagnostischer Algorithmus

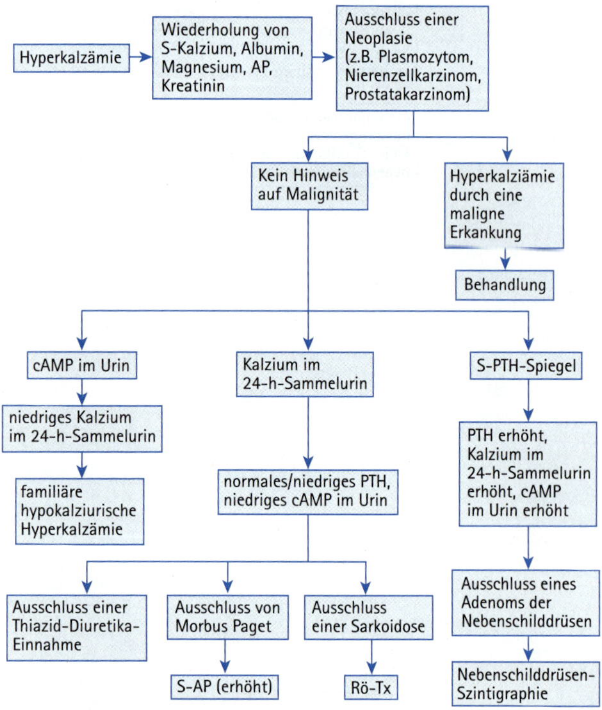

92. Hypermagnesiämie

Bilddiagnostik

Best Test(s)

- Ø

Ergänzende Tests

- Ø

Diagnostischer Algorithmus

vgl. folgende Seiten

Laborwerte

Best Test(s)

- Magnesium-Spiegel im 24h-Sammelurin

Ergänzende Tests

- Serum-Elektrolyte; Kalzium
- Harnstoff, Kreatinin, Glukose
- TSH
- CK

Diagnostischer Algorithmus

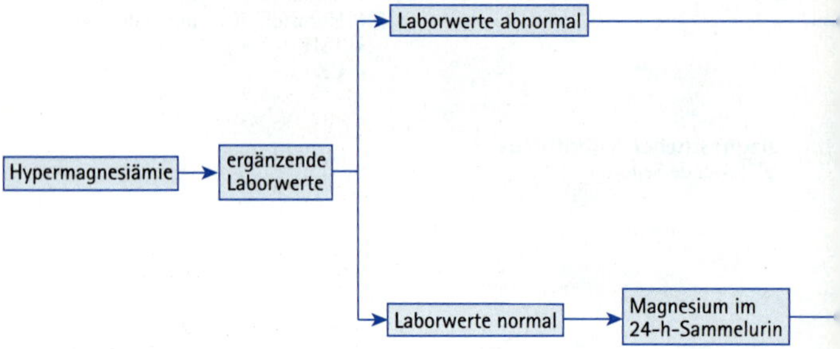

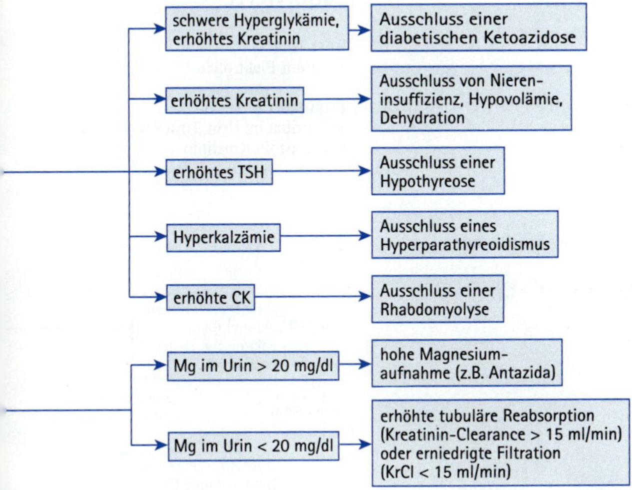
schwere Hyperglykämie, erhöhtes Kreatinin
Ausschluss einer diabetischen Ketoazidose
erhöhtes Kreatinin
Ausschluss von Niereninsuffizienz, Hypovolämie, Dehydration
erhöhtes TSH
Ausschluss einer Hypothyreose
Hyperkalzämie
Ausschluss eines Hyperparathyreoidismus
erhöhte CK
Ausschluss einer Rhabdomyolyse
Mg im Urin > 20 mg/dl
hohe Magnesiumaufnahme (z.B. Antazida)
Mg im Urin < 20 mg/dl
erhöhte tubuläre Reabsorption (Kreatinin-Clearance > 15 ml/min) oder erniedrigte Filtration (KrCl < 15 ml/min)

93. Hypernatriämie

Bilddiagnostik

Best Test(s)
- Ø

Ergänzende Tests
- Ø

Laborwerte

Best Test(s)
- Serum-Elektrolyte

Ergänzende Tests
- Natrium im Urin, Urin-Osmolalität
- Harnstoff, Kreatinin

Diagnostischer Algorithmus

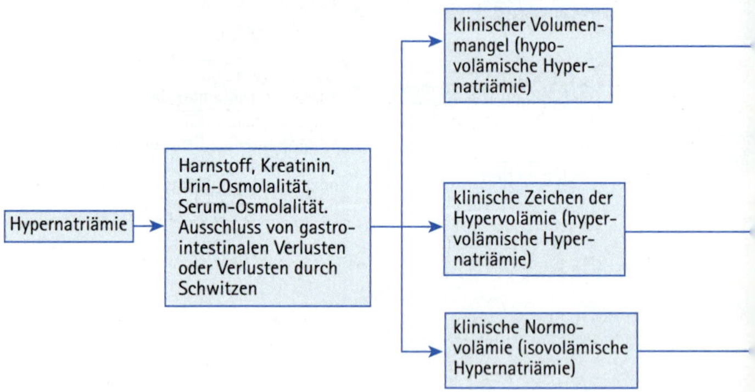

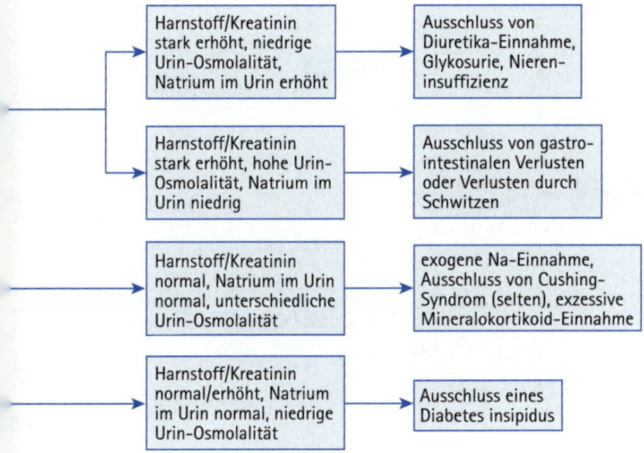
Harnstoff/Kreatinin stark erhöht, niedrige Urin-Osmolalität, Natrium im Urin erhöht
Ausschluss von Diuretika-Einnahme, Glykosurie, Niereninsuffizienz
Harnstoff/Kreatinin stark erhöht, hohe Urin-Osmolalität, Natrium im Urin niedrig
Ausschluss von gastrointestinalen Verlusten oder Verlusten durch Schwitzen
Harnstoff/Kreatinin normal, Natrium im Urin normal, unterschiedliche Urin-Osmolalität
exogene Na-Einnahme, Ausschluss von Cushing-Syndrom (selten), exzessive Mineralokortikoid-Einnahme
Harnstoff/Kreatinin normal/erhöht, Natrium im Urin normal, niedrige Urin-Osmolalität
Ausschluss eines Diabetes insipidus

94. Hyperphosphatämie

Bilddiagnostik

Best Test(s)
- Ø

Ergänzende Tests
- Ø

Laborwerte

Best Test(s)
- Phosphat im 24h-Sammelurin

Ergänzende Tests
- Serum-Elektrolyte, Harnstoff, Kreatinin, Magnesium, Kalzium, Glukose
- Urin-Status, CK

Diagnostischer Algorithmus

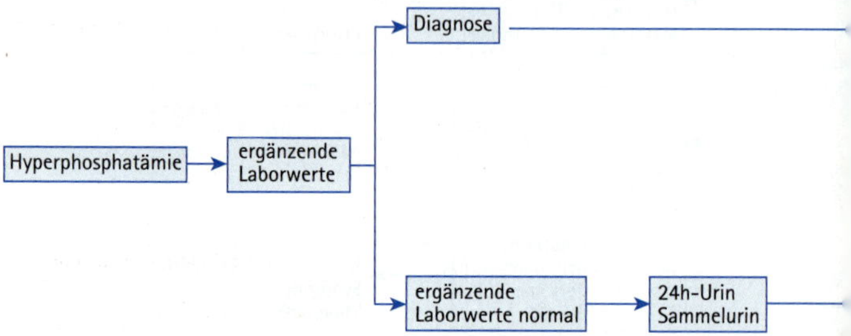

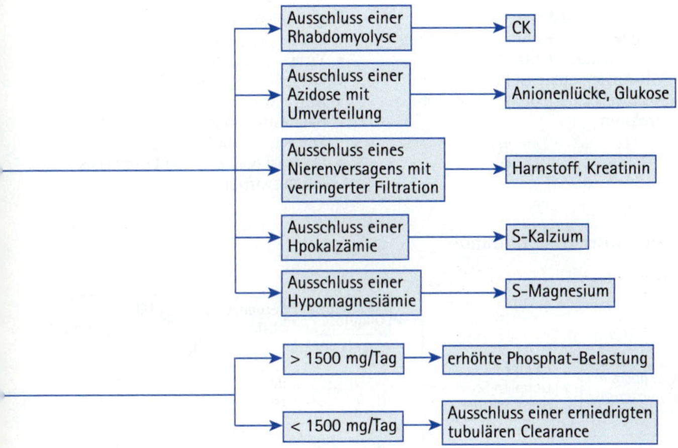
Ausschluss einer Rhabdomyolyse
CK
Ausschluss einer Azidose mit Umverteilung
Anionenlücke, Glukose
Ausschluss eines Nierenversagens mit verringerter Filtration
Harnstoff, Kreatinin
Ausschluss einer Hpokalzämie
S-Kalzium
Ausschluss einer Hypomagnesiämie
S-Magnesium
> 1500 mg/Tag
erhöhte Phosphat-Belastung
< 1500 mg/Tag
Ausschluss einer erniedrigten tubulären Clearance

95. Hypertension, portale

Bilddiagnostik

Best Test(s)

- Duplex-Doppler-Sonographie des Abdomens ist das beste initiale Screeningverfahren

Ergänzende Tests

- CT oder MRT des Abdomens bei unklarem sonographischem Befund
- MR-Angiographie ist hilfreich zum Nachweis einer portalen Venenobstruktion

Laborwerte

Best Test(s)

- ∅

Ergänzende Tests

- Großes Blutbild, Thrombozyten
- Virushepatitis-Serologie
- GOT, GPT, Quick, PTT, Albumin
- Anti-SMA-Antikörper, antimitochondriale Antikörper, Coeruloplasmin-Spiegel, Serum-Elektrophorese
- Gastroskopie z.A. von Ösophagus-/Fundusvarizen

Diagnostischer Algorithmus

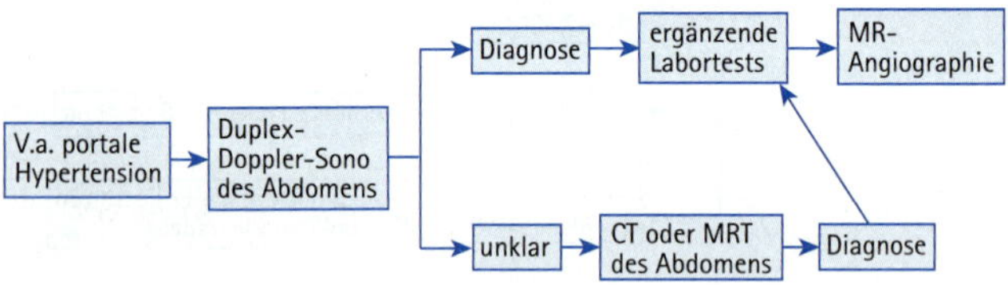

96. Hypertension, pulmonale

Bilddiagnostik

Best Test(s)

- Herzkatheter mit direkter Messung des pulmonalarteriellen Drucks (hilfreich z.A. kardialer Ursachen einer pulmonalen Hypertension)

Ergänzende Tests

- Röntgen-Thorax kann Dilatation der zentralen Lungenarterien mit Kalibersprung zu den engen peripheren Lungenarterien darstellen (amputierter Hilus)
- Echokardiographie (zum Abschätzen der ventrikulären Funktion und z.A. signifikanter Klappenfehler)
- Thorax-CT bei V.a. Lungenembolie
- EKG (rechtsventrikuläre Hypertrophie)

Laborwerte

Best Test(s)

- Ø

Ergänzende Tests

- Großes Blutbild (Erythrozytose)
- BGA's (erniedrigtes pO_2, erniedrigte Sauerstoffsättigung)
- Lungenfunktionstest (z.A. obstruktiver oder restriktiver Lungenerkrankung)

Diagnostischer Algorithmus

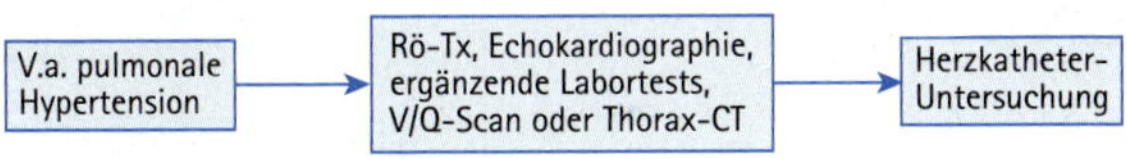

97. Hyperthyreose

Bilddiagnostik

Best Test(s)
- Ø

Ergänzende Tests
- Schilddrüsen-Sonographie
- Schilddrüsenszintigraphie mit Radiojodid

Laborwerte

Best Test(s)
- Freies T_4
- TSH

Ergänzende Tests
- Freies T_3
- Serum-Thyroglobulin-Spiegel
- Antimikrosomale Antikörper im Serum

Diagnostischer Algorithmus

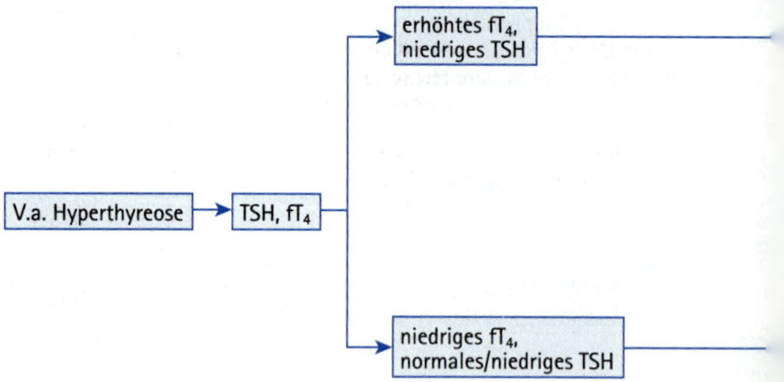

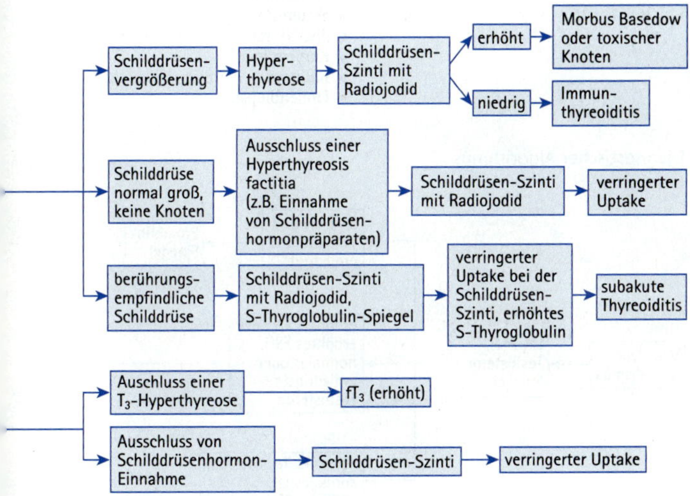
Schilddrüsen-vergrößerung
Hyper-thyreose
Schilddrüsen-Szinti mit Radiojodid
erhöht
Morbus Basedow oder toxischer Knoten
niedrig
Immun-thyreoiditis
Schilddrüse normal groß, keine Knoten
Ausschluss einer Hyperthyreosis factitia (z.B. Einnahme von Schilddrüsen-hormonpräparaten)
Schilddrüsen-Szinti mit Radiojodid
verringerter Uptake
berührungs-empfindliche Schilddrüse
Schilddrüsen-Szinti mit Radiojodid, S-Thyroglobulin-Spiegel
verringerter Uptake bei der Schilddrüsen-Szinti, erhöhtes S-Thyroglobulin
subakute Thyreoiditis
Auschluss einer T_3-Hyperthyreose
fT_3 (erhöht)
Ausschluss von Schilddrüsenhormon-Einnahme
Schilddrüsen-Szinti
verringerter Uptake

98. Hypogonadismus

Bilddiagnostik

Best Test(s)
- Ø

Ergänzende Tests
- Kraniales MRT

Laborwerte

Best Test(s)
- LH, FSH
- Serum-Testosteron

Ergänzende Tests
- Sperma-Analyse
- Serum-Prolaktin
- βhCG-Test
- Karyogramm
- Fruktose in der Samenflüssigkeit
- Hodenbiopsie

Diagnostischer Algorithmus

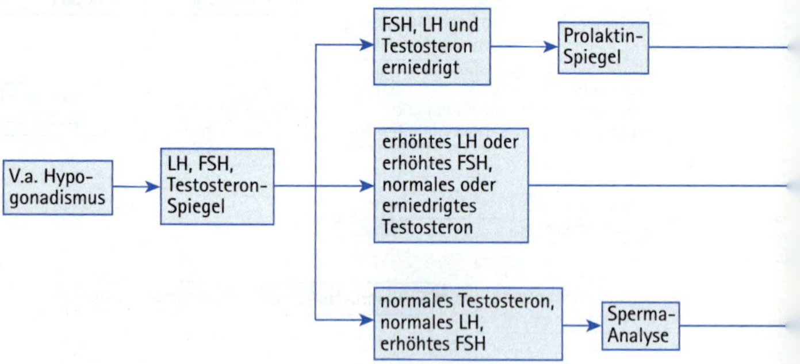

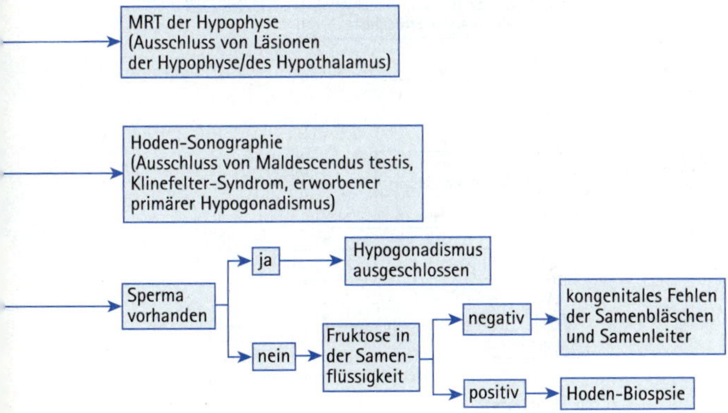
MRT der Hypophyse
(Ausschluss von Läsionen
der Hypophyse/des Hypothalamus)
Hoden-Sonographie
(Ausschluss von Maldescendus testis,
Klinefelter-Syndrom, erworbener
primärer Hypogonadismus)
Sperma
vorhanden
ja
Hypogonadismus
ausgeschlossen
nein
Fruktose in
der Samen-
flüssigkeit
negativ
kongenitales Fehlen
der Samenbläschen
und Samenleiter
positiv
Hoden-Biospsie

99. Hypokaliämie

Bilddiagnostik

Best Test(s)
- Ø

Ergänzende Tests
- Ø

Laborwerte

Best Test(s)
- Kalium im 24h-Sammelurin

Ergänzende Tests
- Serum-Elektrolyte, Harnstoff, Kreatinin
- Chlorid im Urin
- Plasma-Renin, Aldosteron

Diagnostischer Algorithmus

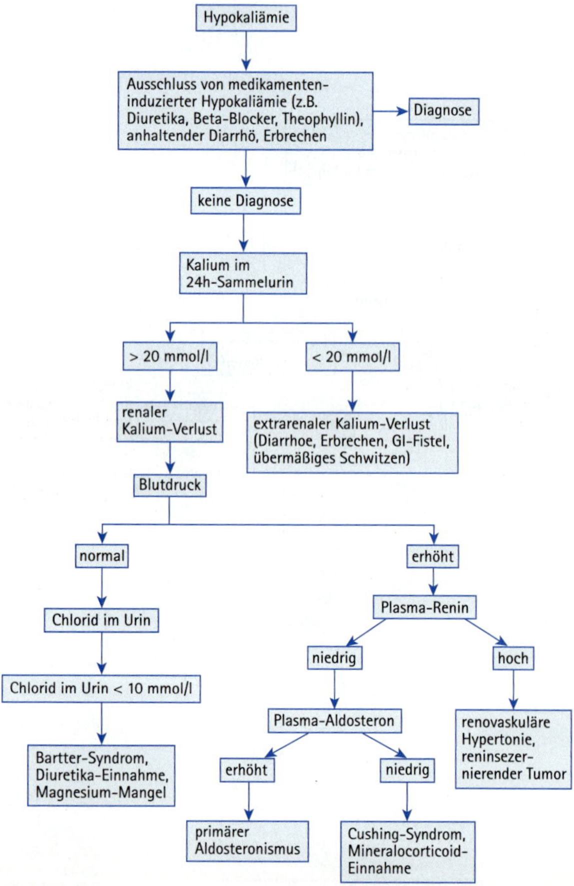

100. Hypomagnesiämie

Bilddiagnostik

Best Test(s)

- ∅

Ergänzende Tests

- ∅

Laborwerte

Best Test(s)

- Magnesium-Spiegel im 24h-Sammelurin

Ergänzende Tests

- Serum-Elektrolyte, Kalzium, Phosphat, Glukose, Albumin
- Harnstoff, Kreatinin
- TSH
- NaCl im Urin

Diagnostischer Algorithmus

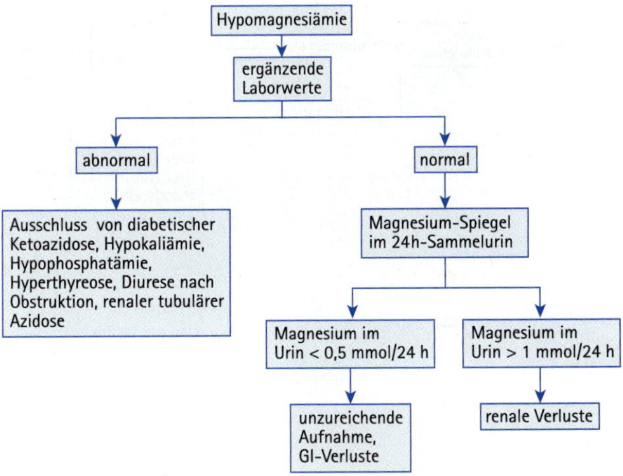

101. Hyponatriämie

Bilddiagnostik

Best Test(s)
- Ø

Ergänzende Tests
- Ø

Laborwerte

Best Test(s)
- Serum-Elektrolyte
- Serum-Osmolalität

Ergänzende Tests
- Serum-Glukose, Harnstoff, Kreatinin
- Harnsäure
- Urin-Osmolalität
- TSH
- Serum-Kortisol
- Natrium-Ausscheidung im Urin

Diagnostischer Algorithmus

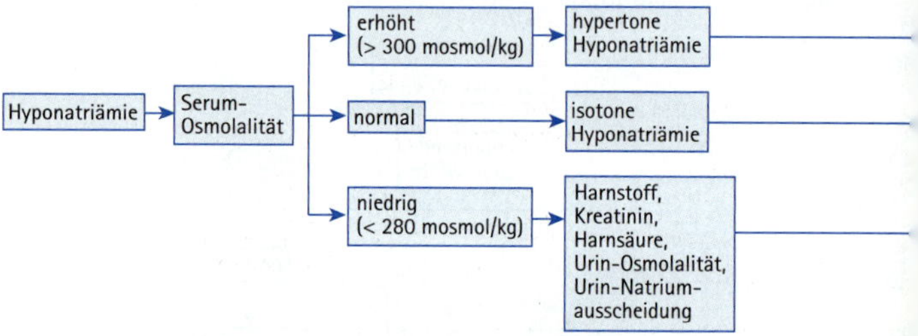

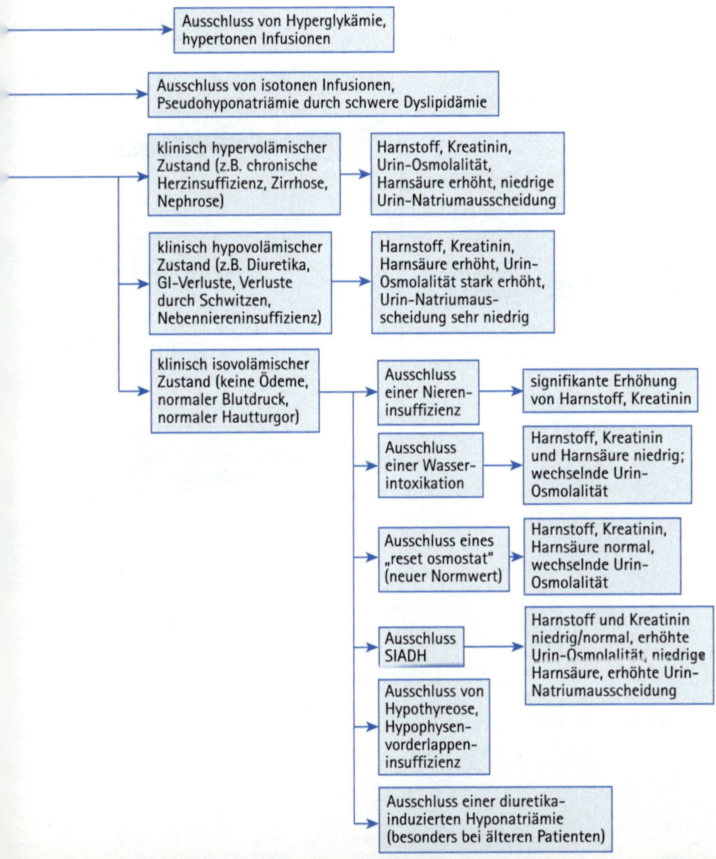
Ausschluss von Hyperglykämie, hypertonen Infusionen
Ausschluss von isotonen Infusionen, Pseudohyponatriämie durch schwere Dyslipidämie
klinisch hypervolämischer Zustand (z.B. chronische Herzinsuffizienz, Zirrhose, Nephrose)
Harnstoff, Kreatinin, Urin-Osmolalität, Harnsäure erhöht, niedrige Urin-Natriumausscheidung
klinisch hypovolämischer Zustand (z.B. Diuretika, GI-Verluste, Verluste durch Schwitzen, Nebenniereninsuffizienz)
Harnstoff, Kreatinin, Harnsäure erhöht, Urin-Osmolalität stark erhöht, Urin-Natriumausscheidung sehr niedrig
klinisch isovolämischer Zustand (keine Ödeme, normaler Blutdruck, normaler Hautturgor)
Ausschluss einer Niereninsuffizienz
signifikante Erhöhung von Harnstoff, Kreatinin
Ausschluss einer Wasserintoxikation
Harnstoff, Kreatinin und Harnsäure niedrig; wechselnde Urin-Osmolalität
Ausschluss eines „reset osmostat" (neuer Normwert)
Harnstoff, Kreatinin, Harnsäure normal, wechselnde Urin-Osmolalität
Ausschluss SIADH
Harnstoff und Kreatinin niedrig/normal, erhöhte Urin-Osmolalität, niedrige Harnsäure, erhöhte Urin-Natriumausscheidung
Ausschluss von Hypothyreose, Hypophysenvorderlappeninsuffizienz
Ausschluss einer diuretikainduzierten Hyponatriämie (besonders bei älteren Patienten)

102. Hypophosphatämie

Bilddiagnostik

Best Test(s)
- Ø

Ergänzende Tests
- Ø

Laborwerte

Best Test(s)
- Phosphat-Ausscheidung im 24h-Sammelurin

Ergänzende Tests
- Serum-Kalzium, Elektrolyte, Kreatinin, Glukose
- BGA's

Diagnostischer Algorithmus

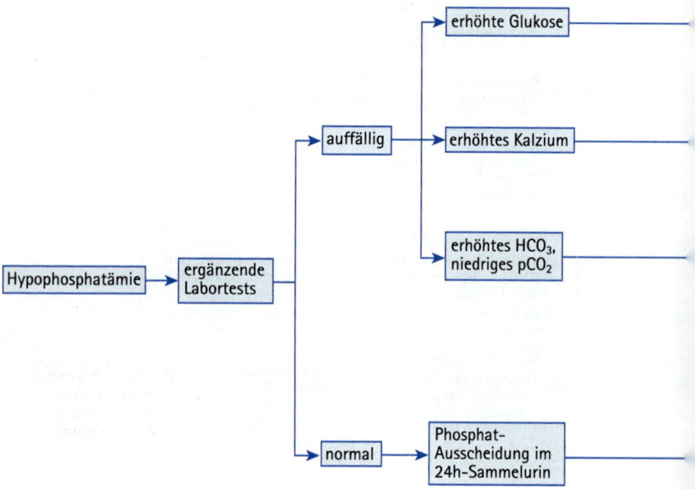

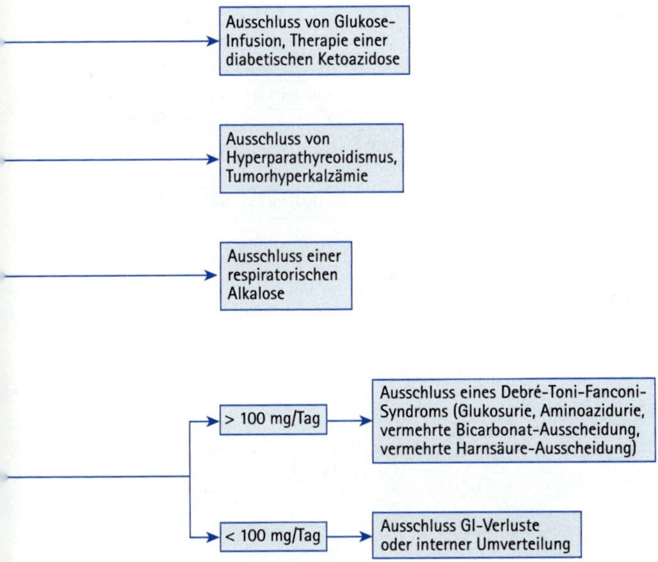
Ausschluss von Glukose-Infusion, Therapie einer diabetischen Ketoazidose
Ausschluss von Hyperparathyreoidismus, Tumorhyperkalzämie
Ausschluss einer respiratorischen Alkalose
> 100 mg/Tag
Ausschluss eines Debré-Toni-Fanconi-Syndroms (Glukosurie, Aminoazidurie, vermehrte Bicarbonat-Ausscheidung, vermehrte Harnsäure-Ausscheidung)
< 100 mg/Tag
Ausschluss GI-Verluste oder interner Umverteilung

103. Hypophysenadenom

Bilddiagnostik

Best Test(s)

- MRT der Hypophyse mit Gadolinium

Ergänzende Tests

- CT der Hypophyse, wenn ein MRT kontraindiziert ist

Laborwerte

Best Test(s)

- Testen hinsichtlich Hormon-Überschuss oder -Defizit bei klinischen Auffälligkeiten (z. B. Serum-Prolaktin-Spiegel, IGF-I, freies T_4, Dexamethason-Hemmtest)

Ergänzende Tests

- ∅

Diagnostischer Algorithmus

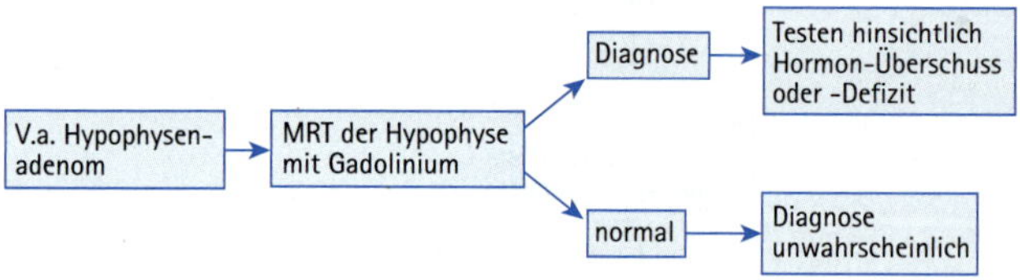

104. Hypothyreose

Bilddiagnostik

Best Test(s)
- ∅

Ergänzende Tests
- MRT der Hypophyse mit Kontrastmittel bei V.a. sekundäre Hypothyreose

Laborwerte

Best Test(s)
- TSH

Ergänzende Tests
- Antimitochondriale Antikörper bei V.a. Hashimoto-Thyreoiditis
- Serum-Thyreoglobulin-Spiegel bei V.a. subakute Thyreoiditis
- Freies T_4

Diagnostischer Algorithmus
vgl. folgende Seiten

Diagnostischer Algorithmus

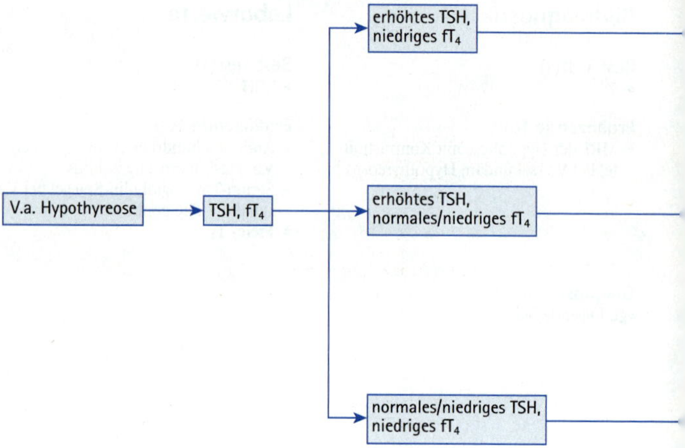

primäre Hypothyreose

Ausschluss von angeborener Hypothyreose, Hashimoto-Thyreoiditis, subakuter Thyreoiditis, Autoimmunthyreoiditis, lymphozytärer Thyreoiditis, Genesungsphase nach schwerer Erkrankung

Ausschluss einer sekundären Hypothyreose (Hypophysenvorderlappeninsuffizienz) → MRT der Hypophyse

105. Ikterus

Bilddiagnostik

Best Test(s)
- Abdomen-CT mit Kontrastmittel bei schmerzlosem Ikterus
- Abdomen-Sonographie bei schmerzhaftem Ikterus

Ergänzende Tests
- ERCP
- MRCP

Laborwerte

Best Test(s)
- Bilirubin mit Fraktionen
- AP, GOT, GPT
- Hepatitis-Serologie

Ergänzende Tests
- Serum-Amylase, Lipase, LDH
- Großes Blutbild, Retikulozyten, Coomb's-Test
- Harnstoff, Kreatinin, Elektrolyte
- Leberbiopsie

Diagnostischer Algorithmus

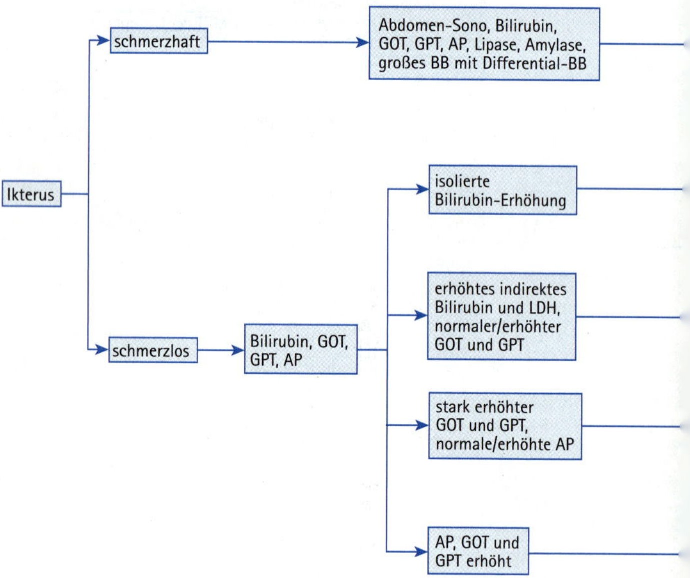

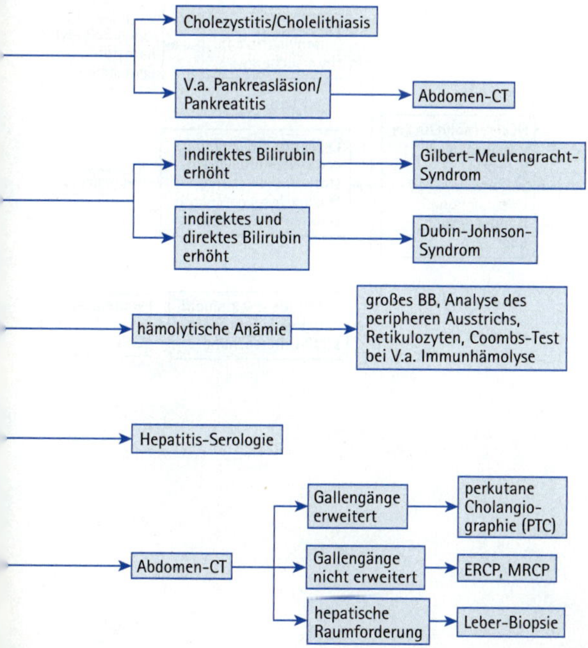
Cholezystitis/Cholelithiasis
V.a. Pankreasläsion/ Pankreatitis
Abdomen-CT
indirektes Bilirubin erhöht
Gilbert-Meulengracht-Syndrom
indirektes und direktes Bilirubin erhöht
Dubin-Johnson-Syndrom
hämolytische Anämie
großes BB, Analyse des peripheren Ausstrichs, Retikulozyten, Coombs-Test bei V.a. Immunhämolyse
Hepatitis-Serologie
Abdomen-CT
Gallengänge erweitert
perkutane Cholangiographie (PTC)
Gallengänge nicht erweitert
ERCP, MRCP
hepatische Raumforderung
Leber-Biopsie

106. Insulinom

Bilddiagnostik

Best Test(s)
- Abdomen-CT oder -MRT mit Kontrastmittel

Ergänzende Tests
- Somatostatinrezeptor-Szintigraphie (mit Octreotid)

Laborwerte

Best Test(s)
- Nüchternblutzucker
- Insulin-Spiegel
- C-Peptid
- Plasma-Sulfonylharnstoff-Untersuchung
- Hungerversuch über 72 h

Ergänzende Tests
- ∅

Diagnostischer Algorithmus

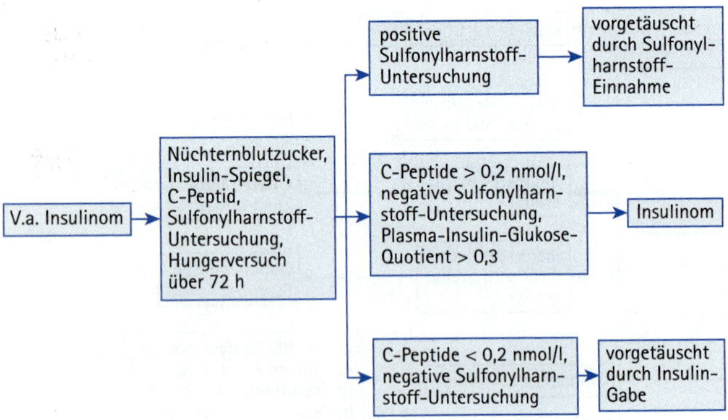

107. Kardiomegalie (auf dem Rö-Tx)

Bilddiagnostik

Best Test(s)
- Echokardiographie

Ergänzende Tests
- Kardiales MRT bei Perikardverdickung oder perikardialer Raumforderung
- EKG

Laborwerte

Best Test(s)
- Ø

Ergänzende Tests
- TSH
- Kreatinin, GPT
- BKS

Diagnostischer Algorithmus

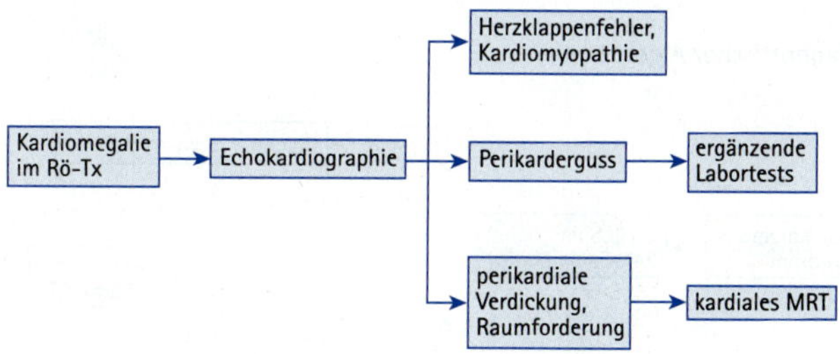

108. Karzinoidsyndrom

Bilddiagnostik

Best Test(s)

- Abdomen- und Thorax-CT mit oralem und i.v. Kontrastmittel, um den Tumor zu lokalisieren und Metastasen nachzuweisen

Ergänzende Tests

- Echokardiographie oder MRT des Herzens bei V.a. kardiales Karzinoid
- Somatostatinrezeptor-Szintigraphie

Laborwerte

Best Test(s)

- 5-HIES im 24h-Sammelurin

Ergänzende Tests

- GPT, GOT
- Serum-Elektrolyte, Harnstoff, Kreatinin
- AP

Diagnostischer Algorithmus

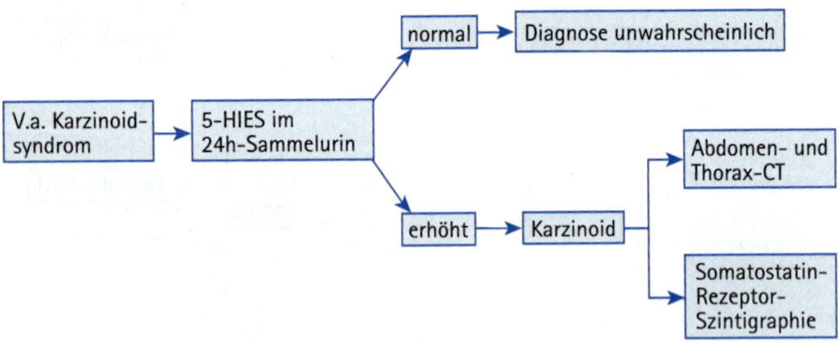

109. Katzenkratzkrankheit

Bilddiagnostik

Best Test(s)

- Ø

Ergänzende Tests

- Ø

Laborwerte

Best Test(s)

- Kulturen im Aspirat nach Lymphknotenpunktion
- Biopsie betroffener, vergrößerter Lymphknoten (Warthin-Starry-Silberfärbung wird zur Identifizierung des Bakteriums eingesetzt)

Ergänzende Tests

- Spezieller Hauttest auf Katzenkratzkrankheit
- Großes Blutbild mit Differentialblutbild
- BKS (unspezifisch)
- Liquorpunktion bei Patienten mit neurologischer Manifestation

Diagnostischer Algorithmus

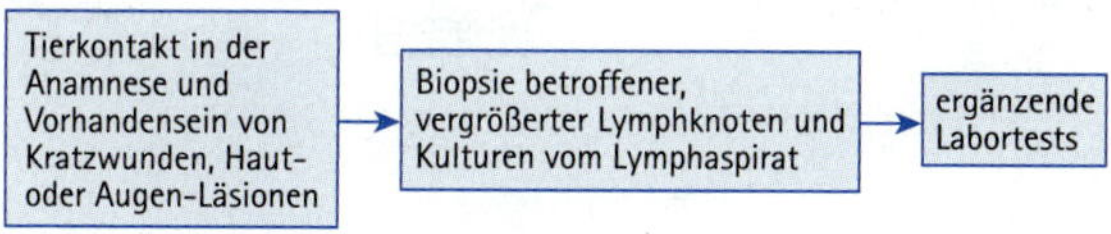

110. Kavernosusthrombose

Bilddiagnostik

Best Test(s)
- MRT des Sinus cavernosus mit MR-Phlebographie (Venographie)

Ergänzende Tests
- CT der Stirnhöhlen kann helfen, zwischen sphenoidaler Sinusitis und Kavernosusthrombose zu unterscheiden und ist zudem u.U. in der Lage, die Thrombusquelle anzuzeigen

Laborwerte

Best Test(s)
- Ø

Ergänzende Tests
- Großes Blutbild mit Differentialblutbild
- BKS (unspezifisch)
- 2 × Blutkulturen
- Kulturen aus den Stirnhöhlen
- Liquorpunktion z.A. Meningitis

Diagnostischer Algorithmus

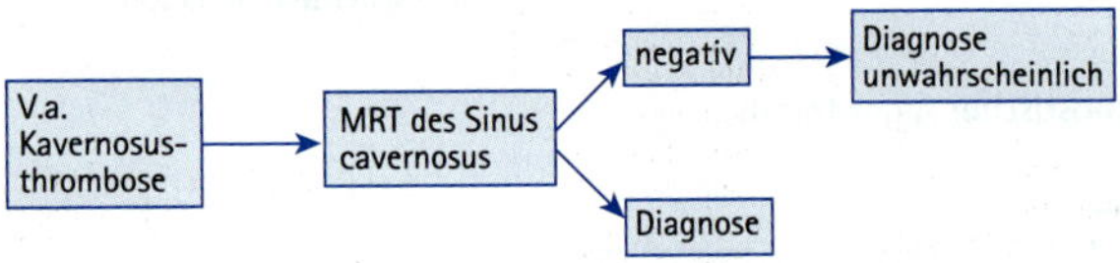

111. Kiefergelenksarthropathie

Bilddiagnostik

Best Test(s)
- MRT des Kiefergelenks ohne Kontrastmittel

Ergänzende Tests
- CT-Untersuchung des Kiefergelenks, wenn ein MRT kontraindiziert ist. Das CT ist hilfreich zur Diagnose knöcherner und meniskusbedingter Störungen des Kiefergelenks

Laborwerte

Best Test(s)
- ∅

Ergänzende Tests
- ∅

Diagnostischer Algorithmus

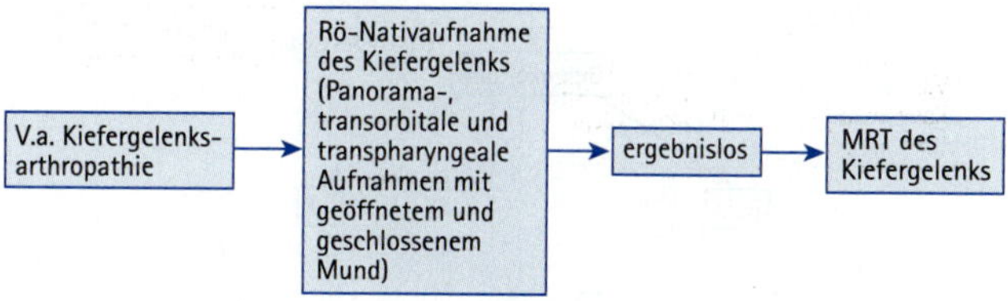

112. Knieschmerzen

Bilddiagnostik

Best Test(s)
- MRT des Kniegelenks bei Trauma in der Anamnese

Ergänzende Tests
- Röntgen-Nativaufnahmen des Kniegelenks

Laborwerte

Best Test(s)
- Gelenkpunktion mit Analyse des Punktats bei Gelenkerguss

Ergänzende Tests
- Harnsäure
- BKS
- Großes Blutbild mit Differentialblutbild

Diagnostischer Algorithmus

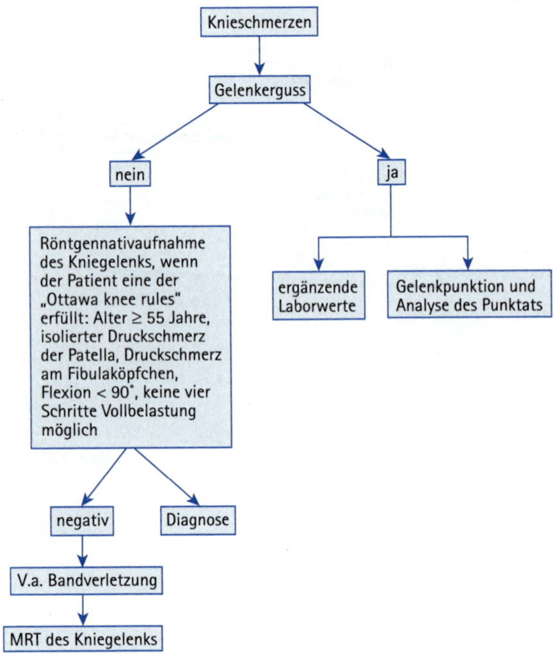

113. Knochennekrose

Bilddiagnostik

Best Test(s)
- MRT des betroffenen Knochens

Ergänzende Tests
- CT des betroffenen Knochens, wenn ein MRT kontraindiziert ist
- Skelettszintigraphie (verringerter Uptake)

Laborwerte

Best Test(s)
- Ø

Ergänzende Tests
- Großes Blutbild
- BKS, ANA
- GOT, GPT, Kreatinin

Diagnostischer Algorithmus

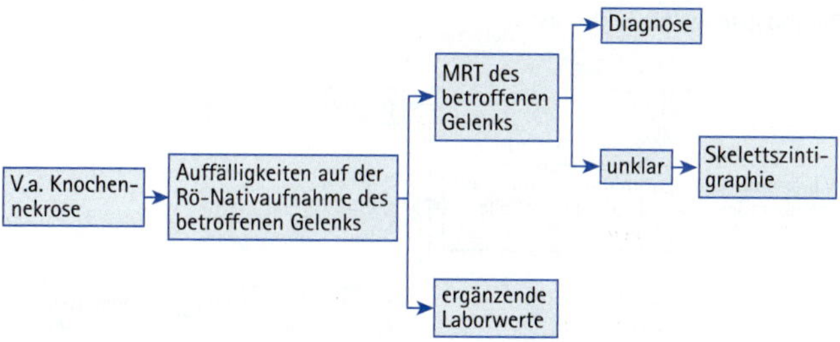

114. Kolitis, pseudomembranöse

Bilddiagnostik

Best Test(s)

- Ø

Ergänzende Tests

- Abdomen-Leeraufnahme (liegend und aufrecht) ist hilfreich bei Patienten mit Bauchschmerzen oder Nachweis einer Obstruktion durch die körperliche Untersuchung

Laborwerte

Best Test(s)

- Stuhluntersuchung auf Clostridium-difficile-Toxin (Sensitivität 85 %, Spezifität 100 %)

Ergänzende Tests

- Großes Blutbild mit Differentialblutbild

Diagnostischer Algorithmus

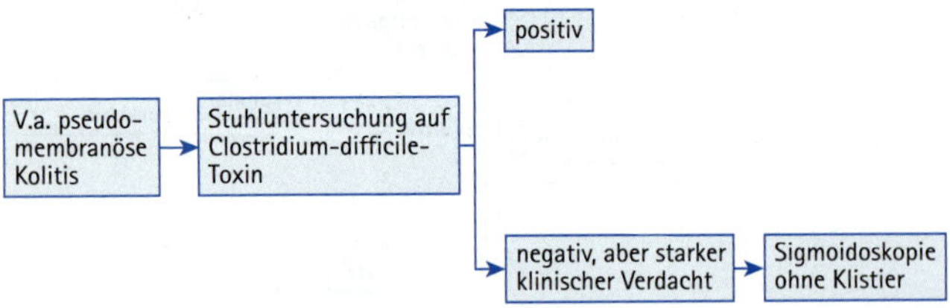

115. Krampfanfall

Bilddiagnostik

Best Test(s)
- Kraniales MRT

Ergänzende Tests
- CCT mit und ohne Kontrastmittel, wenn das MRT kontraindiziert ist oder bei V.a. eine Blutung

Laborwerte

Best Test(s)
- Ø

Ergänzende Tests
- Serum-Glukose, Elektrolyte
- Großes Blutbild
- Toxikologisches Screening

Diagnostischer Algorithmus

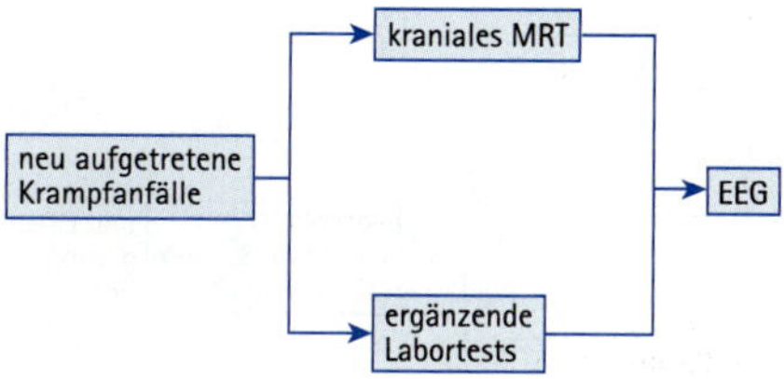

116. Leberabszess

Bilddiagnostik

Best Test(s)

- CT der Leber mit i.v. Kontrastmittel

Ergänzende Tests

- Leber-Sonographie, wenn ein CT kontraindiziert ist

Laborwerte

Best Test(s)

- Gram-Färbung, Kulturen u. Antibiogramm des aspirierten Abzsessmaterials

Ergänzende Tests

- GOT, GPT (erhöht in 50 % der Fälle)
- AP (erhöht in 95 % der Fälle)
- Stuhl-Untersuchung auf Entamoeba-histolytica-Trophozoiten
- Serum-Antikörper gegen E. histolytica

Diagnostischer Algorithmus

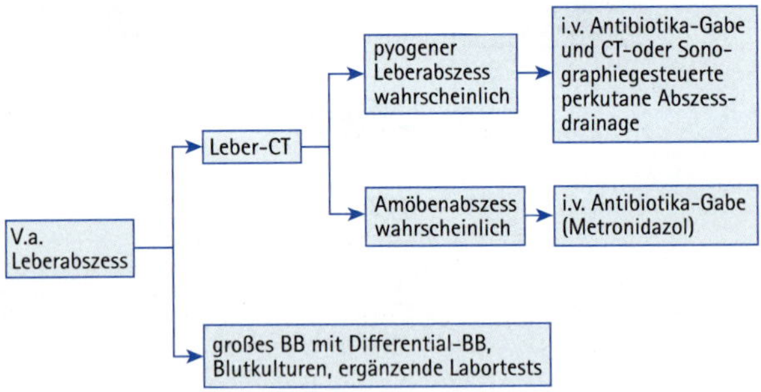

117. Leberwerte, erhöhte

Bilddiagnostik

Best Test(s)
- Leber-Sonographie ist die beste Initialuntersuchung

Ergänzende Tests
- Leber-CT mit Kontrastmittel, wenn die Sonographie ergebnislos ist

Laborwerte

Best Test(s)
- Leberbiopsie

Ergänzende Tests
- GOT, GPT, AP
- Bilirubin
- γGT
- Hepatitis-Serologie
- Albumin-Spiegel, Quick
- ANA, Transferrin-Sättigung
- Serum-Elektrophorese
- Coeruloplasmin-Spiegel
- Serum-Kupfer, Anti-SMA-Antikörper, LKM-1-Antikörper

Diagnostischer Algorithmus

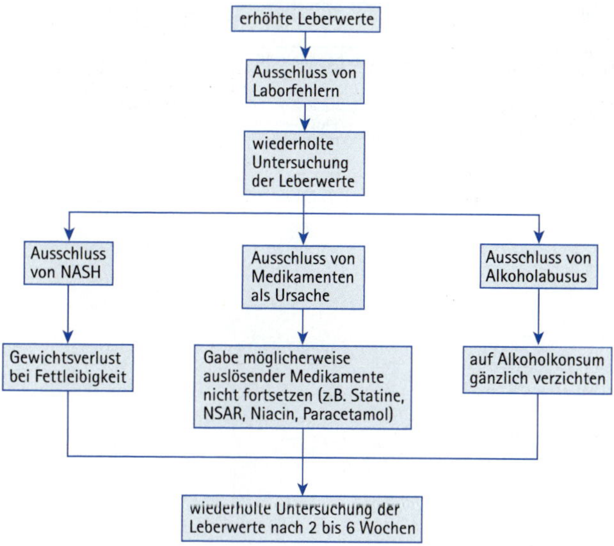

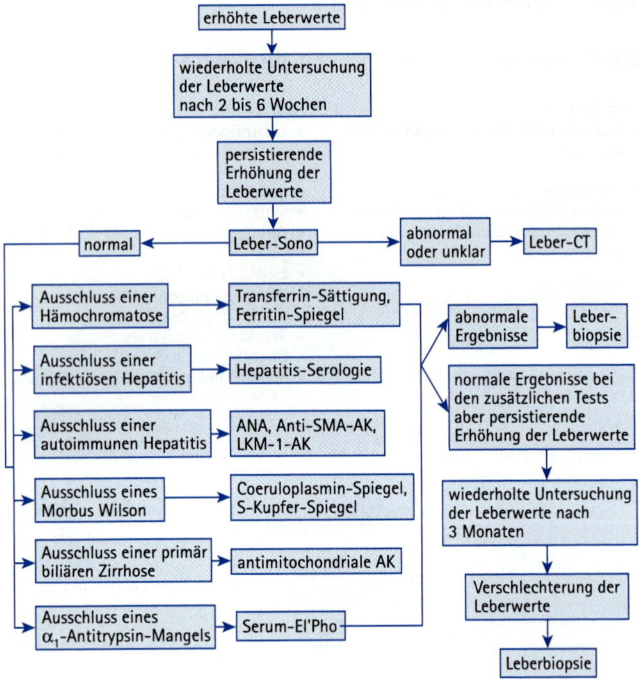
erhöhte Leberwerte
wiederholte Untersuchung der Leberwerte nach 2 bis 6 Wochen
persistierende Erhöhung der Leberwerte
normal
Leber-Sono
abnormal oder unklar
Leber-CT
Ausschluss einer Hämochromatose
Transferrin-Sättigung, Ferritin-Spiegel
Ausschluss einer infektiösen Hepatitis
Hepatitis-Serologie
Ausschluss einer autoimmunen Hepatitis
ANA, Anti-SMA-AK, LKM-1-AK
Ausschluss eines Morbus Wilson
Coeruloplasmin-Spiegel, S-Kupfer-Spiegel
Ausschluss einer primär biliären Zirrhose
antimitochondriale AK
Ausschluss eines α_1-Antitrypsin-Mangels
Serum-El'Pho
abnormale Ergebnisse
Leber-biopsie
normale Ergebnisse bei den zusätzlichen Tests aber persistierende Erhöhung der Leberwerte
wiederholte Untersuchung der Leberwerte nach 3 Monaten
Verschlechterung der Leberwerte
Leberbiopsie

118. Lungenabszess

Bilddiagnostik

Best Test(s)

- Thorax-CT mit i.v. Kontrastmittel

Ergänzende Tests

- Röntgen-Thorax kann kavitäre Rundherde mit Spiegelbildung nachweisen

Laborwerte

Best Test(s)

- Gram-Färbung, Kulturen u. Antibiogramm des mittels einer Bronchoskopie gewonnenen Abszessmaterials

Ergänzende Tests

- Großes Blutbild mit Differentialblutbild
- 2 × Blutkulturen
- Gram-Färbung und Kulturen u. Antibiogramm des Sputums

Diagnostischer Algorithmus

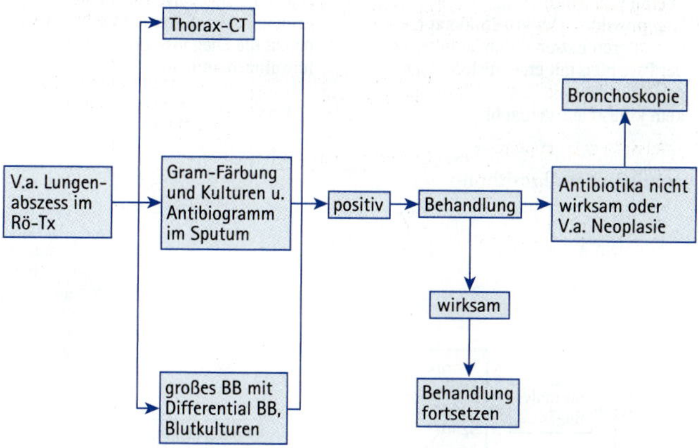

119. Lungenembolie

Bilddiagnostik

Best Test(s)

- Spiral-CT mit i.v. Kontrastmittel ist das beste Screeningverfahren z.A. einer Lungenembolie bei Patienten mit auffälligem Röntgen-Thorax

Ergänzende Tests

- V/Q-Scan (falls schnell verfügbar) ist hilfreich als Initialuntersuchung bei Patienten ohne Auffälligkeiten im Röntgen-Thorax
- Pulmonalisangiographie ist Gold-Standard (ist jedoch invasiv und nicht überall verfügbar)
- Kompressions-Duplex-Sonographie der unteren Extremitäten ist hilfreich bei Patienten mit ergebnisloser Lungen-Szintigraphie bzw. CT und starkem klinischen Verdacht

Laborwerte

Best Test(s)

- D-Dimere mit ELISA. Ein normaler D-Dimer-Test mit unauffälliger Lungen-Szintigraphie, negativem Befund der Doppler-Sonographie der unteren Extremitäten und geringem klinischem Verdacht schließt eine TVT aus

Ergänzende Tests

- BGA's (erniedrigtes pO_2, pCO_2, erhöhter pH)
- Der alveolokapilläre CO_2-Gradient wird mit Hilfe der BGAs berechnet und bezeichnet die Änderung des Sauerstoffdrucks während der Diffusion aus den Lungenalveolen in die Lungenkapillaren. Ein normaler Gradient macht die Diagnose Lungenembolie unwahrscheinlich

Diagnostischer Algorithmus

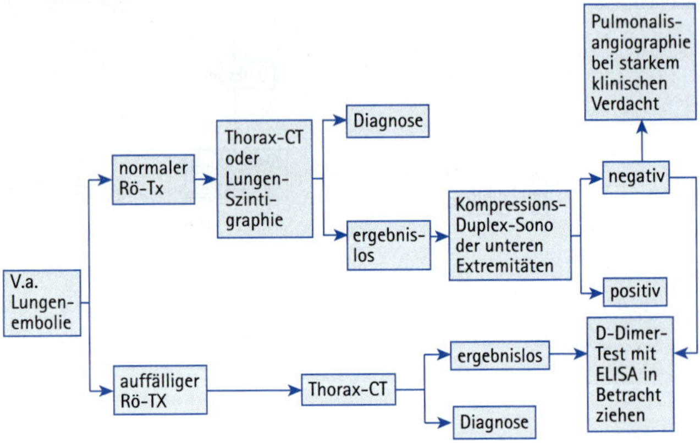

120. Lymphadenopathie, axilläre

Bilddiagnostik

Best Test(s)
- Ø

Ergänzende Tests
- Mammographie (bei Frauen)
- Röntgen-Thorax
- Axilla-Sonographie

Laborwerte

Best Test(s)
- Lymphknotenbiopsie

Ergänzende Tests
- Großes Blutbild mit Differentialblutbild

Diagnostischer Algorithmus

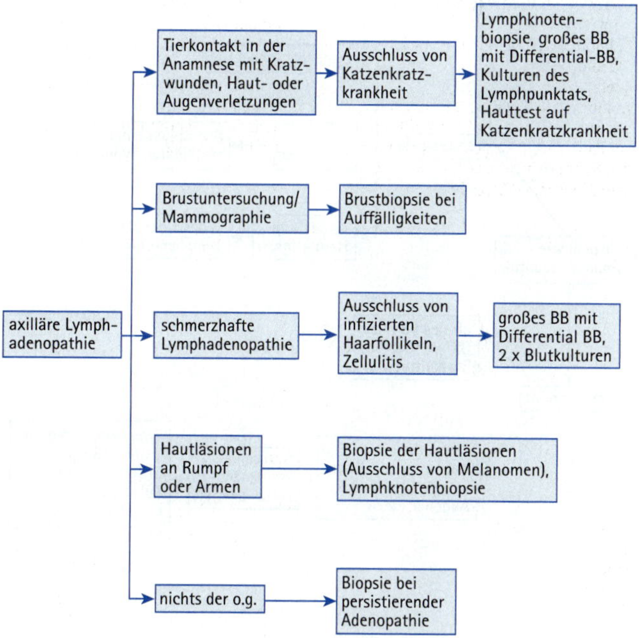

121. Lymphadenopathie, epitrochleare

Bilddiagnostik

Best Test(s)
- Ø

Ergänzende Tests
- Röntgen-Thorax

Laborwerte

Best Test(s)
- Lymphknotenbiopsie

Ergänzende Tests
- Großes Blutbild mit Differentialblutbild
- Biopsie verdächtiger Hautläsionen auf Unterarm oder Hand (z.A. Melanom)
- TPHA-Test

Diagnostischer Algorithmus

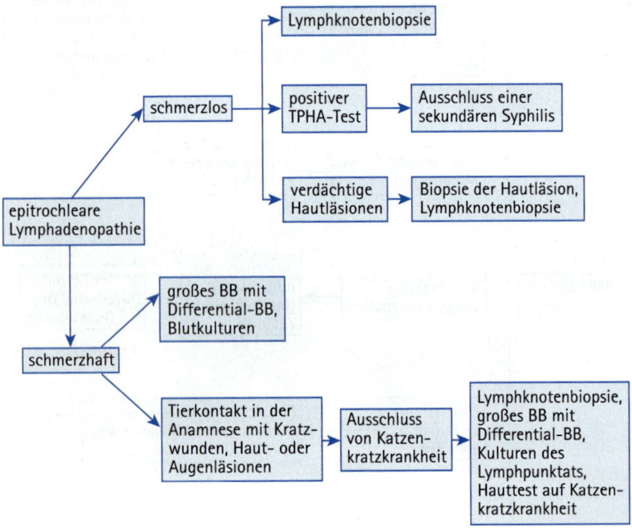

122. Lymphadenopathie, generalisierte

Bilddiagnostik

Best Test(s)
- ∅

Ergänzende Tests
- Röntgen-Thorax
- Thorax-/Abdomen-/Becken-CT mit i.v. Kontrastmittel

Laborwerte

Best Test(s)
- Lymphknotenbiopsie

Ergänzende Tests
- Großes Blutbild mit Differentialblutbild
- HIV, Virus-Titer (EBV, CMV)
- Toxoplasma-Titer
- GOT, GPT
- 2 × Blutkulturen
- Knochenmarksuntersuchung
- TPHA-Test
- BSG / CRP

Diagnostischer Algorithmus

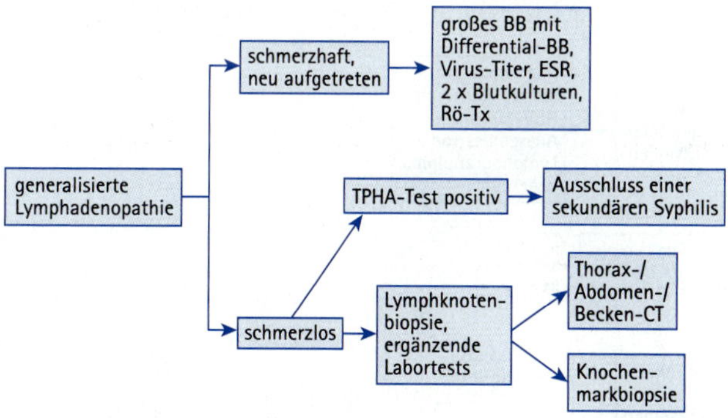

123. Lymphadenopathie, inguinale

Bilddiagnostik

Best Test(s)

- ∅

Ergänzende Tests

- Abdomen-/Becken-CT mit i.v. Kontrastmittel

Laborwerte

Best Test(s)

- Lymphknotenbiopsie

Ergänzende Tests

- Großes Blutbild mit Differentialblutbild
- TPHA-Test
- Chlamydia-trachomatis-Serologie
- HIV
- BSG / CRP
- Gonorrhoe-Kulturen auf Thayer-Martin-Medium
- HSV-Kulturen
- Biopsie der Hautläsionen (z.A. Melanom)

Diagnostischer Algorithmus

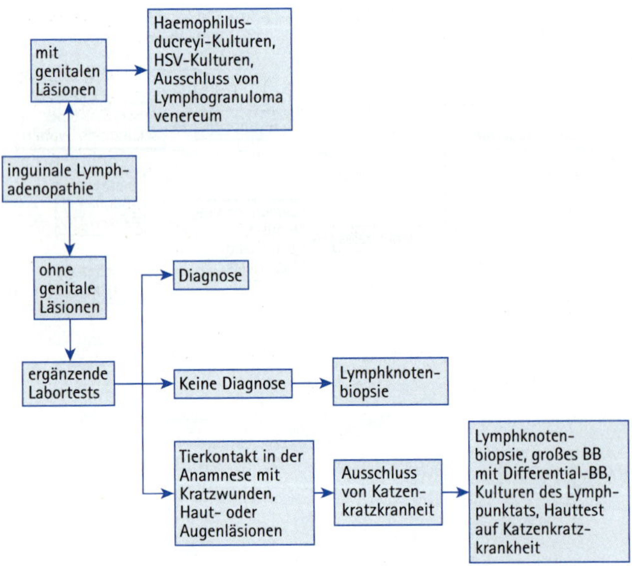

124. Lymphadenopathie, zervikale

Bilddiagnostik

Best Test(s)
- ∅

Ergänzende Tests
- Röntgen-Thorax
- Hals-CT mit i.v. Kontrastmittel

Laborwerte

Best Test(s)
- Lymphknotenbiopsie

Ergänzende Tests
- Großes Blutbild mit Differentialblutbild
- Virus-Titer (EBV, CMV)
- Toxoplasma-Titer
- Kulturen u. Antibiogramm vom Rachenabstrich

Diagnostischer Algorithmus

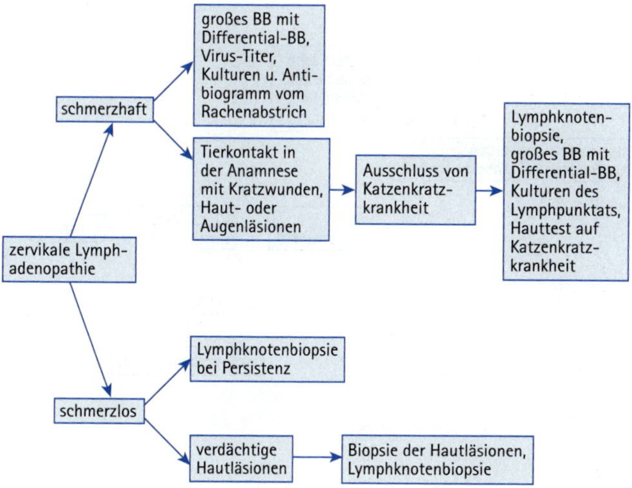

125. Lymphödem

Bilddiagnostik

Best Test(s)
- Lymphoszintigraphie (Sensitivität und Spezifität zum Nachweis von Lymphödemen beträgt 100 %)

Ergänzende Tests
- Abdomen-/Becken-CT mit i.v. Kontrastmittel, um eine Obstruktion-verursachende, maligne Erkrankung auszuschließen
- Lymphangiographie (kaum noch eingesetzt und schwierig durchführbar)

Laborwerte

Best Test(s)
- Ø

Ergänzende Tests
- Harnstoff, Kreatinin, GOT, GPT
- Serum-Albumin
- TSH

Diagnostischer Algorithmus

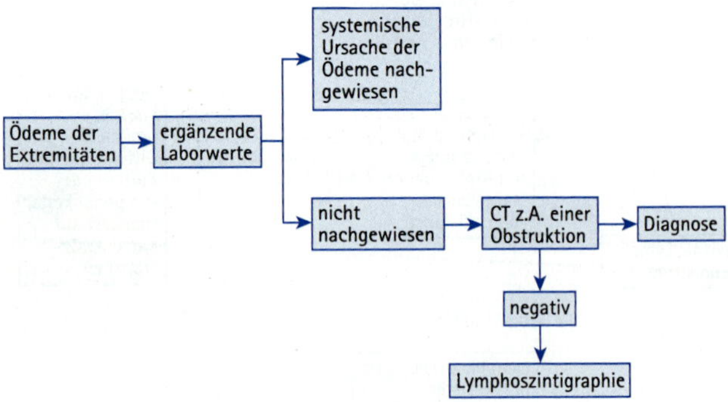

126. Makroglobulinämie (Morbus Waldenström)

Bilddiagnostik

Best Test(s)

- Ø

Ergänzende Tests

- Röntgen-Thorax z.A. einer pulmonalen Manifestation

Laborwerte

Best Test(s)

- Serum-Elektrophorese (zeigt homogenen M-Gradient)
- Immunfixation aus Serum und Urin (monoklonale Leichtketten)

Ergänzende Tests

- Großes Blutbild (Anämie)
- BKS (erhöht infolge Geldrollenbildung)
- Knochenmarkbiopsie (lymphoide Infiltration)
- Serum-Kryoglobuline
- Serum-Viskosität (erhöht)

Diagnostischer Algorithmus

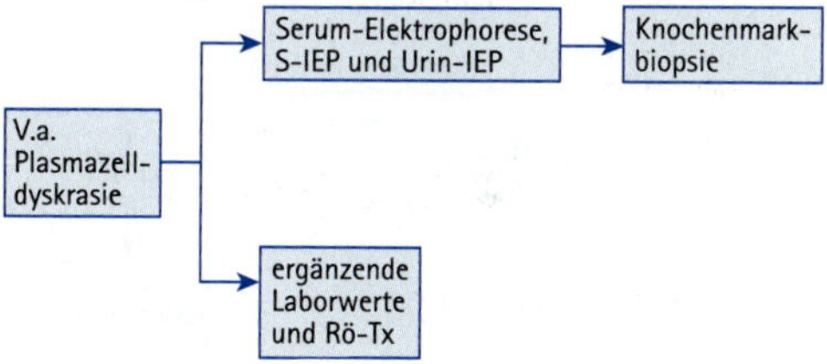

127. Makrozytose

Bilddiagnostik

Best Test(s)

- ∅

Ergänzende Tests

- ∅

Laborwerte

Best Test(s)

- Retikulozyten

Ergänzende Tests

- Serum-Vitamin-B_{12}-Spiegel
- Serum-Folat-Spiegel
- TSH
- GOT, GPT
- LDH, Bilirubin, S-Haptoglobin, ANA, Coombs-Test bei V.a. hämolytische Anämie

Diagnostischer Algorithmus

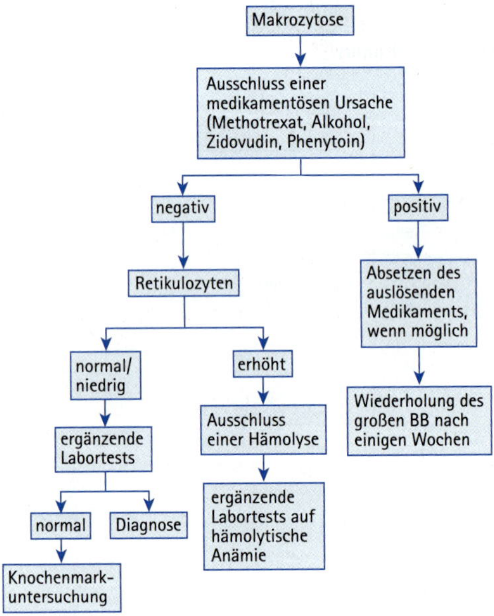

128. Mamma-Abszess

Bilddiagnostik

Best Test(s)
- Mamma-Sonographie

Ergänzende Tests
- Ø

Laborwerte

Best Test(s)
- Gram-Färbung und Kulturen u. Antibiogramm des Abszessmaterials

Ergänzende Tests
- Großes Blutbild mit Differentialblutbild
- Blutkulturen

Diagnostischer Algorithmus

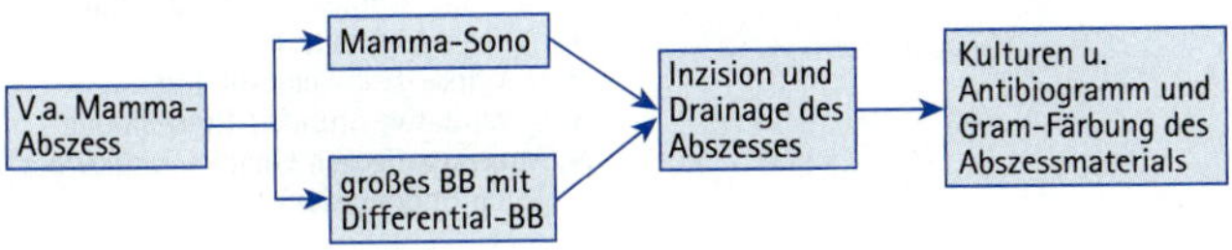

129. Malabsorption

Bilddiagnostik

Best Test(s)
- Dünndarmdarstellung

Ergänzende Tests
- Pankreas-CT mit i.v. Kontrastmittel

Laborwerte

Best Test(s)
- Dünndarmbiopsie

Ergänzende Tests
- Albumin, Gesamtprotein
- GOT, GPT, Quick
- Serum-Elektrolyte, Harnstoff, Kreatinin
- Sudan-III-Färbung des Stuhls auf fäkale Leukozyten
- Großes Blutbild, Folatwert in den Erythrozyten, Serum-Eisen, Serum-Karotine, Cholesterin, Serum-Kalzium
- ^{14}C-Xylose-Atemtest
- D-Xylose-Test, Sekretin-Test
- Quantitative Stuhlfett-Bestimmung
- Antikörper gegen Gliadin, Antikörper gegen Endomysium

Diagnostischer Algorithmus

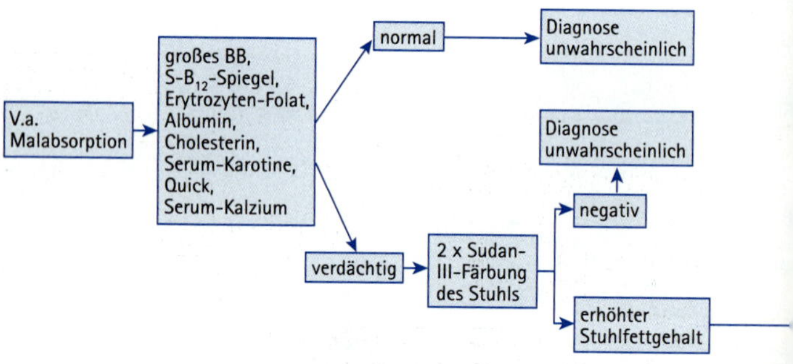

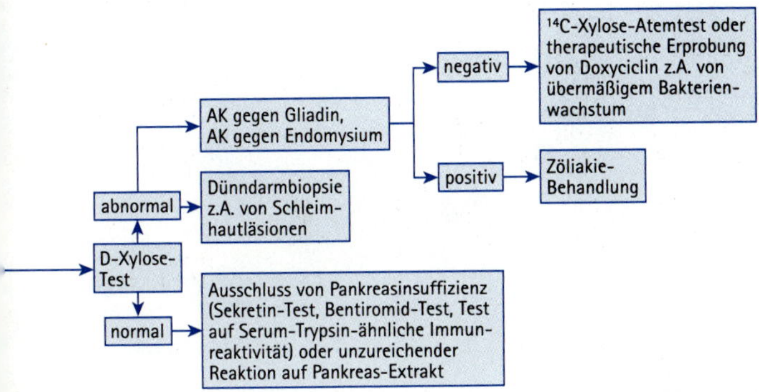

¹⁴C-Xylose-Atemtest oder therapeutische Erprobung von Doxycyclin z.A. von übermäßigem Bakterienwachstum
negativ
AK gegen Gliadin, AK gegen Endomysium
positiv
Zöliakie-Behandlung
Dünndarmbiopsie z.A. von Schleimhautläsionen
abnormal
D-Xylose-Test
normal
Ausschluss von Pankreasinsuffizienz (Sekretin-Test, Bentiromid-Test, Test auf Serum-Trypsin-ähnliche Immunreaktivität) oder unzureichender Reaktion auf Pankreas-Extrakt

130. Mamma-Karzinom

Bilddiagnostik

Best Test(s)
- Diagnostische Mammographie
- Mamma-Sonographie

Ergänzende Tests
- Mamma-MRT in bestimmten Fällen (z.B. bei Brustimplantaten)

Laborwerte

Best Test(s)
- ∅

Ergänzende Tests
- Punktion und Zytologie von Zysten in der Mamma

Diagnostischer Algorithmus

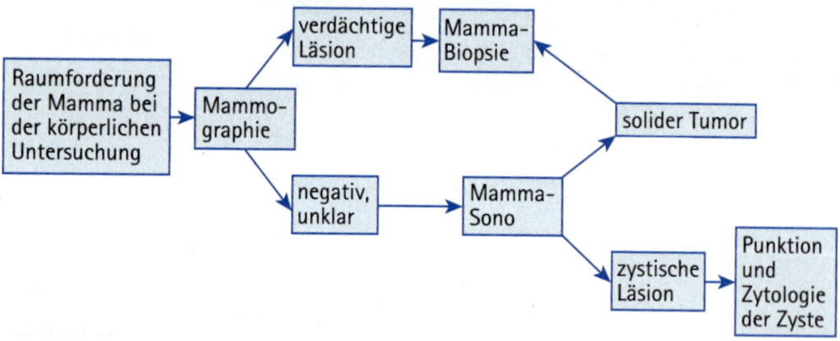

131. Mastoiditis

Bilddiagnostik

Best Test(s)
- CT des Processus mastoideus mit Kontrastmittel (kann eine Mastoiditis mit Knochendestruktion nachweisen)

Ergänzende Tests
- Röntgen-Nativaufnahmen der betroffenen Region können Verschattungen nachweisen
- MRT mit Kontrastmittel besitzt eine höhere Sensitivität als das CT, um eine Beteiligung des Weichteilgewebes zu beurteilen und ist hilfreich in Verbindung mit dem CT zur Ermittlung anderer Komplikationen einer Mastoiditis

Laborwerte

Best Test(s)
- Gram-Färbung und Kulturen u. Antibiogramm der durch eine Myringektomie oder Drainage des Trommelfells gewonnenen Flüssigkeit

Ergänzende Tests
- Großes Blutbild mit Differentialblutbild

Diagnostischer Algorithmus

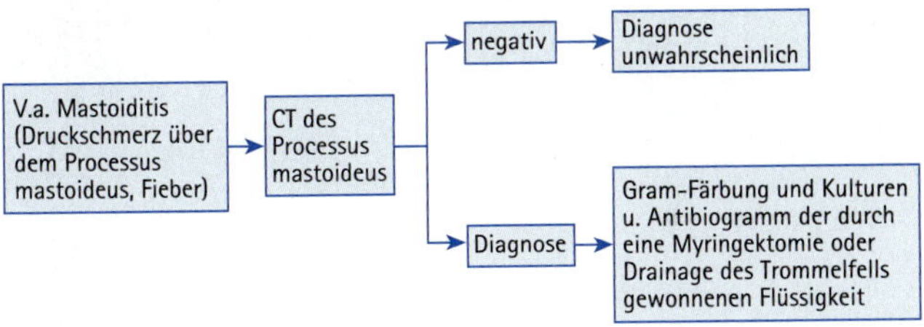

132. Meckel'sches Divertikel

Bilddiagnostik

Best Test(s)

- Meckel-Szintigraphie mit ^{99m}Tc-Pertechnetat

Ergänzende Tests

- Sonographie oder CT von Abdomen/Becken

Laborwerte

Best Test(s)

- Ø

Ergänzende Tests

- Großes Blutbild mit Differentialblutbild

Diagnostischer Algorithmus

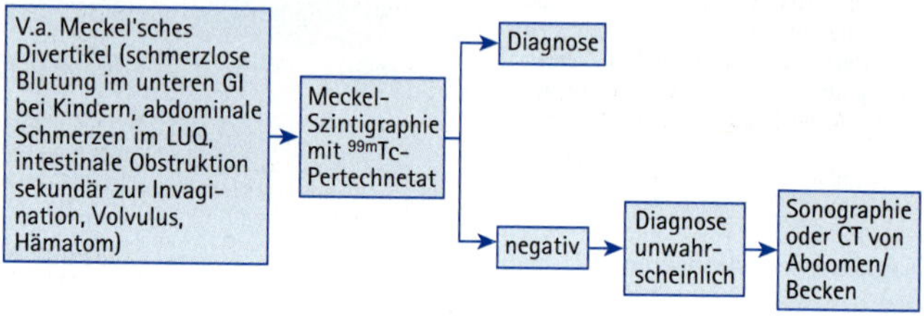

133. Meningiom

Bilddiagnostik

Best Test(s)
- CCT mit Kontrastmittel

Ergänzende Tests
- Kraniales MRT mit Kontrastmittel

Laborwerte

Best Test(s)
- Ø

Ergänzende Tests
- Ø

Diagnostischer Algorithmus

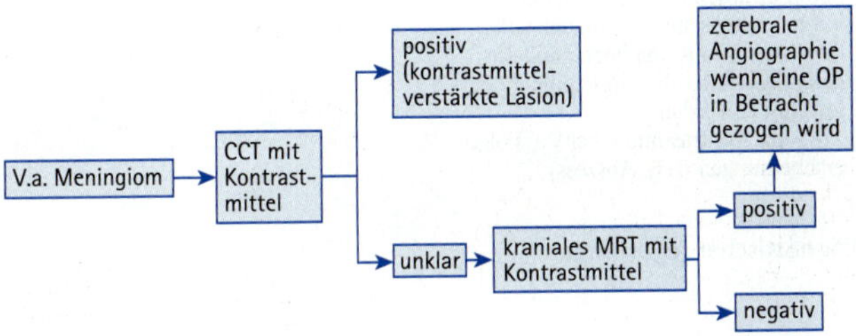

134. Meningitis

Bilddiagnostik

Best Test(s)

- Ø

Ergänzende Tests

- CCT mit Kontrastmittel, wenn sich bei der neurologischen Untersuchung fokal neurologische Defizite darstellen, der Patient im Koma liegt, papilläre Auffälligkeiten oder ein Papillenödem festgestellt werden
- MRT mit Kontrastmittel bei V.a. Folgeerscheinungen (z.B. Abszess)

Laborwerte

Best Test(s)

- Lumbalpunktion und Liquoruntersuchung (Messung des Öffnungsdrucks, Gram-Färbung, Proteine, Glukose, Leukozyten mit Differenzierung und bakterielle Antigene)

Ergänzende Tests

- Großes Blutbild mit Differentialblutbild
- 2 × Blutkulturen

Diagnostischer Algorithmus

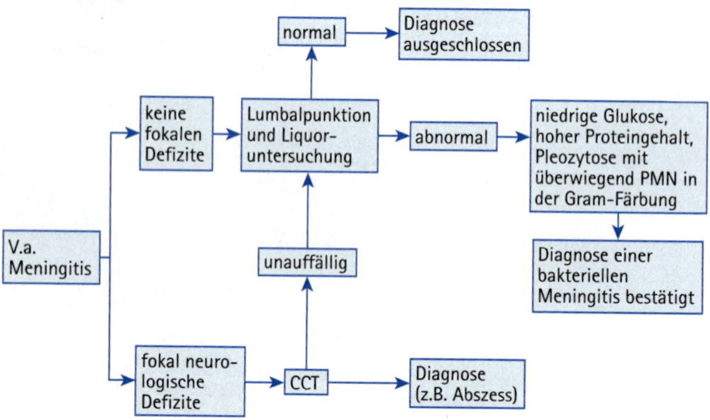

135. Mesenterialvenenthrombose

Bilddiagnostik

Best Test(s)
- Abdomen-CT mit i.v. Kontrastmittel (hilfreich zur Darstellung von Darmwandverdickungen, venöser Dilatation und venöser Thromben)

Ergänzende Tests
- Angiographie, wenn das CT ergebnislos ist
- Röntgen-Nativaufnahme des Abdomens (meist unspezifisch)

Laborwerte

Best Test(s)
- Großes Blutbild mit Differentialblutbild
- Serum-Elektrolyte, Säure-Basen-Status (eine metabolische Azidose ist ein Hinweis auf einen möglichen Darminfarkt)

Ergänzende Tests
- Serum-Amylase
- Abklärung einer Hyperkoagulabilität (z.B. Quick, PTT, Thrombozyten, Protein C, Protein S, Antithrombin III)

Diagnostischer Algorithmus

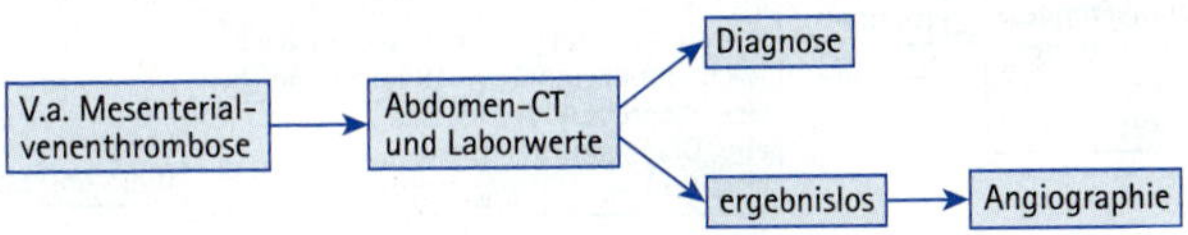

136. Mesotheliom

Bilddiagnostik

Best Test(s)
- Thorax-CT mit i.v. Kontrastmittel

Ergänzende Tests
- Abdomen-CT mit i.v. Kontrastmittel und Skelettszintigraphie zum Staging

Laborwerte

Best Test(s)
- Pleurabiopsie

Ergänzende Tests
- Zytologie von einer diagnostischen Thorakozentese ist im Allgemeinen nicht ausreichend für eine Diagnose
- Lungenfunktionstest

Diagnostischer Algorithmus

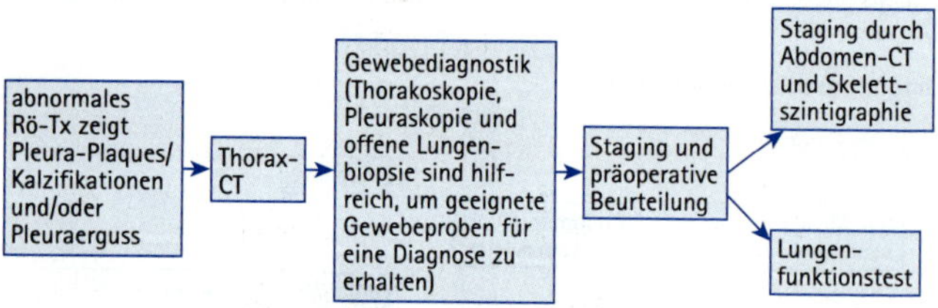

137. Mikrozytose

Bilddiagnostik

Best Test(s)
- ∅

Ergänzende Tests
- ∅

Laborwerte

Best Test(s)
- Bestimmung der Erythrozytenverteilungsbreite (EVB)

Ergänzende Tests
- Retikulozyten
- Ferritin-Spiegel, totale Eisenbindungskapazität, Serum-Eisen
- Hämoglobin-Elektrophorese

Diagnostischer Algorithmus

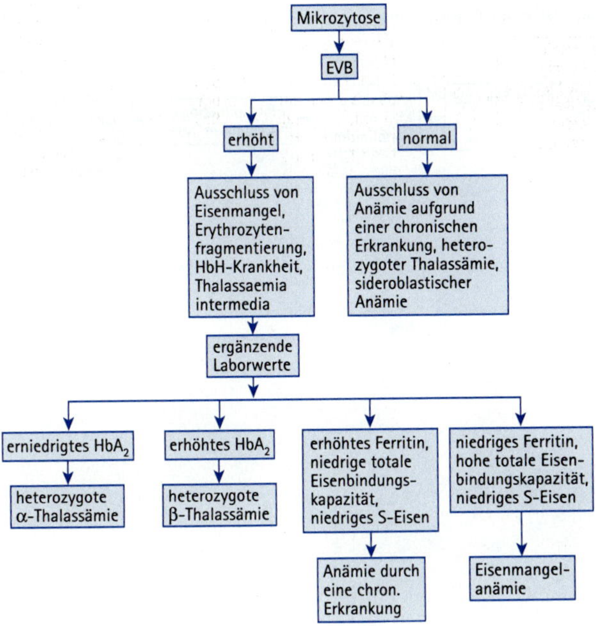

138. Multiple Sklerose

Bilddiagnostik

Best Test(s)

- Kraniales MRT mit Gadolinium

Ergänzende Tests

- MRT der HWS mit Gadolinium (in bestimmten Fällen)

Laborwerte

Best Test(s)

- Lumbalpunktion mit Liquoranalyse

Ergänzende Tests

- Agarose-Gel-Elektrophorese des Liquors (kann in ca. 90 % der Fälle oligoklonale Banden nachweisen)
- Erhöhtes Protein im Liquor, mononukleäre Lymphozyten, Gamma-Globulin (meist IgG)
- Nachweis von Myelinbasisprotein im Liquor

Diagnostischer Algorithmus

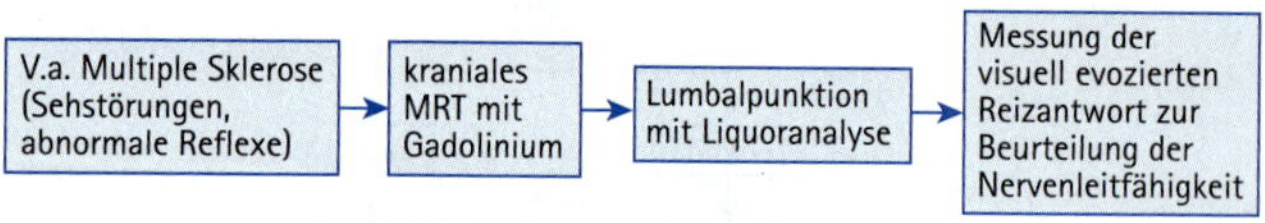

139. Muskelkrämpfe

Bilddiagnostik

Best Test(s)

- Ø

Ergänzende Tests

- Ø

Laborwerte

Best Test(s)

- CK (mit Fraktionierung bei erhöhtem Wert)

Ergänzende Tests

- Serum-Aldolase
- Serum-Elektrolyte, Harnstoff, Kreatinin, Kalzium, Magnesium, Phosphat, Glukose
- TSH
- Muskelbiopsie

Diagnostischer Algorithmus

vgl. folgende Seiten

Diagnostischer Algorithmus

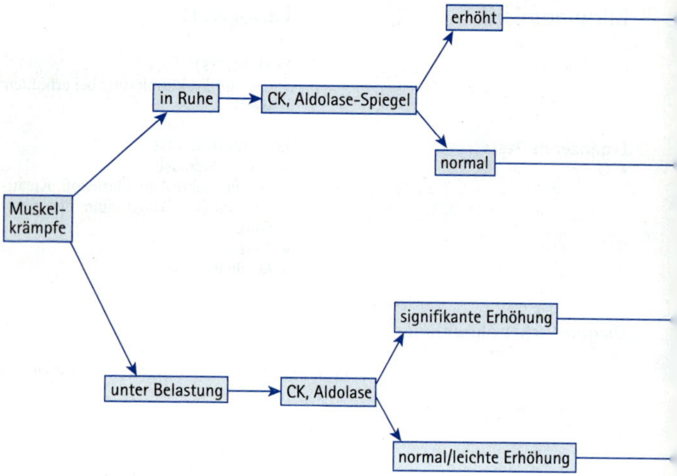

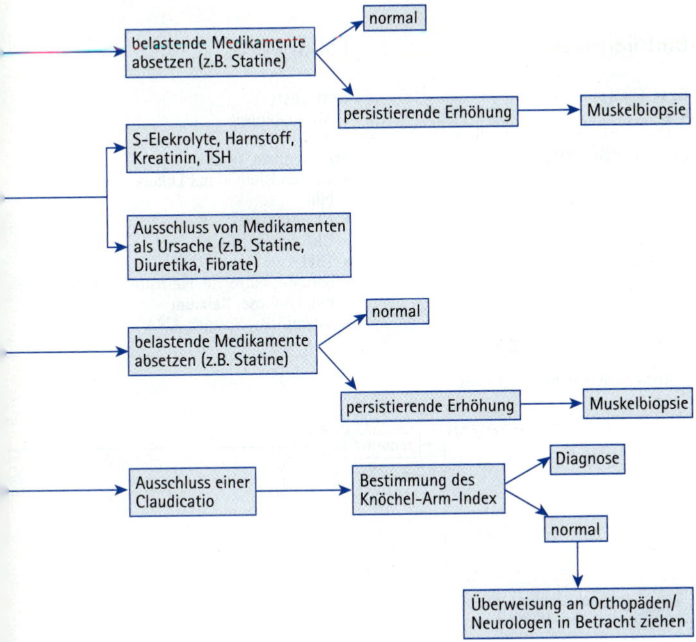
belastende Medikamente absetzen (z.B. Statine)
normal
persistierende Erhöhung
Muskelbiopsie
S-Elekrolyte, Harnstoff, Kreatinin, TSH
Ausschluss von Medikamenten als Ursache (z.B. Statine, Diuretika, Fibrate)
belastende Medikamente absetzen (z.B. Statine)
normal
persistierende Erhöhung
Muskelbiopsie
Ausschluss einer Claudicatio
Bestimmung des Knöchel-Arm-Index
Diagnose
normal
Überweisung an Orthopäden/ Neurologen in Betracht ziehen

140. Muskelschwäche

Bilddiagnostik

Best Test(s)
- ∅

Ergänzende Tests
- ∅

Laborwerte

Best Test(s)
- Muskelbiopsie

Ergänzende Tests
- Großes Blutbild mit Differentialblutbild
- CK, Aldolase
- BKS (unspezifisch)
- TSH
- Serum-Elektrolyte, Harnstoff, Kreatinin, Glukose, Kalzium
- Vitamin-B_{12}-Spiegel, ANA

Diagnostischer Algorithmus

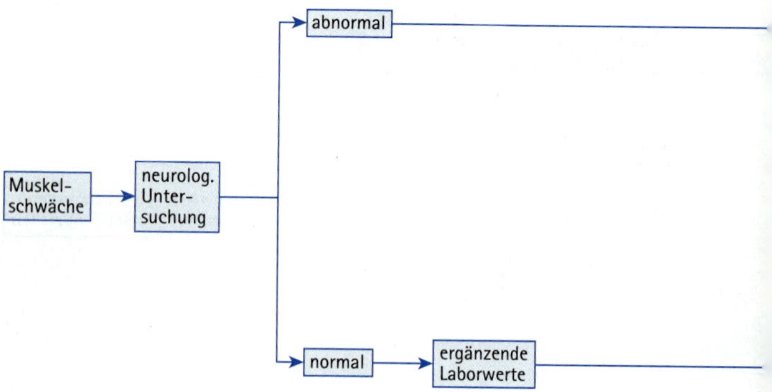

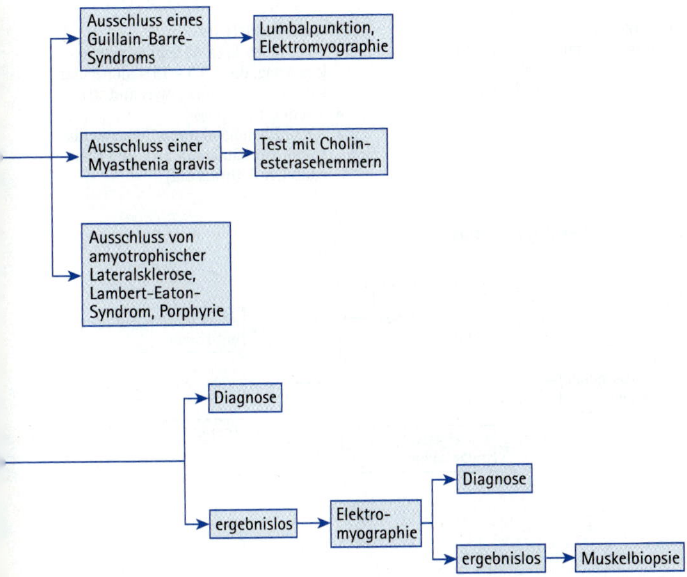
Ausschluss eines Guillain-Barré-Syndroms
Lumbalpunktion, Elektromyographie
Ausschluss einer Myasthenia gravis
Test mit Cholinesterasehemmern
Ausschluss von amyotrophischer Lateralsklerose, Lambert-Eaton-Syndrom, Porphyrie
Diagnose
ergebnislos
Elektromyographie
Diagnose
ergebnislos
Muskelbiopsie

141. Myasthenia gravis

Bilddiagnostik

Best Test(s)

- Ø

Ergänzende Tests

- Thorax-CT mit i.v. Kontrastmittel z.A. eines Thymoms (kann bei 12 % der Patienten mit Myasthenia gravis nachgewiesen werden)

Laborwerte

Best Test(s)

- Acetylcholinrezeptorantikörper (nachweisbar bei 90 % der Patienten mit generalisierter Myasthenia gravis und 60 % der Patienten mit okulärer Myasthenia gravis). Dieser Test sollte nur eingesetzt werden, wenn der Test mit Cholinesterasehemmern (z. B. Prostigmin®- oder Tensilon®-Test) den Verdacht einer Myasthenia gravis bestärkt

Ergänzende Tests

- TSH, freies T_4 (z.A. Schilddrüsenerkrankung, die bei 5 – 15 % der Patienten mit Myasthenia gravis auftritt)
- Vitamin-B_{12}-Spiegel
- ANA, Rheumafaktoren (Myasthenia gravis tritt häufig mit SLE und rheumatoider Arthritis auf)

Diagnostischer Algorithmus

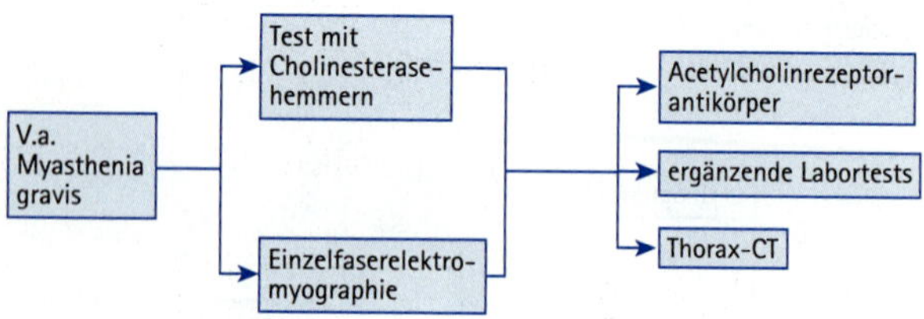

142. Myokardischämie

Bilddiagnostik

Best Test(s)
- Stress-Myokardszintigraphie

Ergänzende Tests
- Stress-Echokardiographie
- Röntgen-Thorax
- EKG

Laborwerte

Best Test(s)
- Herztroponine
- 2 × CK-MB

Ergänzende Tests
- Blutfettwerte
- Glukose, Kreatinin
- Großes Blutbild

Diagnostischer Algorithmus

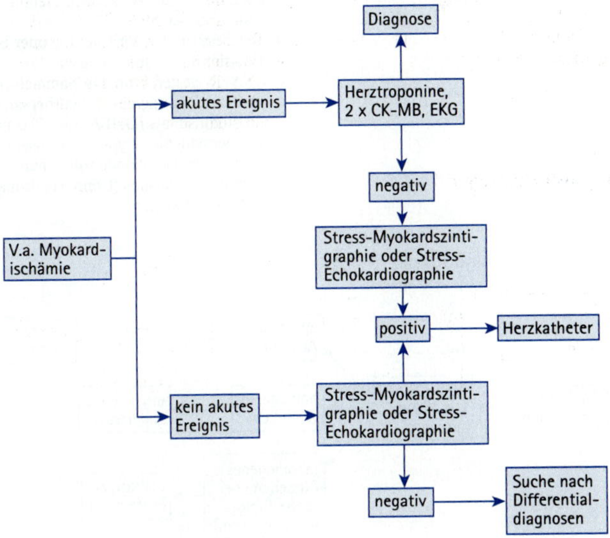

143. Nebennierentumor

Bilddiagnostik

Best Test(s)

- MRT der Nebennieren mit Kontrastmittel

Ergänzende Tests

- CT der Nebennieren mit und ohne Kontrastmittel, wenn ein MRT kontraindiziert ist

Laborwerte

Best Test(s)

- Serum-Elektrolyte

Ergänzende Tests

- Bei Symptomen eines Phäochromozytoms: Bestimmung von Katecholaminmetaboliten (Metanephrine, Normetanephrin) im angesäuerten 24h-Sammelurin, Bestimmung der Katecholamine im Plasma
- Bei cushingoidem Aussehen: Durchführung des Dexamethason-Hemmtests über Nacht
- Bei Zeichen von Virilisierung oder Feminisierung: Bestimmung von 17α-Hydroxyprogesteron im 24h-Sammelurin und Bestimmung des Dehydroepiandrosteronsulfats (DHEAS) im Plasma
- Bei permanenter Hypertonie zusammen mit Hypokaliämie sollte man Hyperaldosteronismus (Conn-Syndrom) in Betracht ziehen

Diagnostischer Algorithmus

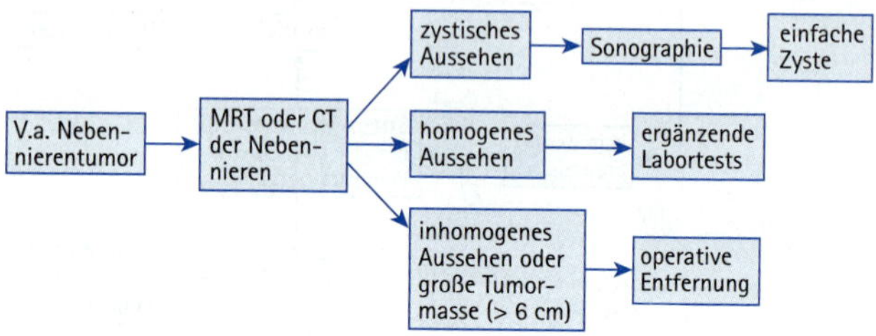

144. Nekrose, aseptische

Bilddiagnostik

Best Test(s)
- MRT des betroffenen Gelenks

Ergänzende Tests
- Skelettszintigraphie, wenn ein MRT kontraindiziert oder nicht schnell verfügbar ist
- Röntgen-Nativ-Aufnahmen sind im Frühstadium normalerweise nicht sensitiv

Laborwerte

Best Test(s)
- Ø

Ergänzende Tests
- Großes Blutbild mit Differentialblutbild
- BKS (unspezifisch)
- ANA

Diagnostischer Algorithmus

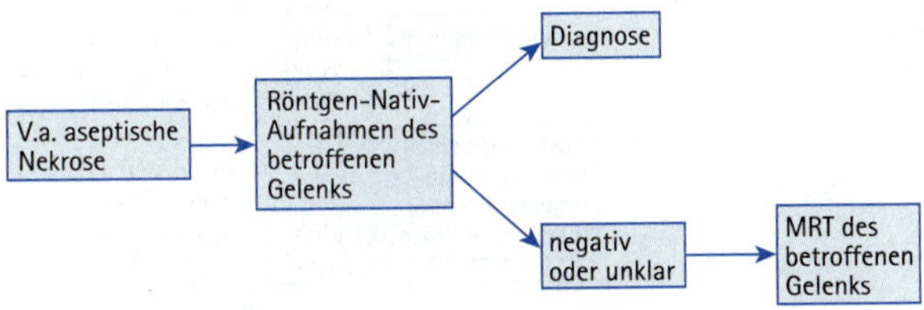

145. Neutropenie

Bilddiagnostik

Best Test(s)

- Ø

Ergänzende Tests

- Abdomen-CT mit i.v. Kontrastmittel

Laborwerte

Best Test(s)

- Knochenmarkuntersuchung

Ergänzende Tests

- Großes Blutbild mit Differentialblutbild
- HIV
- 2 × Blutkulturen, Urinkulturen u. Antibiogramm
- Vitamin-B_{12}-Spiegel, Folate

Diagnostischer Algorithmus

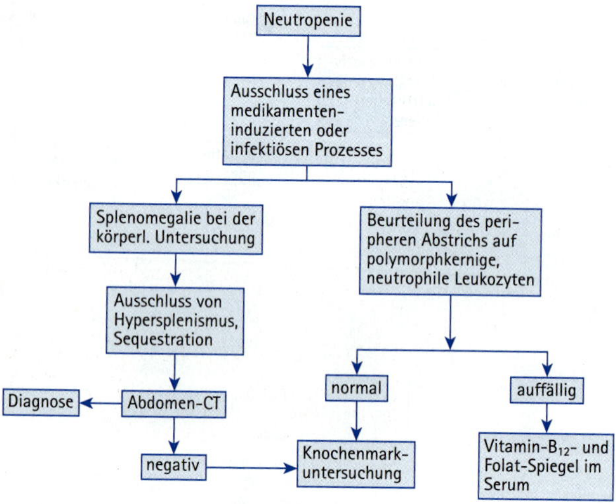

146. Nierenarterienstenose

Bilddiagnostik

Best Test(s)
- MRT der Nierenarterien

Ergänzende Tests
- Nieren-Sonographie
- Captopril-Nierensequenzszintigraphie, wenn eine Operation in Betracht gezogen wird
- Angiographie beweist die Diagnose und kann auch zu interventionellen Eingriffen genutzt werden (Angioplastie, Stent-Implantation)

Laborwerte

Best Test(s)
- Seitengetrennte Reninmessung im Nierenvenenblut ist Gold-Standard (ist jedoch teuer und invasiv)

Ergänzende Tests
- Serum-Kreatinin, Harnstoff, Elektrolyte
- Urin-Status

Diagnostischer Algorithmus

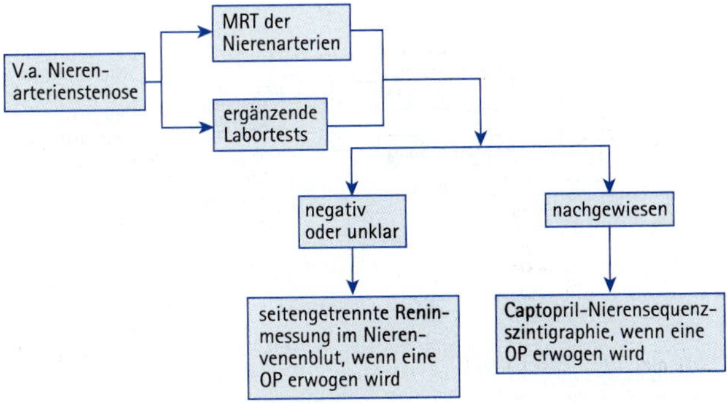

147. Niereninsuffizienz

Bilddiagnostik

Best Test(s)

- Nieren-Sonographie

Ergänzende Tests

- Röntgen-Thorax (z.A. Pleuraerguss, pulmonale/renale Syndrome [z.B. Goodpasture-Syndrom, Wegener-Granulomatose])
- CT-Untersuchung der Nieren ohne Kontrastmittel z.A. einer Obstruktion

Laborwerte

Best Test(s)

- Harnstoff/Kreatinin-Quotient (>20 bei prärenalem und postrenalem Nierenversagen; <20 bei renalem Nierenversagen)

Ergänzende Tests

- Serum-Osmolalität, Urin-Osmolalität
- Serum-Elektrolyte, Kalzium, Phosphat, Harnsäure, Magnesium
- Berechnung der fraktionellen Natriumexkretion (FE_{Na})
  $FE_{Na} = [Na\ (U) \times Kreatinin\ (S) / Na\ (S) \times Kreatinin\ (U)] \times 100$;
  $FE_{Na} < 1$ bei prärenalem Nierenversagen, > 1 bei renalem Nierenversagen

Diagnostischer Algorithmus

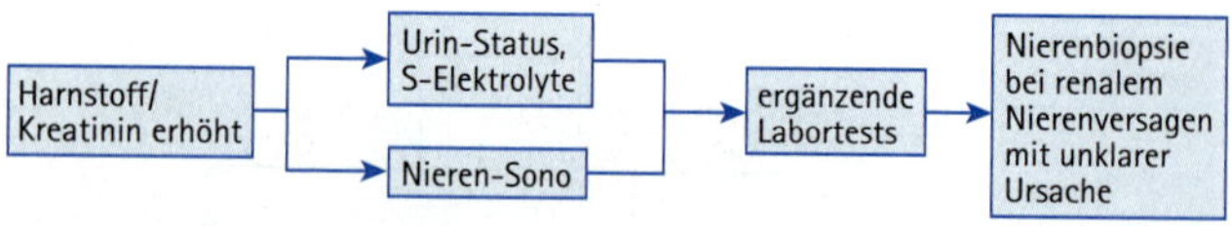

148. Nierentumor

Bilddiagnostik

Best Test(s)
- Nieren-CT mit und ohne i.v. Kontrastmittel

Ergänzende Tests
- Nieren-Sonographie bei zystischen Läsionen
- MRT der Nieren bei V.a. Nierenvenen- oder Vena-cava-Thrombose, oder wenn ein CT kontraindiziert ist
- I.v. Ausscheidungsurographie zur Beurteilung renaler Raumforderungen ist fragwürdig (fehlende Sensitivität und Spezifität, hohe Strahlenbelastung)

Laborwerte

Best Test(s)
- Urin-Status

Ergänzende Tests
- Serum-Kreatinin, Kalzium, Albumin
- BKS (unspezifisch)
- Großes Blutbild

Diagnostischer Algorithmus

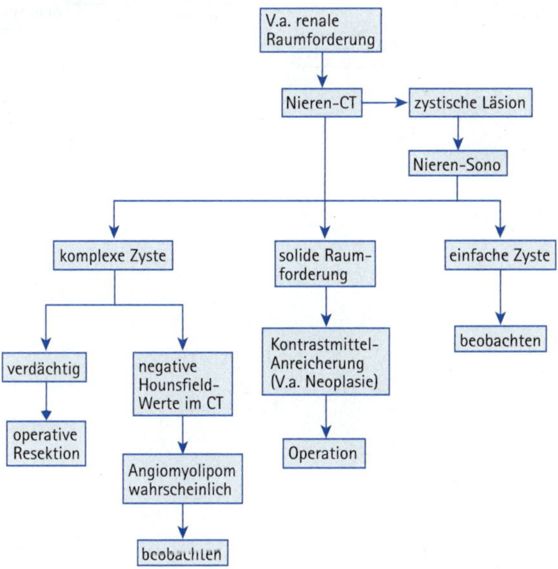

149. Nierenvenenthrombose

Bilddiagnostik

Best Test(s)
- Nieren-Angiographie

Ergänzende Tests
- Doppler-Sonographie des Abdomens ist häufig die Initialuntersuchung
- Abdomen-MRT
- Abdomen-CT mit Kontrastmittel

Laborwerte

Best Test(s)
- Ø

Ergänzende Tests
- Urin-Status
- Koagulopathie-Screening (Quick, PTT, Faktor-V-Leiden, Thrombozyten, Antithrombin III, Protein C, Protein S, Lupus-Antikoagulanz)
- Serum-Elektrolyte, Harnstoff, Kreatinin, GOT, GPT, Nüchternblutzucker

Diagnostischer Algorithmus

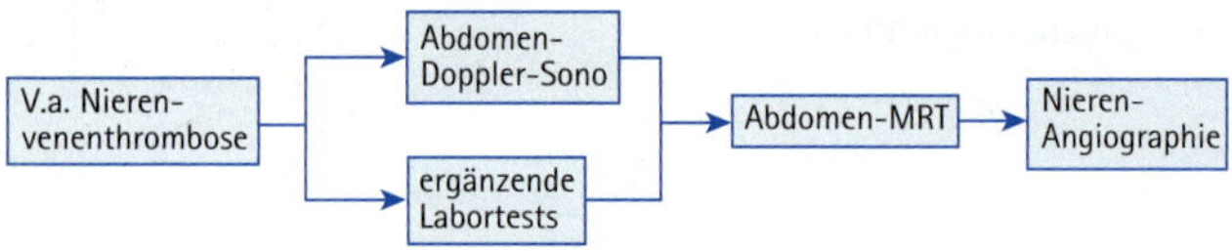

150. Normaldruckhydrozephalus

Bilddiagnostik

Best Test(s)
- Kranielles MRT ohne Kontrastmittel

Ergänzende Tests
- CCT ohne Kontrastmittel, wenn ein MRT kontraindiziert ist

Laborwerte

Best Test(s)
- Liquor-Untersuchung

Ergänzende Tests
- Urin-Status, Urinkulturen u. Antibiogramm
- Nüchternblutzucker

Diagnostischer Algorithmus

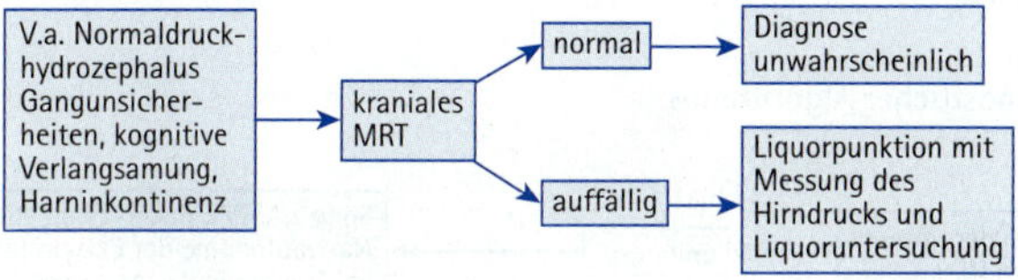

151. Ödeme, der unteren Extremität

Bilddiagnostik

Best Test(s)

- Doppler-Sonographie

Ergänzende Tests

- Röntgen-Nativaufnahmen der Extremitäten bei Patienten mit muskuloskelettalem Trauma in der Anamnese (z.A. Fraktur)
- Echokardiographie (z.A. Herzinsuffizienz, Klappenfehler)
- Becken-CT und/oder Becken-Sonographie

Laborwerte

Best Test(s)

- ∅

Ergänzende Tests

- D-Dimere mit ELISA bei V.a. TVT
- Kreatinin, GPT, Albumin
- TSH
- Urin-Status
- Protein im 24h-Sammelurin z.A. nephrotisches Syndrom, wenn der Urin-Status eine Proteinurie erkennen lässt

Diagnostischer Algorithmus

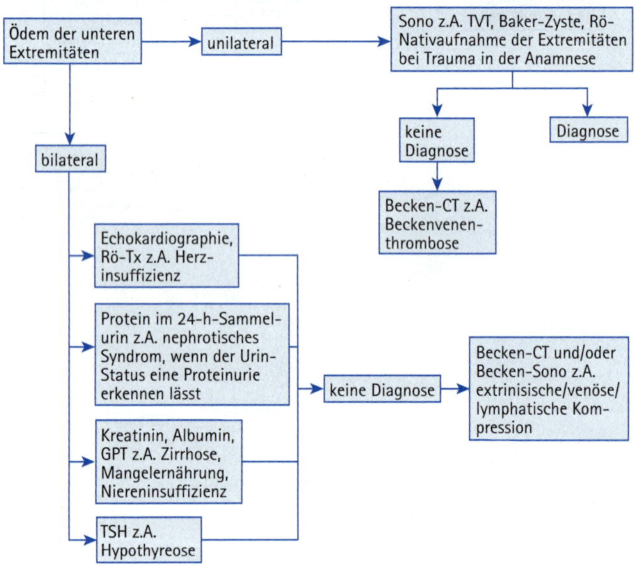

152. Ödeme, generalisierte

Bilddiagnostik

Best Test(s)
- Röntgen-Thorax

Ergänzende Tests
- Echokardiographie
- Abdomen-Sonographie

Laborwerte

Best Test(s)
- Serum-Albumin, Kreatin
- Urin-Status

Ergänzende Tests
- GOT, GPT, Harnstoff
- TSH

Diagnostischer Algorithmus

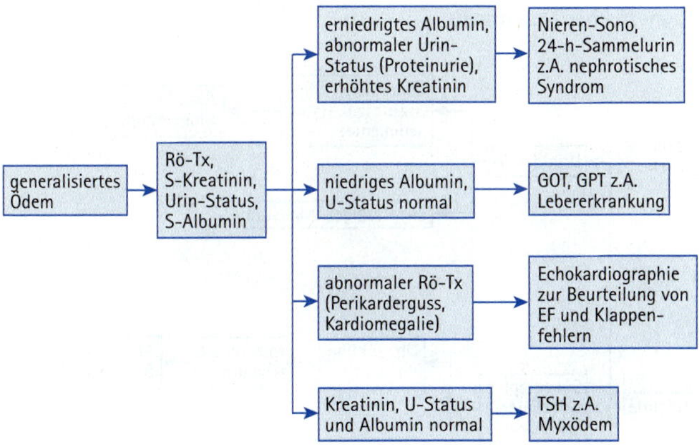

153. Oligurie

Bilddiagnostik

Best Test(s)
- Sonographie von Nieren/Harnblase

Ergänzende Tests
- Abdomen-/Becken-CT

Laborwerte

Best Test(s)
- Urin-Status

Ergänzende Tests
- Harnstoff, Kreatinin, Serum-Elektrolyte
- Serum-Osmolalität
- Urin-Osmolalität, Natrium im Urin
- Protein im 24h-Sammelurin
- Großes Blutbild

Diagnostischer Algorithmus

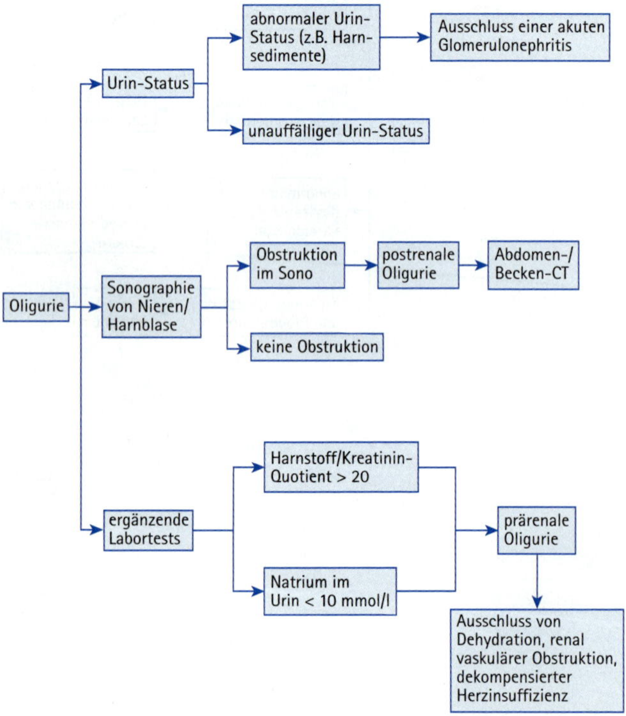

154. Ösophagusperforation

Bilddiagnostik

Best Test(s)
- Röntgendarstellung mit wasserlöslichem Kontrastmittel

Ergänzende Tests
- Röntgen-Thorax (p.a. und lateral)
- Hals- und Thorax-CT

Laborwerte

Best Test(s)
- Ø

Ergänzende Tests
- Großes Blutbild

Diagnostischer Algorithmus

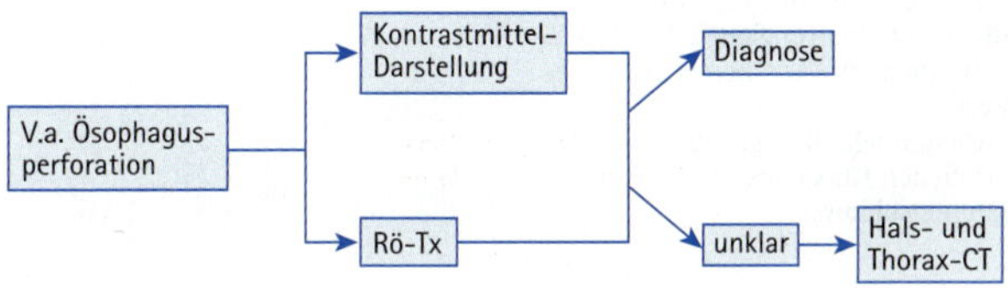

155. Osteomyelitis

Bilddiagnostik

Best Test(s)

- MRT des betroffenen Knochens mit Kontrastmittel ist das genaueste Untersuchungsverfahren

Ergänzende Tests

- 3-Phasen-Skelettszintigraphie mit ^{99m}Tc-MDP ist hilfreich, wenn das MRT kontrainidiziert oder nicht verfügbar ist
- Doppler-Sonographie der betroffenen Extremität ist hilfreich zur Bestimmung der Durchgängigkeit der Gefäße bei bestimmten Patienten (z. B. Diabetiker)
- Konventionelle Röntgenaufnahme des betroffenen Knochens ist die beste Initialuntersuchung

Laborwerte

Best Test(s)

- Kulturen vom Knochenmaterial nach chirurgischem Débridement

Ergänzende Tests

- BKS
- Großes Blutbild
- 2 × Blutkulturen

Diagnostischer Algorithmus

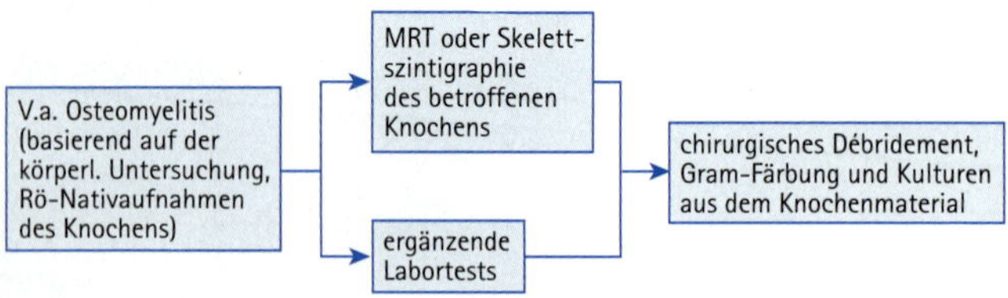

156. Osteoporose

Bilddiagnostik

Best Test(s)
- Duale Röntgenabsorptiometrie (DXA)

Ergänzende Tests
- Single-Photon-Absorptiometrie, Dual-Photon-Absorptiometrie oder Quantitative Computertomographie (QCT); die DXA sollte jedoch bevorzugt eingesetzt werden

Laborwerte

Best Test(s)
- Ø

Ergänzende Tests
- TSH
- PTH, Serum-Kalzium, Phosphat in bestimmten Fällen

Diagnostischer Algorithmus

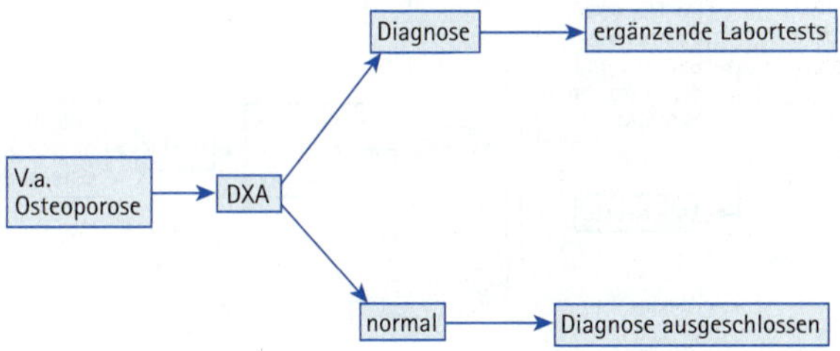

157. Paget, Morbus

Bilddiagnostik

Best Test(s)
- Röntgen-Nativaufnahmen des betroffenen Knochens zeigen hypo- und hyperdense Areale (Osteolysen und Sklerose)

Ergänzende Tests
- Skelettszintigraphie kann die Aktivität und das Ausmaß der Krankheit darstellen

Laborwerte

Best Test(s)
- Serum-AP (erhöht)

Ergänzende Tests
- Serum-Kalzium, Phosphat

Diagnostischer Algorithmus

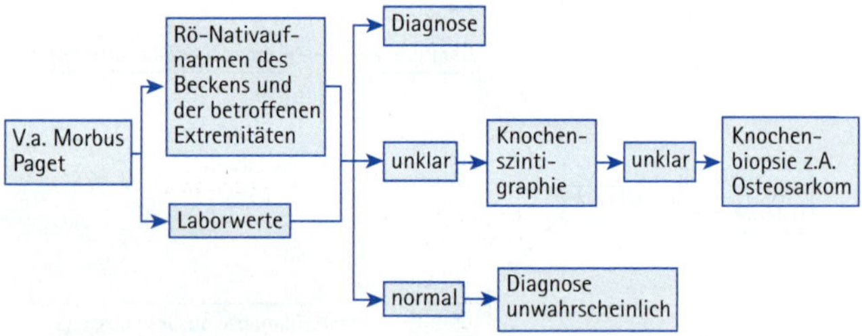

158. Panarteriitis nodosa

Bilddiagnostik

Best Test(s)
- Abdominale Arteriographie (zeigt kleine oder große Aneurysmen und fokale Konstriktionen zwischen dilatierten Segmenten, üblicherweise in den renalen, mesenterialen oder hepatischen Arterien)

Ergänzende Tests
- Abdomen-CT oder -Sonographie um andere Ursachen auszuschließen

Laborwerte

Best Test(s)
- Biopsie der kleinen oder mittelgroßen Arterien (normalerweise werden Biopsien des M. gastrocnemius und Nervus suralis durchgeführt)

Ergänzende Tests
- BKS, großes Blutbild
- HBsAg, ANA
- GPT, Harnstoff, Kreatinin
- pANCA

Diagnostischer Algorithmus

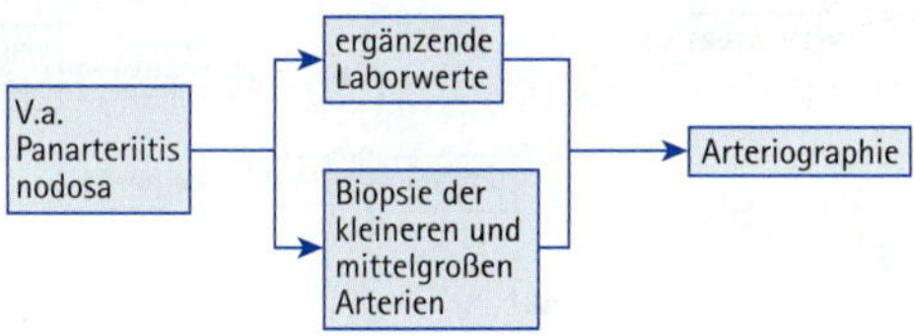

159. Pankreaskarzinom

Bilddiagnostik

Best Test(s)
- Hochauflösendes CT der Pankreasregion mit i.v. Kontrastmittel

Ergänzende Tests
- Abdomen-MRT bei unklarem CT
- Endoskopische Sonographie

Laborwerte

Best Test(s)
- Gewebeuntersuchung

Ergänzende Tests
- AP
- GOT, GPT

Diagnostischer Algorithmus

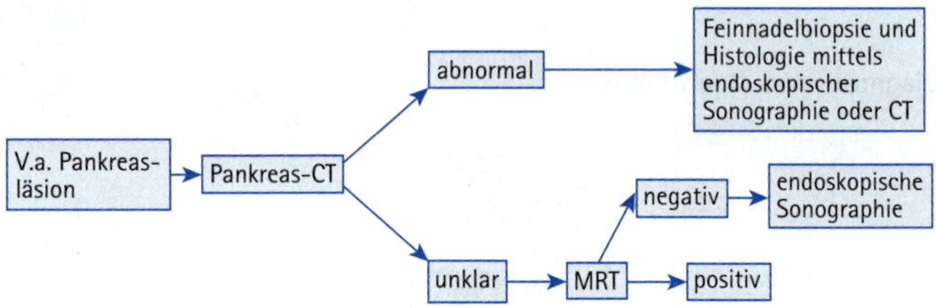

160. Pankreastumor

Bilddiagnostik

Best Test(s)
- Hochauflösendes CT der Pankreasregion mit i.v. Kontrastmittel

Ergänzende Tests
- ERCP
- Endoskopische Sonographie

Laborwerte

Best Test(s)
- Sonographie-gesteuerte Feinnadelbiopsie

Ergänzende Tests
- Serum-Amylase, Lipase
- AP, GPT
- Serum-Kalzium

Diagnostischer Algorithmus

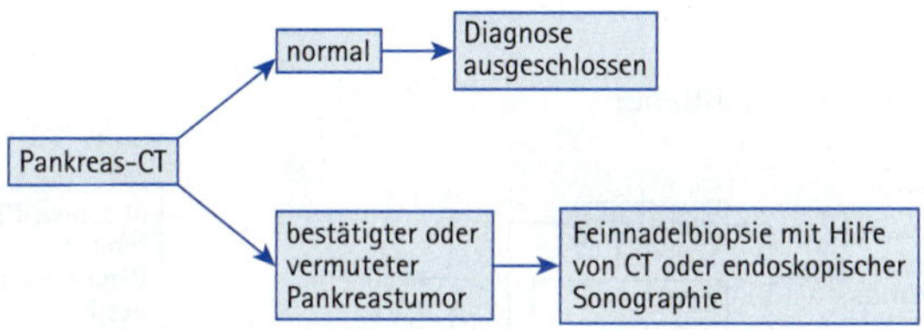

161. Pankreatitis, akute

Bilddiagnostik

Best Test(s)

- Abdomen-CT mit i.v. Kontrastmittel

Ergänzende Tests

- Abdomen-Sonographie bei V.a. Pankreatitis durch Cholelithiasis
- Röntgen-Nativaufnahme des Abdomens ist häufig die bildgebende Initialuntersuchung bei einem akuten Ereignis
- Röntgen-Thorax

Laborwerte

Best Test(s)

- Serum-Amylase
- Serum-Lipase

Ergänzende Tests

- Serum-Trypsin-Spiegel und Trypsinogen-Spiegel im Urin (sensitives Untersuchungsverfahren auf Pankreatitis, aber nicht überall verfügbar)
- GOT, GPT, Serum-Kalzium, Glukose, Elektrolyte
- Großes Blutbild, Urin-Status
- BGA's

Diagnostischer Algorithmus

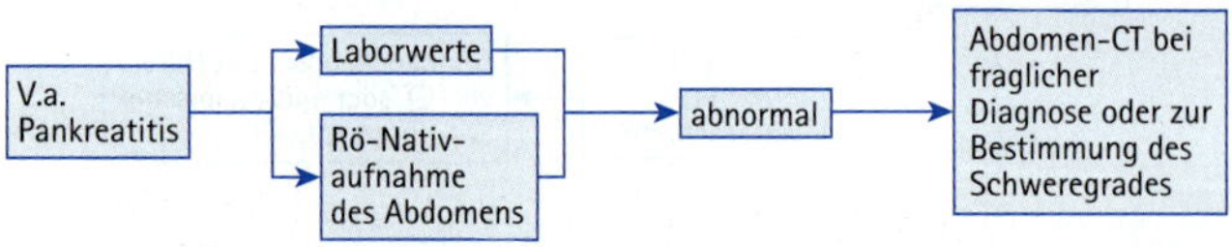

162. Peptisches Ulkus

Bilddiagnostik

Best Test(s)
- Endoskopie

Ergänzende Tests
- Magen-Darm-Passage, wenn der Patient einen endoskopischen Eingriff ablehnt
- Abdomen-Sonographie bei V.a. Cholelithiasis/Choleszystitis
- Abdomen-CT bei V.a. Pankreasläsion

Laborwerte

Best Test(s)
- Ø

Ergänzende Tests
- Helicobacter-pylori-Serologie
- Großes Blutbild
- Serum-Amylase bei akuten Bauchschmerzen

Diagnostischer Algorithmus

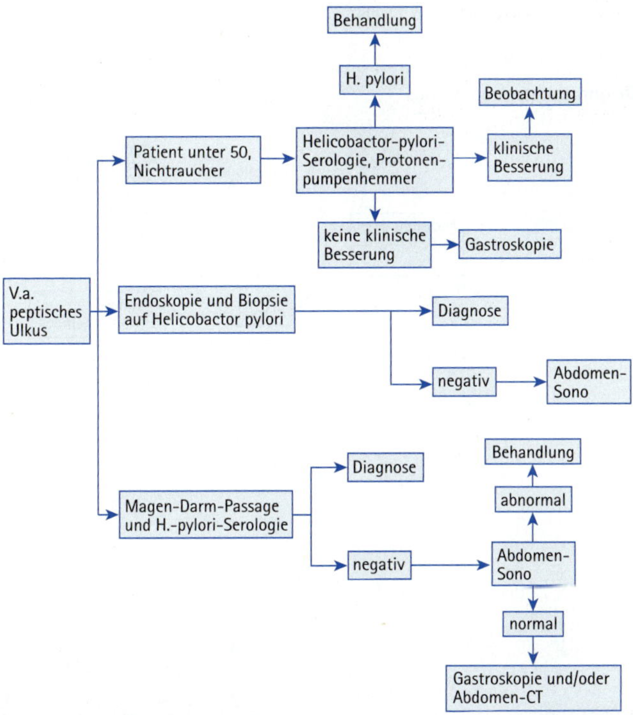

163. Periphere arterielle Verschlusskrankheit (pAVK)

Bilddiagnostik

Best Test(s)

- Doppler-Sonographie zur Messung des systolischen arteriellen Blutdrucks und Knöchel-Arm-Index

Ergänzende Tests

- Doppler-Sonographie kann eingesetzt werden, um einen Verschluss zu lokalisieren und um die Durchgängigkeit des peripheren arteriellen Systems oder implantierter Veneninterponate zu beurteilen
- Eine Angiographie ist indiziert vor chirurgischer Rekonstruktion, Angioplastie oder Platzierung eines Stents

Laborwerte

Best Test(s)

- ∅

Ergänzende Tests

- Nüchternblutzucker
- Blutfettwerte
- Kreatinin

Diagnostischer Algorithmus

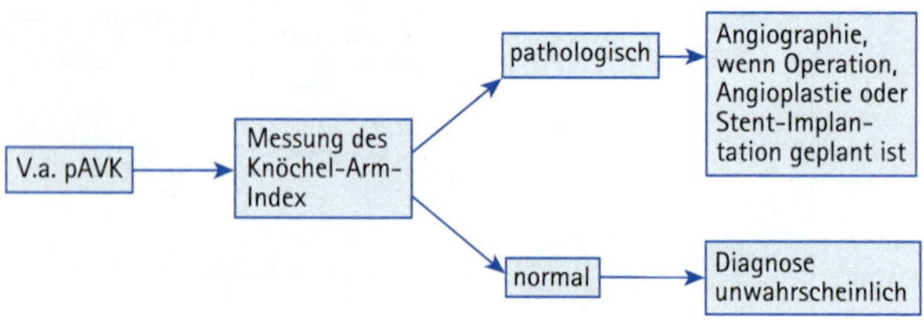

164. Pfortaderthrombose

Bilddiagnostik

Best Test(s)
- Doppler-Sonographie der Pfortader

Ergänzende Tests
- MRT der Pfortader bei unklarem Befund der Doppler-Sonographie
- Abdomen-CT mit i.v. Kontrastmittel (z.A. Neoplasie)

Laborwerte

Best Test(s)
- ∅

Ergänzende Tests
- Großes Blutbild mit Differentialblutbild
- Koagulopathie-Screening (Quick, PTT, Faktor-V-Leiden, Protein C, Protein S, Antithrombin III, Lupus-Antikoagulanz)
- GOT, GPT, Kreatinin, Urin-Status
- ANA

Diagnostischer Algorithmus

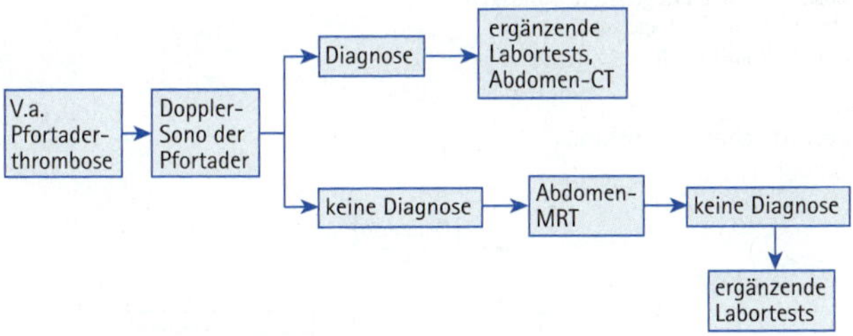

165. Phäochromozytom

Bilddiagnostik

Best Test(s)

- Szintigraphie mit ^{131}Jod-Metaiodobenzylguanidin (MIBG) (Sensitivität von 100 %). Dieses Analogon von Norepinephrin ist in der Lage, adrenerges Gewebe zu lokalisieren und besonders hilfreich zur Lokalisierung extra-adrenaler Phäochromozytome

Ergänzende Tests

- Abdomen-MRT mit i.v. Kontrastmittel
- 6 [^{18} F]-Fluorodopamin-PET ist Fällen vorbehalten, bei denen klinische Symptome und Zeichen an ein Phäochromozytom denken lassen, die Ergebnisse biochemischer Tests positiv konventionelle bildgebende Verfahren aber nicht in der Lage sind, den Tumor zu lokalisieren

Laborwerte

Best Test(s)

- Bestimmung der Katecholamine (im Plasma weisen Werte > 2000 ng/l und im angesäuerten 24h-Sammelurin Werte > 200 ng/l mit hoher Wahrscheinlichkeit auf ein Phäochromozytom hin)

Ergänzende Tests

- Clonidin-Test

Diagnostischer Algorithmus

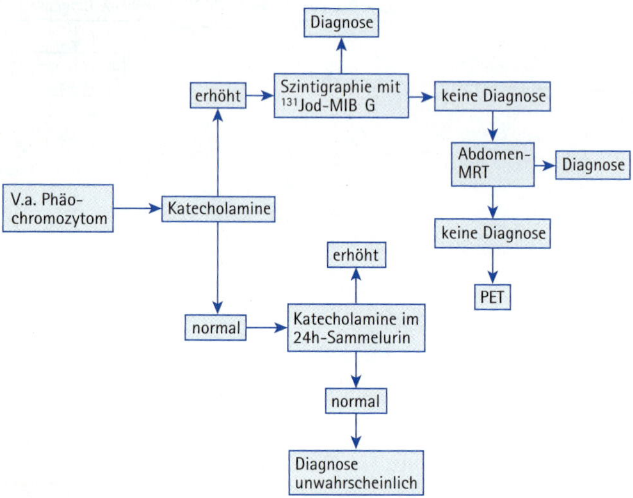

166. Placenta praevia

Bilddiagnostik

Best Test(s)
- Schwangerschafts-Sonographie

Ergänzende Tests
- MRT kann ebenfalls eine Placenta praevia darstellen; dennoch ist die Sonographie das bevorzugte Diagnoseverfahren

Laborwerte

Best Test(s)
- Ø

Ergänzende Tests
- Großes Blutbild

Diagnostischer Algorithmus

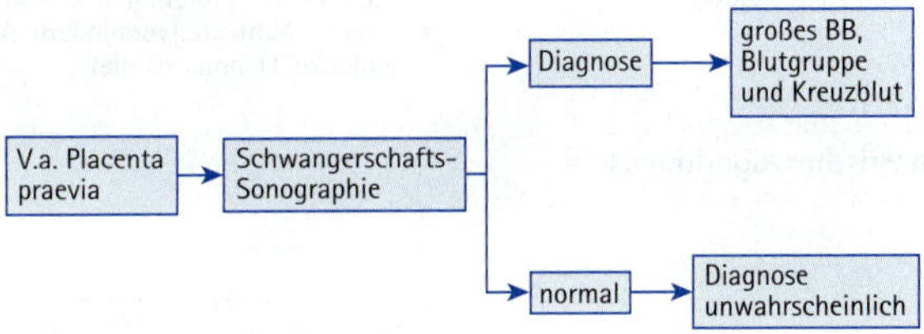

167. Plasmozytom (multiples Myelom)

Bilddiagnostik

Best Test(s)
- Ø

Ergänzende Tests
- Röntgen-Nativaufnahmen schmerzhafter Areale können lytische Knochenläsionen darstellen
- Skelettszintigraphie ist wenig hilfreich, da die Knochenläsionen nicht osteoblastisch sind
- Nieren-Sonographie, wenn eine Niereninsuffizienz vorliegt

Laborwerte

Best Test(s)
- Immunfixation aus Serum und Urin
- Knochenmarkuntersuchung

Ergänzende Tests
- Großes Blutbild und peripherer Abstrich (normochrome Anämie, normozytische Anämie, Pseudoagglutination, Thrombozytopenie)
- Serum-Kalzium (erhöht)
- Urin-Status (Proteinurie)
- Harnstoff, Kreatinin, Harnsäure, LDH, Gesamtprotein (alle erhöht)
- Serum-Elektrolyte (verminderte Anionenlücke, Hyponatriämie)

Diagnostischer Algorithmus

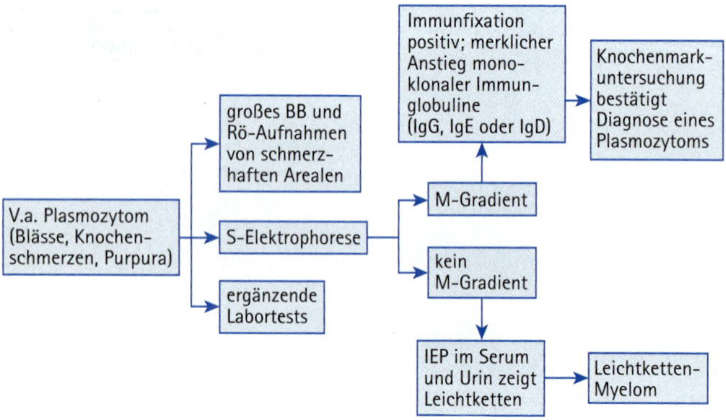

168. Pleuraerguss

Bilddiagnostik

Best Test(s)
- Röntgen-Thorax

Ergänzende Tests
- Thorax-CT ohne Kontrastmittel
- Sonographie bei einer diagnostischen Pleurapunktion (wenn nötig)

Laborwerte

Best Test(s)
- Diagnostische Pleurapunktion und Analyse des Punktats auf pH, LDH, Glukose, Zellzahl, Proteine

Ergänzende Tests
- Serum-Gesamtprotein, Albumin, LDH, Glukose
- Großes Blutbild
- Pleurabiopsie

Diagnostischer Algorithmus
vgl. folgende Seiten

Diagnostischer Algorithmus

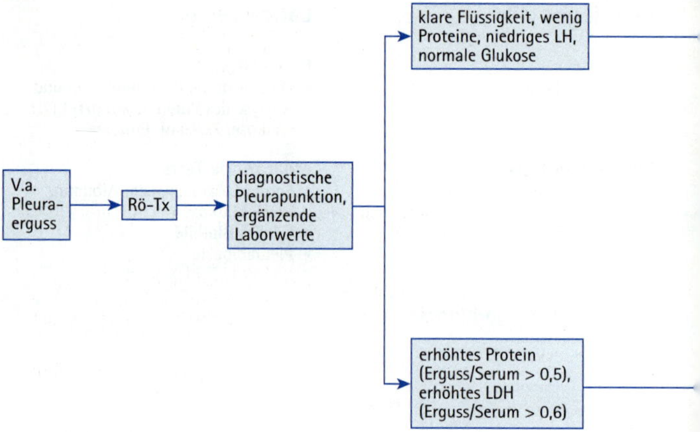

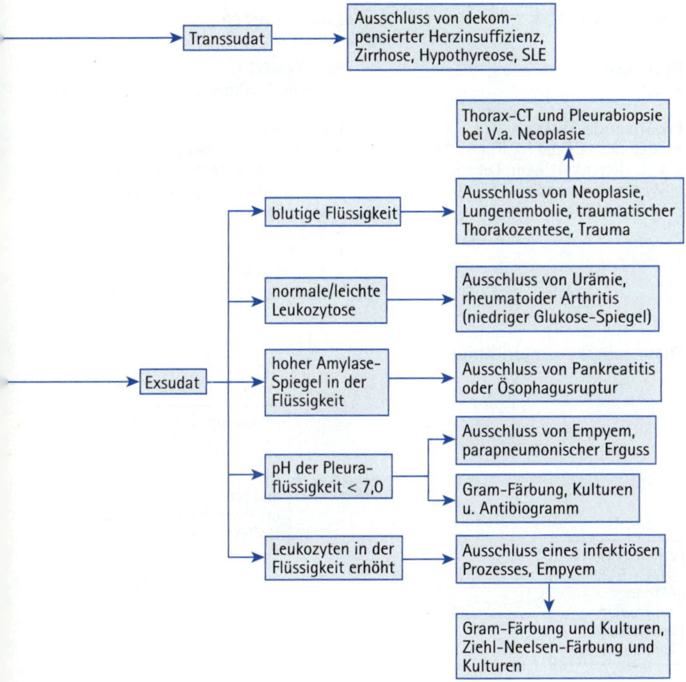
Transsudat
Ausschluss von dekompensierter Herzinsuffizienz, Zirrhose, Hypothyreose, SLE
Thorax-CT und Pleurabiopsie bei V.a. Neoplasie
blutige Flüssigkeit
Ausschluss von Neoplasie, Lungenembolie, traumatischer Thorakozentese, Trauma
normale/leichte Leukozytose
Ausschluss von Urämie, rheumatoider Arthritis (niedriger Glukose-Spiegel)
Exsudat
hoher Amylase-Spiegel in der Flüssigkeit
Ausschluss von Pankreatitis oder Ösophagusruptur
pH der Pleuraflüssigkeit < 7,0
Ausschluss von Empyem, parapneumonischer Erguss
Gram-Färbung, Kulturen u. Antibiogramm
Leukozyten in der Flüssigkeit erhöht
Ausschluss eines infektiösen Prozesses, Empyem
Gram-Färbung und Kulturen, Ziehl-Neelsen-Färbung und Kulturen

169. Polycythaemia vera

Bilddiagnostik

Best Test(s)

- Ø

Ergänzende Tests

- Abdomen-CT mit i.v. Kontrastmittel z.A. Nierenkarzinom, Leberkarzinom, Zystennieren und zum Nachweis einer Splenomegalie

Laborwerte

Best Test(s)

- Serum-Erythropoetin-Spiegel (niedrig)

Ergänzende Tests

- Erhöhter Index der alkalischen Leukozytenphosphatase, erhöhter Vitamin-B_{12}-Spiegel, erhöhter Harnsäure-Spiegel
- Sauerstoffsättigung
- P_{50} (Sauerstoff-Dissoziationskurve)
- Messung der Gesamtmasse der Erythrozyten bei V.a. Stresserythrozytose

Diagnostischer Algorithmus

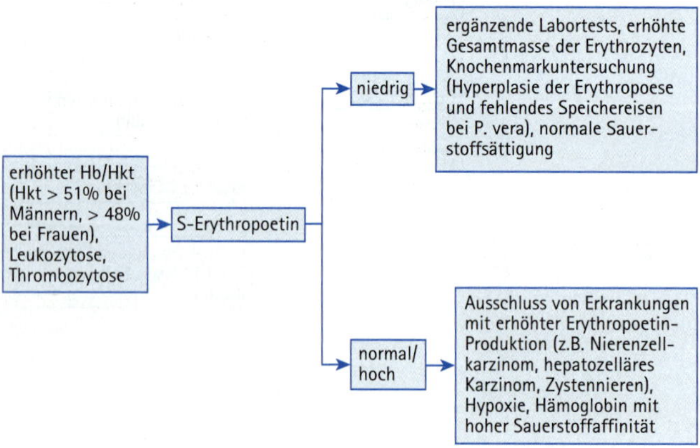

170. Prolaktinom

Bilddiagnostik

Best Test(s)
- MRT der Hypophyse mit Gadolinium

Ergänzende Tests
- CT der Hypophyse mit Kontrastmittel, wenn ein MRT kontraindiziert ist

Laborwerte

Best Test(s)
- Serum-Prolaktin-Spiegel

Ergänzende Tests
- TRH-Test kann bei unklaren Fällen hilfreich sein. Die normale Reaktion ist ein Anstieg des Serum-Prolaktin-Spiegels um 100 % innerhalb 1 h nach TRH-Injektion. Bleibt der Anstieg aus, besteht V.a. Hypophysen-Läsion.

Diagnostischer Algorithmus

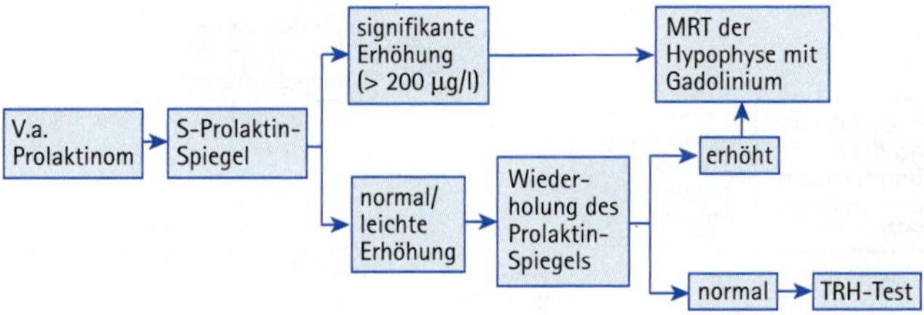

171. Prostatakarzinom

Bilddiagnostik

Best Test(s)

- Transrektale Sonographie ist hilfreich zur Führung bei Feinnadelbiopsie

Ergänzende Tests

- Becken-MRT ist hilfreich zum Nachweis von lokaler Ausbreitung und Lymphknotenmetastasierung
- Skelettszintigraphie eignet sich nur bei klinischem V.a. Knochenmetastasen

Laborwerte

Best Test(s)

- Prostatabiopsie

Ergänzende Tests

- PSA
- Freies PSA (bei Prostatakarzinom ist der Quotient freies PSA/Gesamt-PSA kleiner als bei BSH)

Diagnostischer Algorithmus

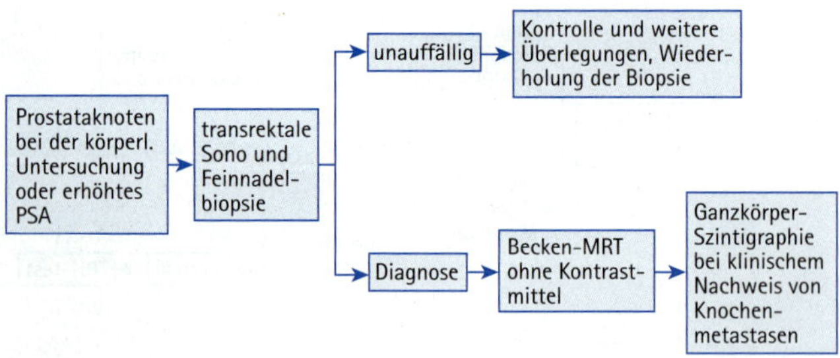

172. Proteinurie

Bilddiagnostik

Best Test(s)
- Ø

Ergänzende Tests
- Nieren-Sonographie

Laborwerte

Best Test(s)
- Protein im 24h-Sammelurin

Ergänzende Tests
- Serum-Glukose, Harnstoff, Kreatinin
- Urin-Elektrophorese
- ANA; C3-, C4-Komplement im Serum
- Serum-cANCA, pANCA
- Antikörper gegen glomeruläre Basalmembran (Anti-GBM-Antikörper)
- HBsAg, HCV, HIV
- Großes Blutbild

Diagnostischer Algorithmus

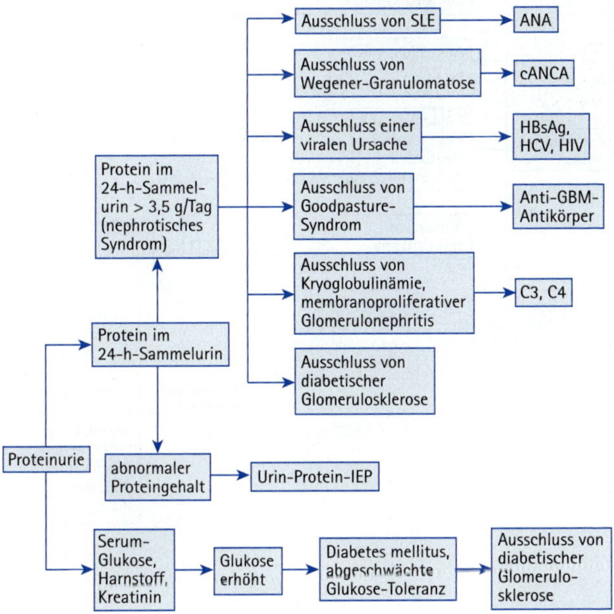

173. Pruritus, generalisierter

Bilddiagnostik

Best Test(s)
- Ø

Ergänzende Tests
- Röntgen-Thorax
- Abdomen- und Thorax-CT mit i.v. Kontrastmittel

Laborwerte

Best Test(s)
- Großes Blutbild mit Differentialblutbild

Ergänzende Tests
- BKS (unspezifisch)
- Nüchternblutzucker, Harnstoff, Kreatinin
- GOT, GPT, AP
- TSH

Diagnostischer Algorithmus

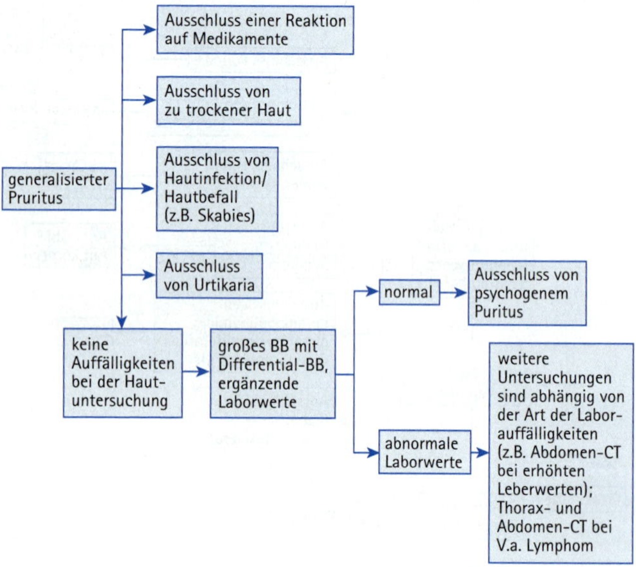

174. Pubertät, verspätete (Pubertas tarda)

Bilddiagnostik

Best Test(s)
- ∅

Ergänzende Tests
- MRT der Hypophyse mit Gadolinium
- Becken-Sonographie (bei Frauen)

Laborwerte

Best Test(s)
- FSH, LH

Ergänzende Tests
- Prolaktin
- Serum-Testosteron
- GnRH
- Chromosomale Karyotypisierung

Diagnostischer Algorithmus

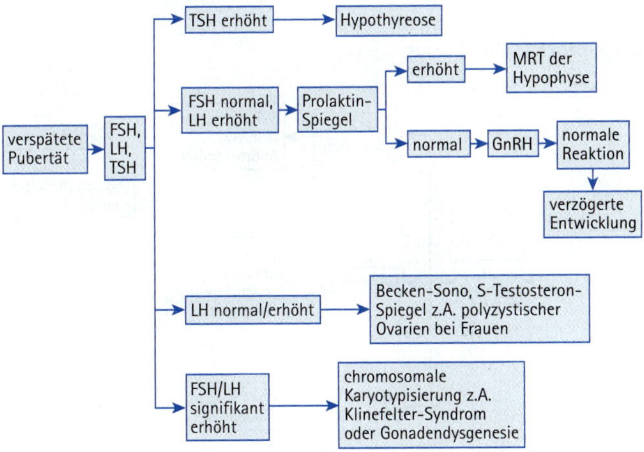

175. Pubertät, vorzeitige (Pubertas praecox)

Bilddiagnostik

Best Test(s)
- MRT der Hypophyse mit Gadolinium

Ergänzende Tests
- CT der Hypophyse, wenn ein MRT kontrainidiziert ist
- MRT oder CT der Nebennieren (z.A. Neoplasie)
- Hoden-Sonographie bei Patienten mit unilateraler Hodenschwellung

Laborwerte

Best Test(s)
- LH, FSH
- GnRH

Ergänzende Tests
- βhCG
- Serum-Testosteron (bei Männern)
- Serum-Östrogen (bei Frauen)
- TSH
- DHEA-S, 4-Androstendion
- Dexamethason-Hemmtest

Diagnostischer Algorithmus

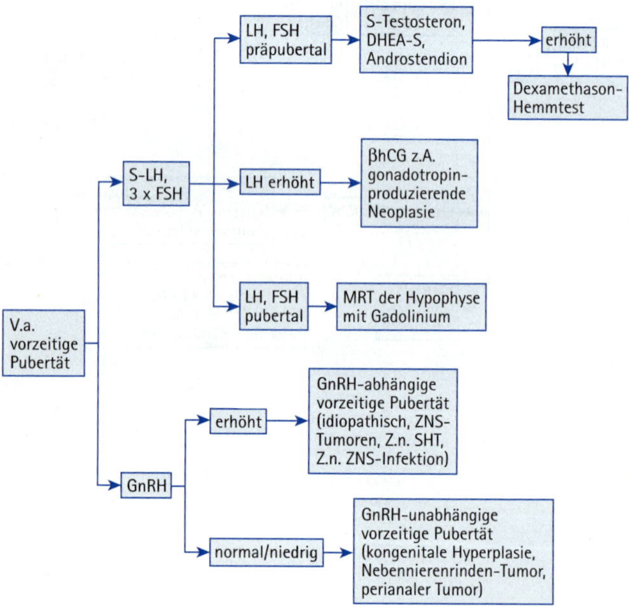

176. Pulmonale Rundherde

Bilddiagnostik

Best Test(s)
- Thorax-CT ohne Kontrastmittel

Ergänzende Tests
- PET

Laborwerte

Best Test(s)
- Feinnadelbiopsie des Rundherds

Ergänzende Tests
- Ø

Diagnostischer Algorithmus

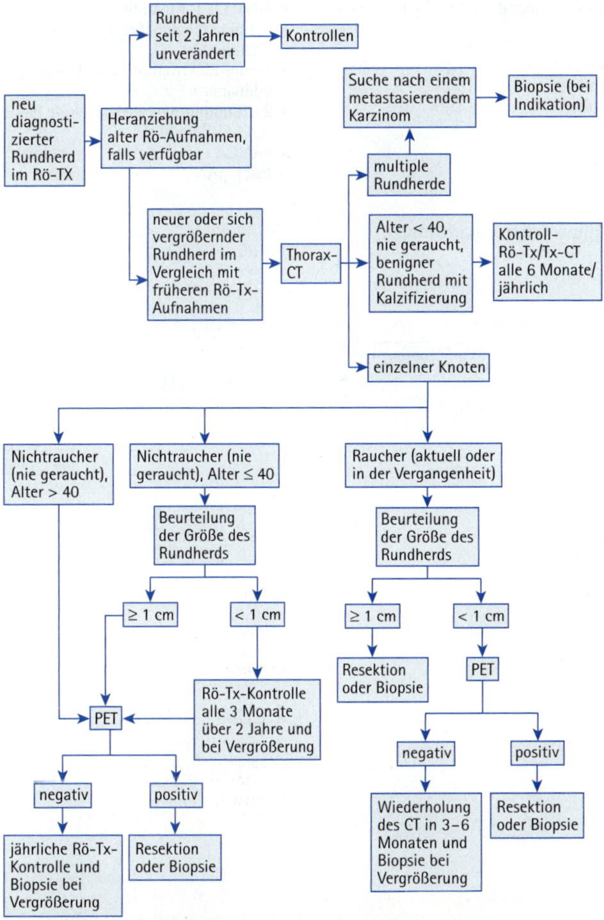

177. Purpura

Bilddiagnostik

Best Test(s)
- ∅

Ergänzende Tests
- Röntgen-Thorax bei V.a. bindegewebige Gefäßerkrankung oder Wegener-Granulomatose
- Echokardiographie bei V.a. Endokarditis

Laborwerte

Best Test(s)
- Thrombozyten

Ergänzende Tests
- Großes BB mit Differentialblutbild
- ANA (z.A. Vaskulitis, bindegewebige Gefäßerkrankung)
- GOT, GPT, Kreatinin
- Serum-Kryoglobuline (z.A. Kryoglobulinämie)
- Serum-Elektrophorese (z.A. Hyperglobulinämie)
- 2 × Blutkulturen (z.A. subakute bakterielle Endokarditis)
- cANCA (z.A. Wegener-Granulomatose), pANCA (z.A. Vaskulitis)

Diagnostischer Algorithmus

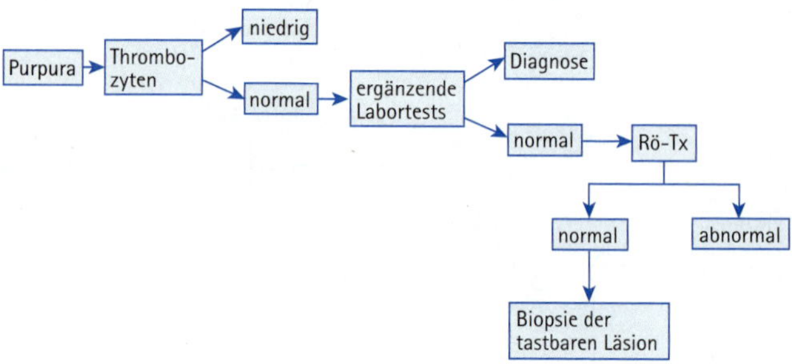

178. Raumforderung, intrakraniale

Bilddiagnostik

Best Test(s)

- Kraniales MRT mit i.v. Kontrastmittel

Ergänzende Tests

- CCT mit Kontrastmittel, wenn ein MRT kontraindiziert ist. CCT ohne Kontrastmittel ist nur hilfreich zur Beurteilung von knöchernen Erosionen oder Kalzifikationen.

Laborwerte

Best Test(s)

- Ø

Ergänzende Tests

- Ø

Diagnostischer Algorithmus

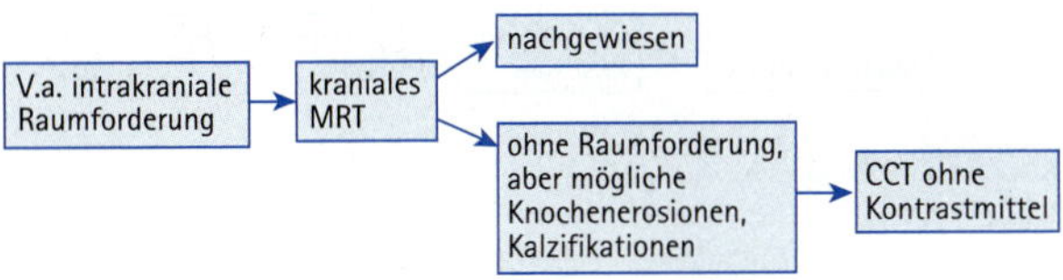

179. Rhabdomyolyse

Bilddiagnostik

Best Test(s)
- ∅

Ergänzende Tests
- ∅

Laborwerte

Best Test(s)
- CK mit Fraktionierung

Ergänzende Tests
- Serum-Harnstoff, Kreatinin, Elektrolyte, Kalzium, Phosphat, GOT, GPT, Harnsäure
- Großes Blutbild, Urin-Status
- Myoglobin-Spiegel in Serum und Urin

Diagnostischer Algorithmus

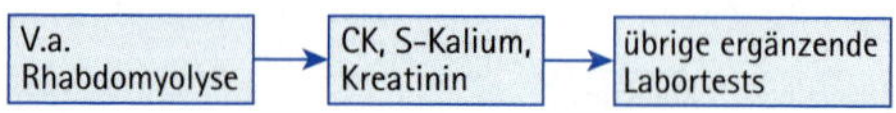

180. Rotatorenmanschettenruptur

Bilddiagnostik

Best Test(s)

- MRT der Schulter ohne Kontrastmittel

Ergänzende Tests

- Sonographie der oberen Extremität kann zur Diagnose bei V.a. Abriss des M. supraspinatus eingesetzt werden. Hauptnachteil zur Beurteilung eines Impingement-Syndroms der Schulter ist dabei die schlechte Darstellbarkeit des Labrums. Die Genauigkeit ist zudem untersucherabhängig
- MR-Arthrographie ist hilfreich bei Instabilität der Schulter zur Diagnose von Labrumrissen

Laborwerte

Best Test(s)

- ∅

Ergänzende Tests

- ∅

Diagnostischer Algorithmus

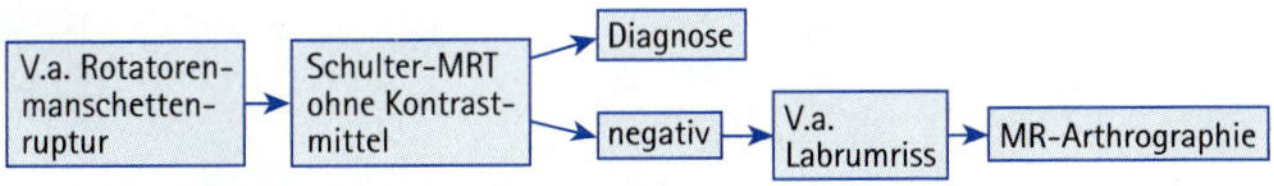

181. Rückenschmerzen, akute (im Lumbosakralbereich)

Bilddiagnostik

Best Test(s)

- MRT der LWS

Ergänzende Tests

- Röntgen-Nativ-Aufahmen der Wirbelsäule
- CT der LWS, wenn MRT kontraindiziert ist
- Sonographie oder CT der abdominalen Aorta bei V.a. AAA (abdominales Aorten-Aneurysma)

Laborwerte

Best Test(s)

- Ø

Ergänzende Tests

- Großes Blutbild
- BKS
- Urin-Status

Diagnostischer Algorithmus

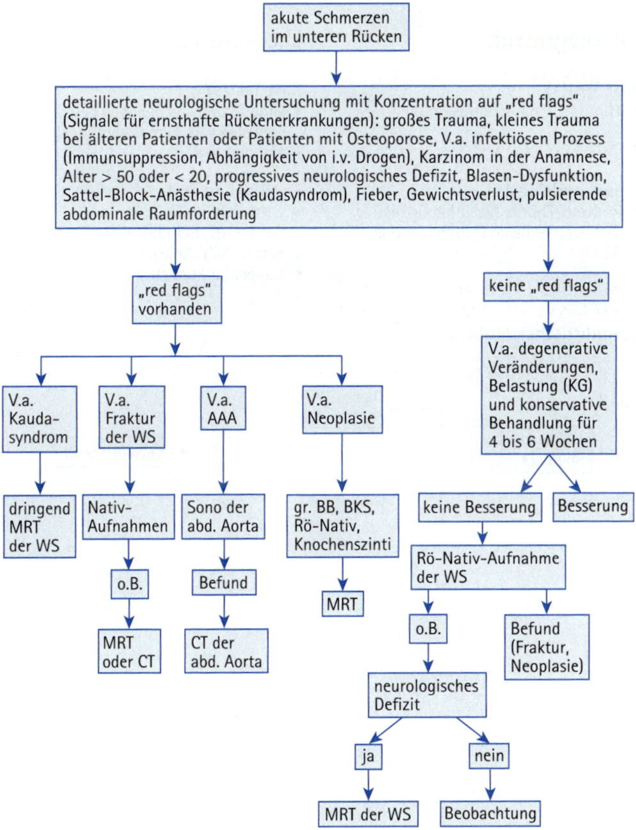

Teil III

182. Sarkoidose

Bilddiagnostik

Best Test(s)
- Thorax-CT mit Kontrastmittel

Ergänzende Tests
- Röntgen-Thorax (zeigt häufig hiläre und paratracheale Lymphadenopathien)

Laborwerte

Best Test(s)
- Biopsie des zugänglichen beteiligten Gewebes z. B. Lymphknoten, Haut, Konjunktiva

Ergänzende Tests
- Großes Blutbild, ESR
- GOT, GPT, Serum-Kalzium
- Serum-ACE-Spiegel
- Lungenfunktionstest

Diagnostischer Algorithmus

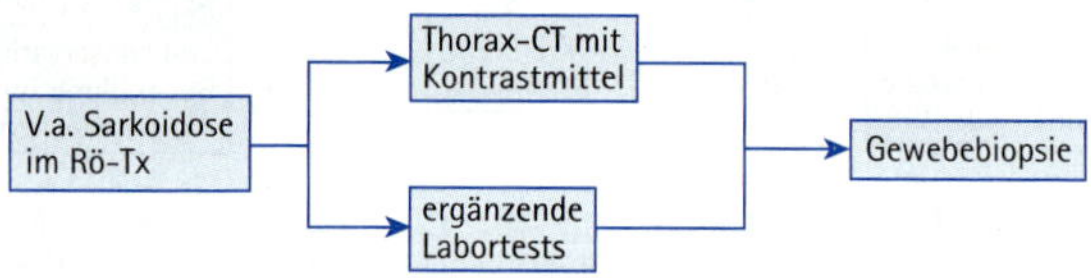

183. Schilddrüsenknoten

Bilddiagnostik

Best Test(s)

- Schilddrüsen-Sonographie zur Beurteilung von Größe und Zusammensetzung des Knotens (solide oder zystisch)

Ergänzende Tests

- Schilddrüsen-Szintigraphie mit ^{99m}Tc unterscheidet zwischen heißen Knoten (Überproduktion von SD-Hormonen), warmen Knoten (normale Hormonproduktion) und kalten Knoten (Areal ohne Produktion von SD-Hormonen). Die Schilddrüsen-Szintigraphie kann auch mit Jod durchgeführt werden

Laborwerte

Best Test(s)

- Feinnadelbiopsie

Ergänzende Tests

- TSH, freies T_4
- Antimikrosomale Antikörper
- Serum-Kalzium
- Serum-Thyroglobulin-Spiegel bei Patienten mit nachgewiesenem Schilddrüsenkarzinom

Diagnostischer Algorithmus

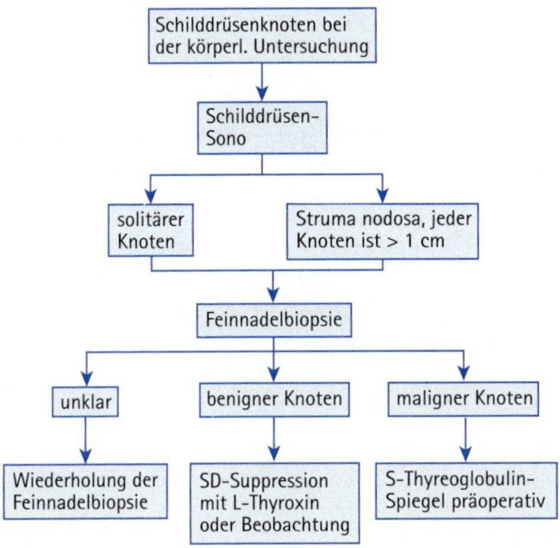

184. Schwangerschaft, extrauterine (EUG)

Bilddiagnostik

Best Test(s)
- Transvaginale Sonographie

Ergänzende Tests
- ∅

Laborwerte

Best Test(s)
- Serum-βhCG (quantitativ)

Ergänzende Tests
- Serum-Progesteron (erhöhte Produktion bei EUG)
- Großes Blutbild
- Urin-Status

Diagnostischer Algorithmus

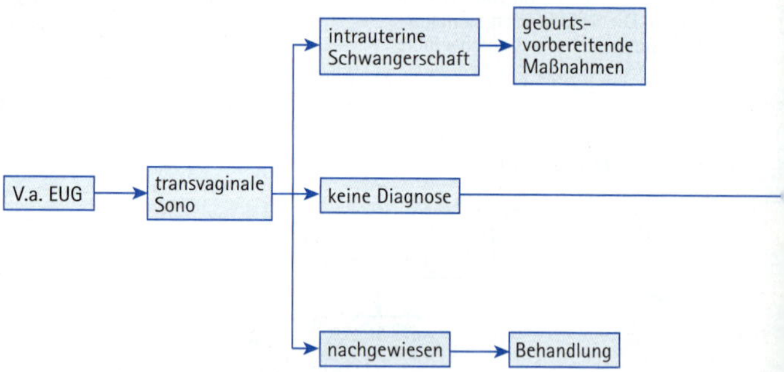

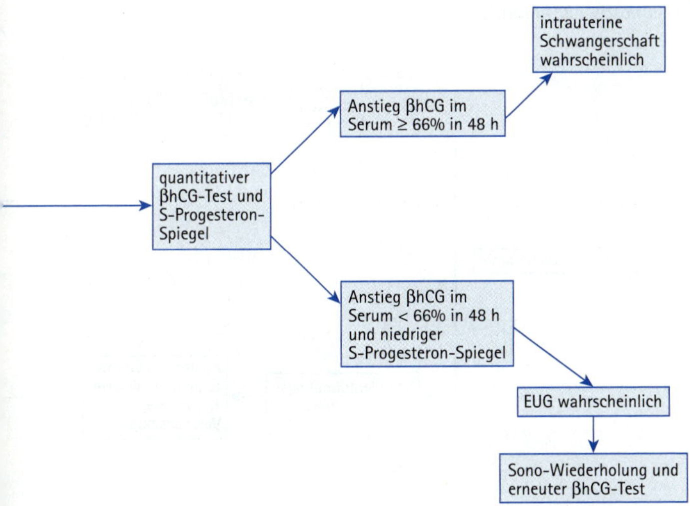
intrauterine Schwangerschaft wahrscheinlich
Anstieg βhCG im Serum ≥ 66% in 48 h
quantitativer βhCG-Test und S-Progesteron-Spiegel
Anstieg βhCG im Serum < 66% in 48 h und niedriger S-Progesteron-Spiegel
EUG wahrscheinlich
Sono-Wiederholung und erneuter βhCG-Test

Teil III

185. Schwerhörigkeit

Bilddiagnostik

Best Test(s)
- Audiogramm

Ergänzende Tests
- CCT mit Kontrastmittel oder kraniales MRT mit Kontrastmittel
- CT-Untersuchung des Os temporale ohne Kontrastmittel

Laborwerte

Best Test(s)
- ∅

Ergänzende Tests
- Großes Blutbild
- GPT, GOT
- ANA, TPHA-Test
- TSH

Diagnostischer Algorithmus

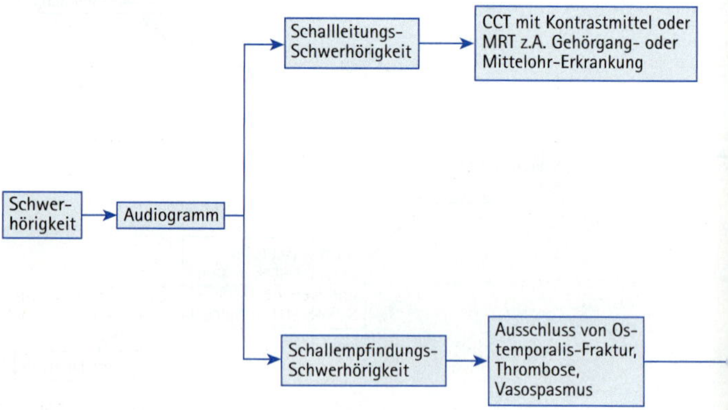

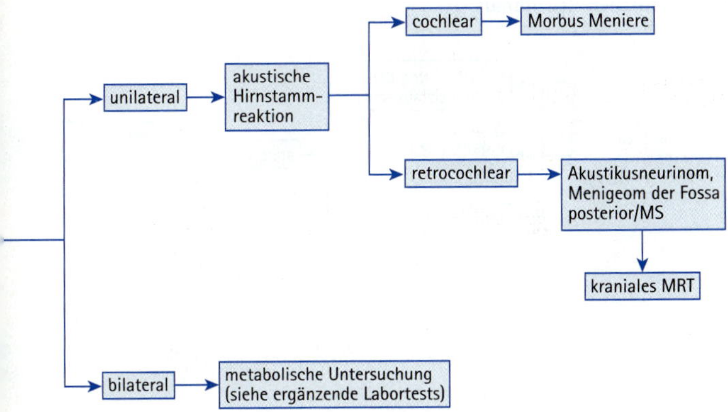
cochlear
Morbus Meniere
unilateral
akustische Hirnstamm-reaktion
retrocochlear
Akustikusneurinom, Menigeom der Fossa posterior/MS
kraniales MRT
bilateral
metabolische Untersuchung (siehe ergänzende Labortests)

186. Sensibilitätsstörungen peripherer Nerven

Bilddiagnostik

Best Test(s)

- Ø

Ergänzende Tests

- Röntgen-Thorax (hilfreich z.A. Sarkoidose, Lungenkarzinom)
- Röntgen-Nativaufnahmen bei V.a. Trauma

Laborwerte

Best Test(s)

- Ø

Ergänzende Tests

- Großes Blutbild, Glukose, Elektrolyte, GOT, GPT, Kalzium, Magnesium, Phosphat
- Schwermetall-Screening bei V.a. toxische Neuropathie
- Lyme-Titer in endemischen Regionen oder bei Patienten mit entsprechender Anamnese und Entdeckung eines Erythema migrans bei der körperlichen Untersuchung
- TSH, Vitamin B_{12}, Folat-Spiegel
- HIV bei Patienten mit entsprechenden Risikofaktoren

Diagnostischer Algorithmus

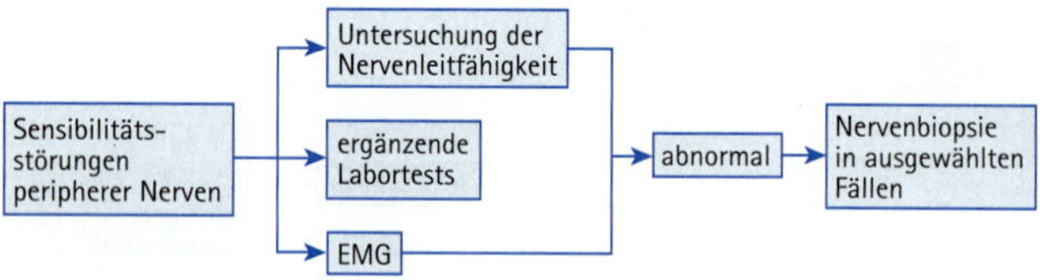

187. SIADH (Syndrom der inadäquaten ADH-Sekretion)

Bilddiagnostik

Best Test(s)
- ∅

Ergänzende Tests
- Röntgen-Thorax (z.A. Neoplasie, infektiöser Prozess)
- Kraniales MRT z.A. einer ZNS-Läsion

Laborwerte

Best Test(s)
- Serum-Elektrolyte, Osmolalität
- Natrium im Urin, Urin-Osmolalität
- Harnstoff, Kreatinin

Ergänzende Tests
- Serum-Harnsäure (erniedrigt)
- TSH
- Serum-Kortisol

Diagnostischer Algorithmus

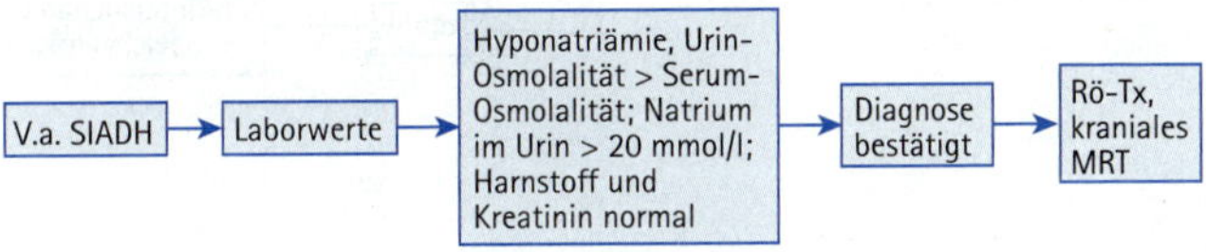

188. Sialolithiasis

Bilddiagnostik

Best Test(s)
- Sialographie

Ergänzende Tests
- CT-Untersuchung der Speicheldrüse bei V.a. Neoplasie

Laborwerte

Best Test(s)
- ∅

Ergänzende Tests
- Serum-Kalzium, Phosphat
- Großes Blutbild

Diagnostischer Algorithmus

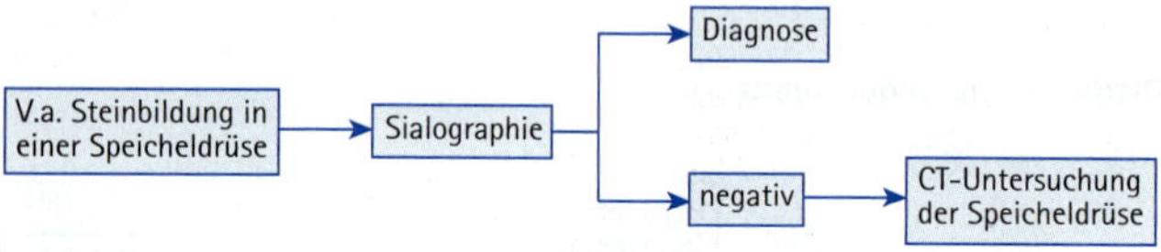

189. Sinusitis

Bilddiagnostik

Best Test(s)

- Koronares Sinus-CT ohne Kontrastmittel ist in der Regel einer Sinusitis mit Komplikationen vorbehalten, eignet sich jedoch auch zur Darstellung der Anatomie vor einer Operation

Ergänzende Tests

- Röntgenaufnahme des Sinus hat nur eine eingeschränkte Aussagekraft bei der Diagnose
- Sinus-MRT kann die Anatomie nicht so gut darstellen wie das CT. Es ist aber hilfreich, um Weichteilgewebestrukturen voneinander zu unterscheiden (z.B. Neoplasie, Pilzinfektion)

Laborwerte

Best Test(s)

- Sinus-Punktion und Kulturen

Ergänzende Tests

- Großes Blutbild mit Differentialblutbild

Diagnostischer Algorithmus

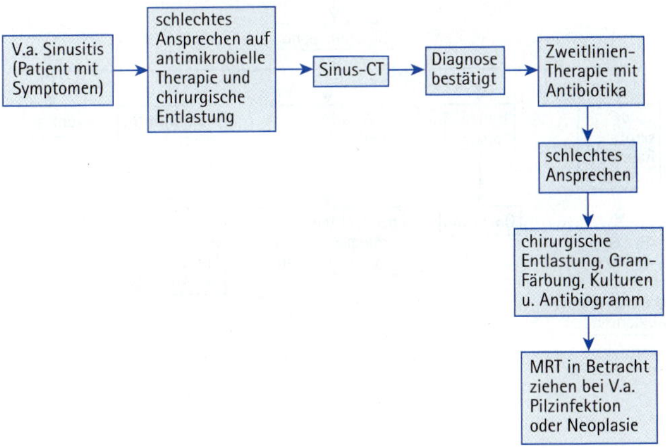

190. Skrotumtumor

Bilddiagnostik

Best Test(s)

- Skrotum-Sonographie

Ergänzende Tests

- Becken-MRT mit und ohne Kontrastmittel zum Staging einer Neoplasie

Laborwerte

Best Test(s)

- Ø

Ergänzende Tests

- Urin-Status
- Großes Blutbild mit Differentialblutbild
- Serum-α1-Fetoprotein
- Serum-βhCG

Diagnostischer Algorithmus

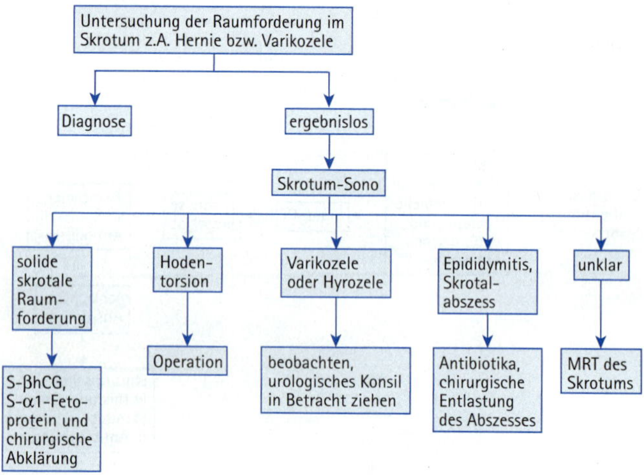

191. Speicheldrüsen-Neoplasie

Bilddiagnostik

Best Test(s)
- CT der Glandula parotidea mit i.v. Kontrastmittel

Ergänzende Tests
- MRT der Glandula parotidea ist ebenfalls ein sehr gutes Untersuchungsverfahren
- MRT- oder CT-Sialographie ist hilfreich zum Nachweis von Obstruktionen der Speicheldrüsen
- Speicheldrüsen-Sonographie ist die Screeninguntersuchung der Wahl bei V.a. Steinbildung

Laborwerte

Best Test(s)
- Biopsie und Histologie

Ergänzende Tests
- Serum-Kalzium, GPT, großes Blutbild

Diagnostischer Algorithmus

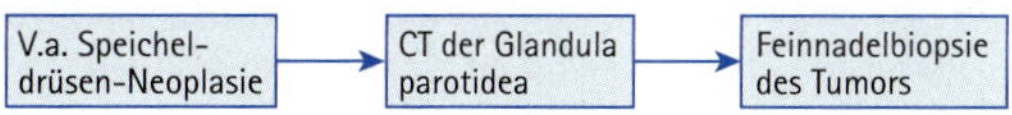

192. Spinalkanalstenose

Bilddiagnostik

Best Test(s)

- Spinales MRT (Sensitivität 80 bis 90 %, Spezifität 95 %)

Ergänzende Tests

- Spinales CT (Sensitivität 75 bis 85 %, Spezifität 80 %), wenn ein MRT kontraindiziert ist

Laborwerte

Best Test(s)

- Ø

Ergänzende Tests

- Ø

Diagnostischer Algorithmus

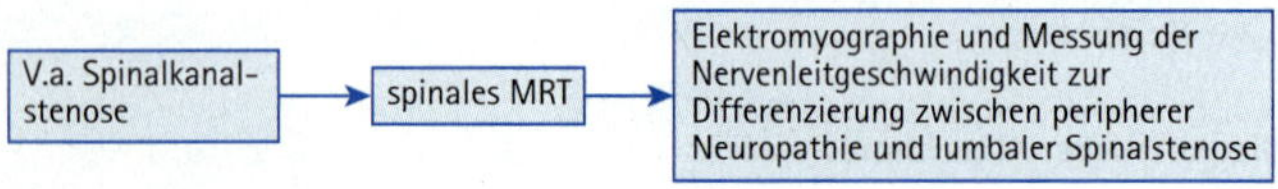

193. Splenomegalie

Bilddiagnostik

Best Test(s)

- Abdomen-CT

Ergänzende Tests

- Abdomen-Sonographie, wenn ein CT kontraindiziert ist
- Echokardiographie bei V.a. dekompensierte Herzinsuffizienz oder subakute bakterielle Endokarditis

Laborwerte

Best Test(s)

- Großes Blutbild mit Differentialblutbild

Ergänzende Tests

- Virus-Titer (EBV, CMV)
- GOT, GPT, Bilirubin, Albumin, INR
- ESR, Rheumafaktor, ANA
- 2 × Blutkulturen bei V.a. Milzabszess

Diagnostischer Algorithmus

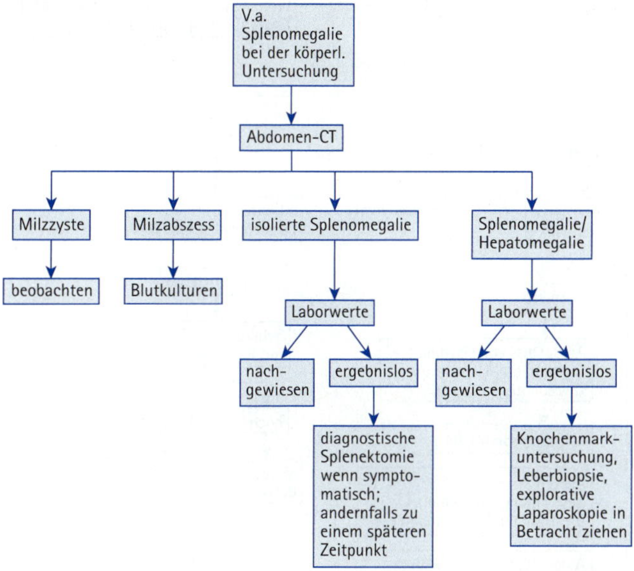

194. Struma

Bilddiagnostik

Best Test(s)
- Schilddrüsen-Sonographie

Ergänzende Tests
- Schilddrüsen-Szintigraphie mit Radiojodid

Laborwerte

Best Test(s)
- TSH, freies T_4

Ergänzende Tests
- Großes Blutbild mit Differentialblutbild
- Antimikrosomale Antikörper
- Thyroglobulin-Spiegel

Diagnostischer Algorithmus

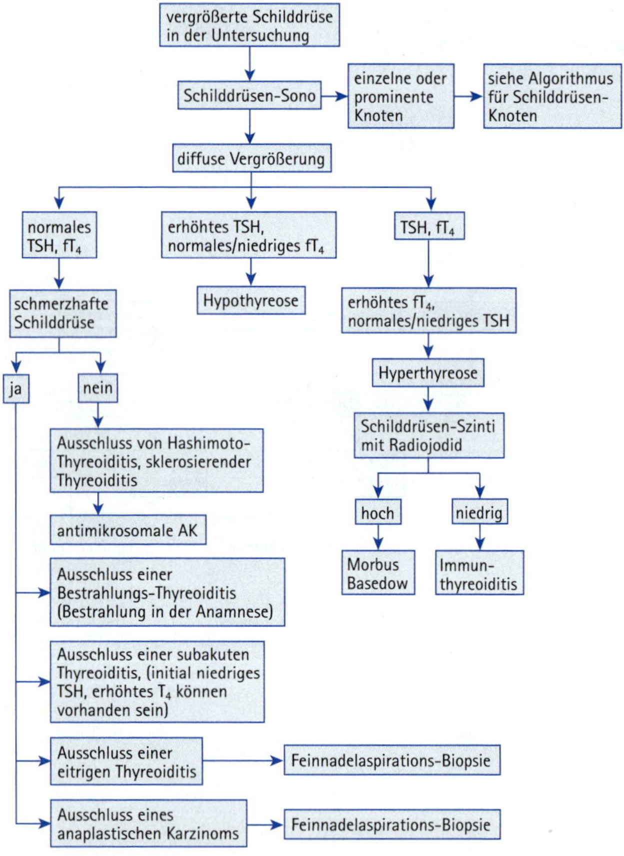

195. Subarachnoidalblutung

Bilddiagnostik

Best Test(s)
- CCT ohne Kontrastmittel

Ergänzende Tests
- Zerebrale Angiographie

Laborwerte

Best Test(s)
- ∅

Ergänzende Tests
- Quick, PTT, Thrombozyten
- Großes Blutbild

Diagnostischer Algorithmus

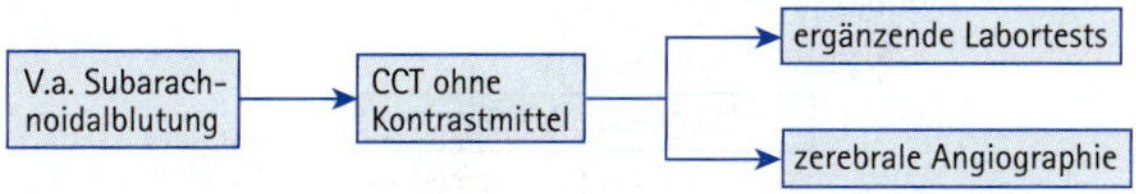

196. Subclavian-steal-Syndrom

Bilddiagnostik

Best Test(s)
- Arteriographie der A. subclavia und A. vertebralis, sowie deren Äste

Ergänzende Tests
- Doppler-Sonographie der A. subclavia und A. vertebralis (und deren Äste) ist die beste Initialuntersuchung

Laborwerte

Best Test(s)
- ∅

Ergänzende Tests
- Blutfettwerte
- Nüchternblutzucker
- ANA, BKS

Diagnostischer Algorithmus

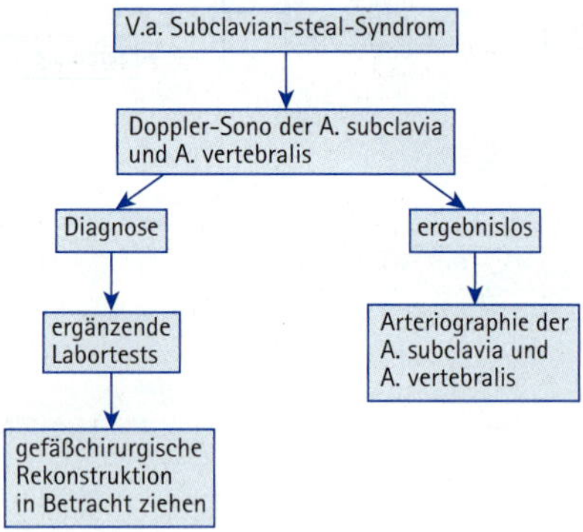

197. Sudeck, Morbus (sympathische Reflexdystrophie)

Bilddiagnostik

Best Test(s)
- 3-Phasen-Skelettszintigraphie

Ergänzende Tests
- Röntgenaufnahme der betroffenen Extremität (z.A. anderer Ursachen der Symptome)

Laborwerte

Best Test(s)
- ∅

Ergänzende Tests
- Großes Blutbild, BKS
- ANA
- Nüchternblutzucker

Diagnostischer Algorithmus

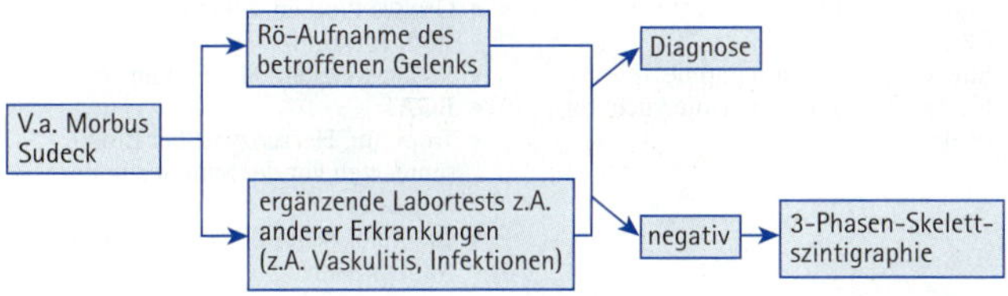

198. Synkope

Bilddiagnostik

Best Test(s)

- Ø (die Bilddiagnostik sollte sich nach Anamnese und körperlicher Untersuchung richten)

Ergänzende Tests

- Echokardiographie ist hilfreich bei Patienten mit Herzgeräuschen z.A. Aortenstenose, hypertrophische Kardiomyopathie oder Vorhofmyxom
- Bei V.a. Krampfanfall sind CCT und EEG indiziert
- Thorax-CT oder V/Q-Scan bei V.a. Lungenembolie
- EKG
- Stress-Myokardszintigraphie
- Elektrophysiologische Untersuchung (EPU)

Laborwerte

Best Test(s)

- Ø

Ergänzende Tests

- Blutuntersuchungen liefern nur wenig hilfreiche Informationen und sollten nur angeordnet werden, wenn Anamnese oder körperliche Untersuchung dies erforderlich erscheinen lassen
- Serum-Schwangerschaftstest bei Frauen im gebärfähigen Alter
- Großes Blutbild, Elektrolyte, Harnstoff, Kreatinin
- Serum-Kalzium, Magnesium
- BGA's
- Troponin, Herzenzyme bei Brustschmerzen vor der Synkope in der Anamnese
- Toxikologisches Screening in ausgewählten Fällen

Diagnostischer Algorithmus

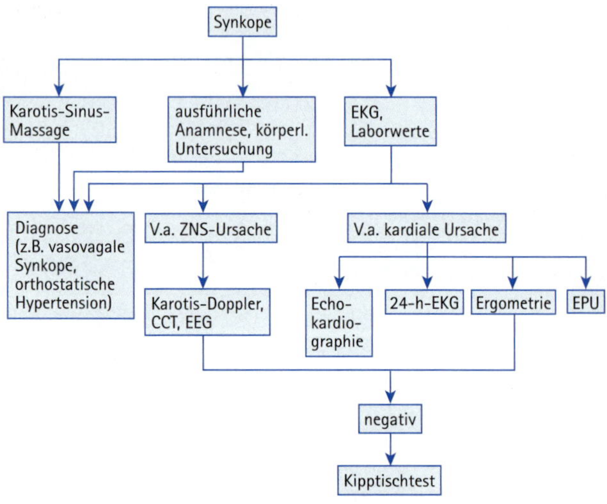

199. Thoracic-outlet-Syndrom

Bilddiagnostik

Best Test(s)
- Arteriographie oder Venographie bei klinischem V.a. vaskuläre Pathologie

Ergänzende Tests
- Röntgen-Thorax z.A. Halsrippen
- Spinales MRT z.A. zervikale Bandscheibenerkrankung
- Thorax-CT z.A. pulmonale Neoplasie
- EMG, Untersuchung der Nervenleitfähigkeit

Laborwerte

Best Test(s)
- ∅

Ergänzende Tests
- ∅

Diagnostischer Algorithmus

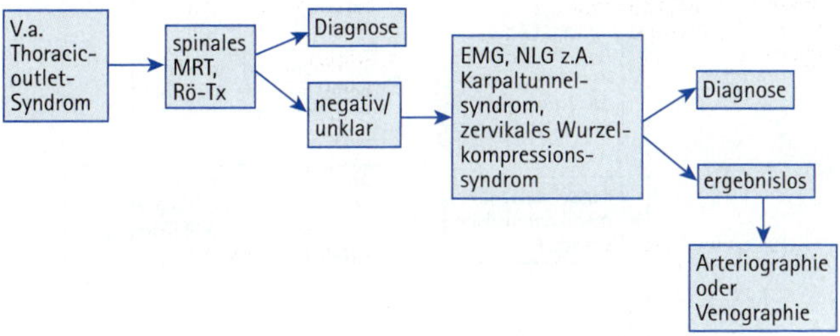

200. Thrombozytopenie

Bilddiagnostik

Best Test(s)

- ∅

Ergänzende Tests

- Abdomen-CT bei vorhandener Splenomegalie

Laborwerte

Best Test(s)

- Knochenmarkuntersuchung

Ergänzende Tests

- Großes Blutbild, Quick, PTT
- HIT-Schnelltest bei Patienten unter Heparintherapie
- LDH
- HIV, ANA
- Antikörper gegen Thrombozyten
- D-Dimere
- Coomb's-Test

Diagnostischer Algorithmus

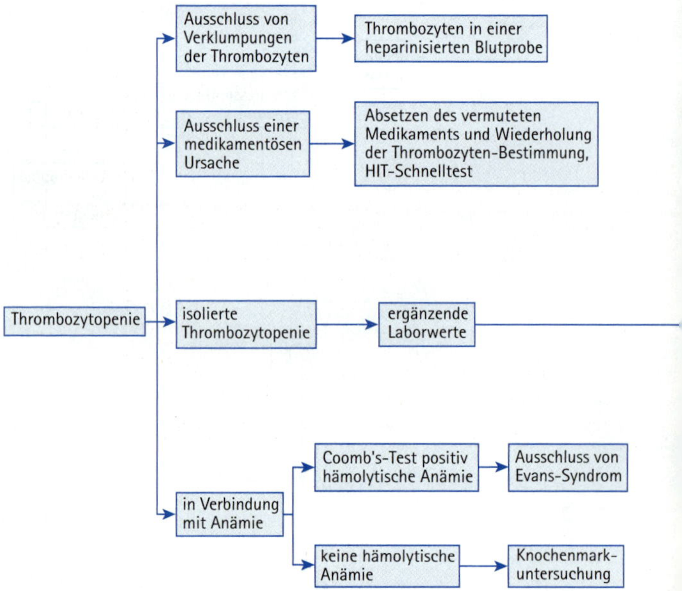

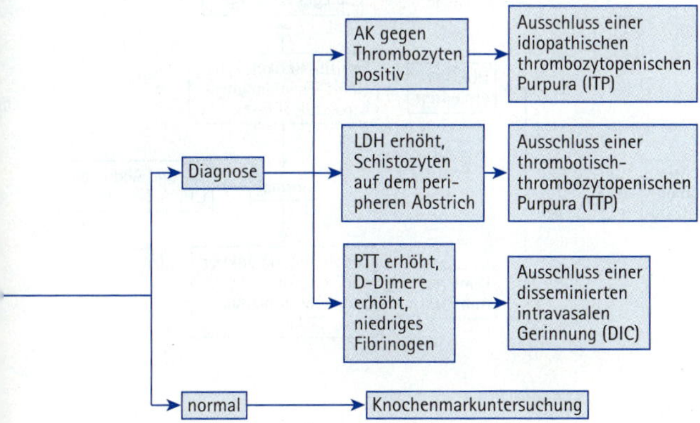
Diagnose
AK gegen Thrombozyten positiv
Ausschluss einer idiopathischen thrombozytopenischen Purpura (ITP)
LDH erhöht, Schistozyten auf dem peripheren Abstrich
Ausschluss einer thrombotisch-thrombozytopenischen Purpura (TTP)
PTT erhöht, D-Dimere erhöht, niedriges Fibrinogen
Ausschluss einer disseminierten intravasalen Gerinnung (DIC)
normal
Knochenmarkuntersuchung

201. Thrombozytose

Bilddiagnostik

Best Test(s)
- Ø

Ergänzende Tests
- Thorax- und Abdomen-CT

Laborwerte

Best Test(s)
- Knochenmarkuntersuchung

Ergänzende Tests
- Großes Blutbild
- Retikulozyten
- 3 × Stuhluntersuchung auf okkultes Blut
- Serum-Ferritin, totale Eisenbindungskapazität, Eisen

Diagnostischer Algorithmus

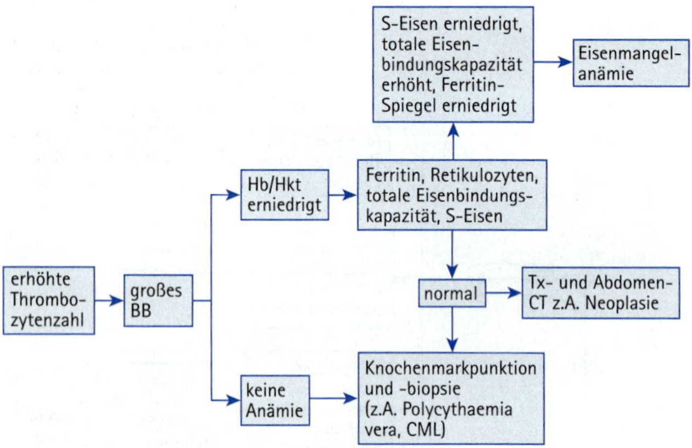

202. Thyreoiditis

Bilddiagnostik

Best Test(s)
- Schilddrüsen-Szintigraphie mit ^{99m}Tc-Pertechnetat ist hilfreich bei der Unterscheidung zwischen Morbus Basedow (erhöhter Uptake) und Thyreoiditis (normaler/ niedriger Uptake)

Ergänzende Tests
- Schilddrüsen-Sonographie

Laborwerte

Best Test(s)
- Ø

Ergänzende Tests
- TSH, freies T_4
- Großes Blutbild mit Differentialblutbild (Leukozytose mit Linksverschiebung spricht für eine subakute und eitrige Thyreoiditis)
- Antimikrosomale Antikörper (nachgewiesen bei > 90 % der Patienten mit Hashimoto-Thyreoiditis)
- Serum-Thyroglobulin-Spiegel (erhöht bei Patienten mit Autoimmunthyreoiditis)
- TSH-Rezeptor-Antikörper (TRAK, positiv bei > 90 % der Basedow-Patienten), Schilddrüsen-Peroxidase-Antikörper (TPO-Ak, positiv bei ca. 70 % der Basedow-Patienten)

Teil III

Diagnostischer Algorithmus

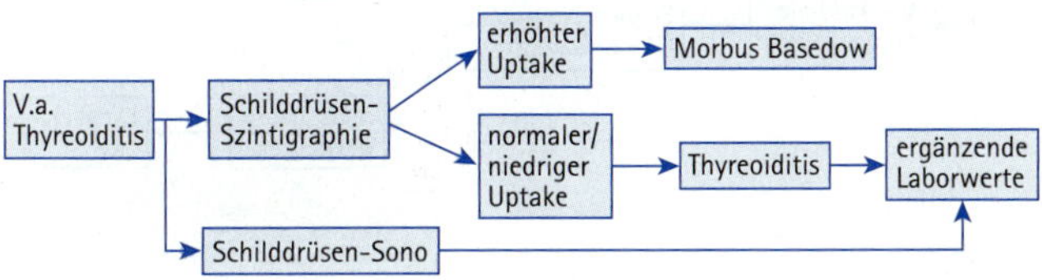

203. TIA (transitorische ischämische Attacke)

Bilddiagnostik

Best Test(s)
- Karotis-Doppler (zum Nachweis einer Karotis-Stenose)

Ergänzende Tests
- CCT ohne Kontrastmittel z.A. Blutung oder subdurales Hämatom
- Echokardiographie (bei V.a. kardiale Ursache)
- Kraniale MR-Angiographie bei V.a. TIA infolge einer Durchblutungsstörung des posterioren Stromgebiets

Laborwerte

Best Test(s)
- Ø

Ergänzende Tests
- Quick, PTT, Thrombozyten
- Blutfettwerte, Nüchternblutzucker
- BKS

Diagnostischer Algorithmus

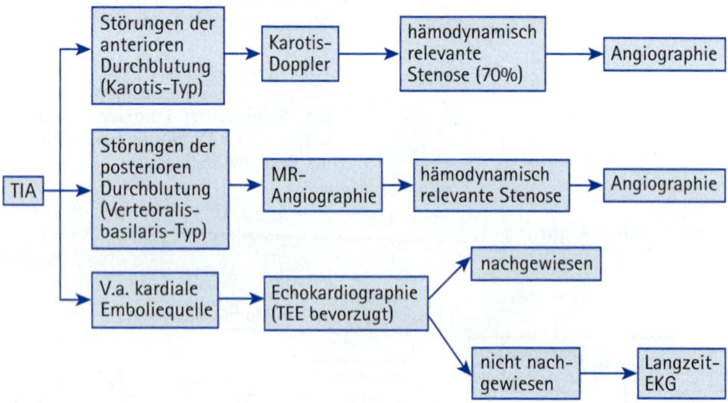

204. Tiefe Venenthrombose (TVT)

Bilddiagnostik

Best Test(s)
- Kompressions-Doppler-Sonographie der betroffenen Extremität ist die beste Initialuntersuchung

Ergänzende Tests
- Venographie (Phlebographie) mit Kontrastmittel ist Gold-Standard (ist jedoch invasiv und schmerzhaft)
- MRDTI ist sehr genau und nicht-invasiv, aber teuer und nicht überall verfügbar

Laborwerte

Best Test(s)
- D-Dimere (mit ELISA)

Ergänzende Tests
- Quick, PTT, Thrombozyten
- Koagulopathie-Sreening (z.B. Protein C, Protein S, Antithrombin III, Faktor-V-Leiden, Lupus-Antikoagulans) bei Patienten mit entsprechendem Verdacht

Diagnostischer Algorithmus

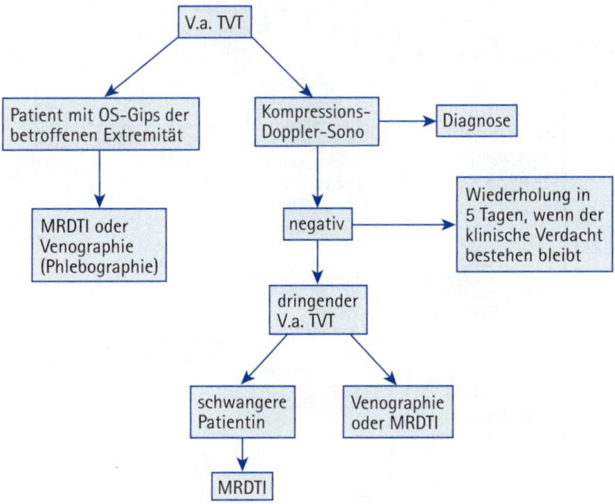

205. Tinnitus

Bilddiagnostik

Best Test(s)
- Ø

Ergänzende Tests
- Karotis-Doppler-Sonographie
- Kraniales MRT mit Untersuchung der Gehörgänge
- Kraniale MR-Angiographie
- Audiometrie
- Tympanometrie

Laborwerte

Best Test(s)
- Ø

Ergänzende Tests
- Großes Blutbild
- Blutfettwerte

Diagnostischer Algorithmus

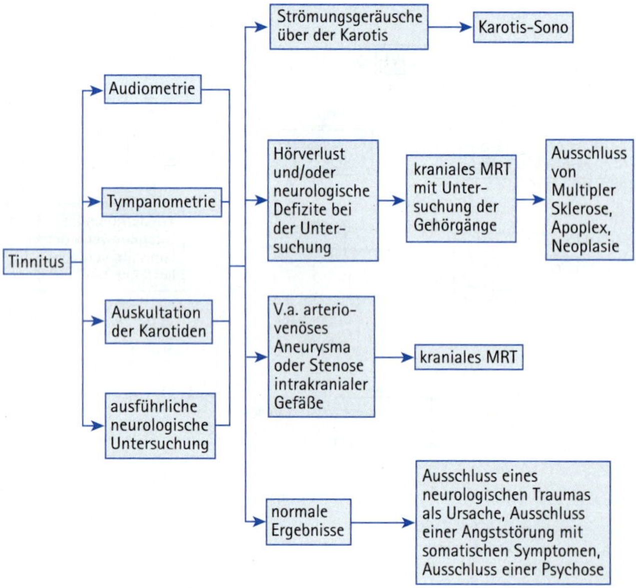

206. Trigeminusneuralgie

Bilddiagnostik

Best Test(s)
- Kraniales MRT und MRT des Halses mit i.v. Kontrastmittel

Ergänzende Tests
- CT-Untersuchung mit dünnen Schnitten der Fossa posterior, wenn ein MRT kontraindiziert ist (beschränktes Einsatzgebiet)

Laborwerte

Best Test(s)
- ∅

Ergänzende Tests
- BKS
- Großes Blutbild mit Differentialblutbild

Diagnostischer Algorithmus

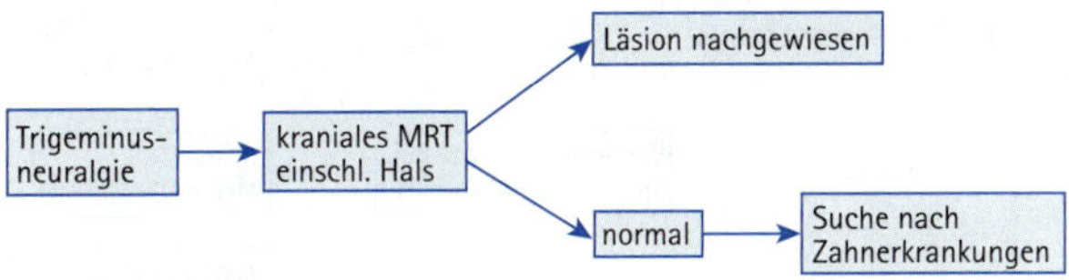

207. Unfruchtbarkeit

Bilddiagnostik

Best Test(s)
- ∅

Ergänzende Tests
- MRT der Hypophyse mit Kontrastmittel
- Hysterosalpingographie
- Hoden-Sonographie

Laborwerte

Best Test(s)
- Männer: Sperma-Analyse
- Frauen: Endometriumbiopsie

Ergänzende Tests
- FSH, LH
- Prolaktin
- Serum-Testosteron (bei Männern)
- TSH
- Großes Blutbild, BKS, Nüchternblutzucker
- Urin-Status, VDRL-Test, Mycoplasma-Kultur, Chlamydien-Serologie

Diagnostischer Algorithmus

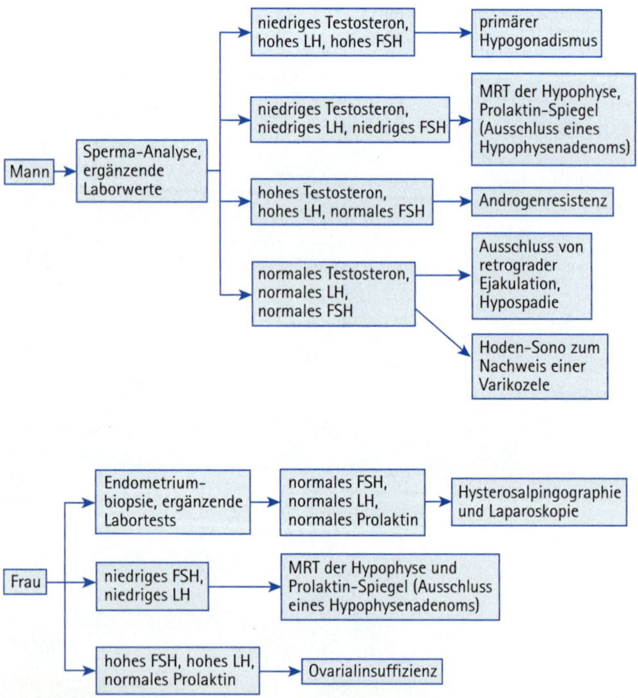

208. Unterleibsschmerzen, bei Frauen im gebärfähigen Alter

Bilddiagnostik

Best Test(s)
- Becken-Sonographie

Ergänzende Tests
- Abdomen-/Becken-CT mit i.v. Kontrastmittel

Laborwerte

Best Test(s)
- Serum-βhCG

Ergänzende Tests
- Urin-Status, Urinkulturen u. Antibiogramm
- Großes Blutbild mit Differentialblutbild
- Gonokokken-Kulturen, 2 × Blutkulturen

Diagnostischer Algorithmus

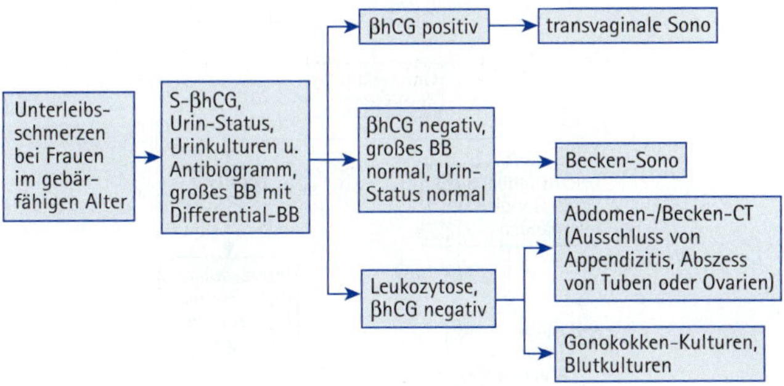

209. Urethra-Ausfluss

Bilddiagnostik

Best Test(s)
- Ø

Ergänzende Tests
- Ø

Laborwerte

Best Test(s)
- Gram-Färbung des Exsudats
- Gonorrhoe-Kulturen auf Thayer-Martin-Medium
- Kulturen auf Chlamydia trachomatis

Ergänzende Tests
- Abstrich auf Trichomonas
- HIV, TPHA-Test

Diagnostischer Algorithmus

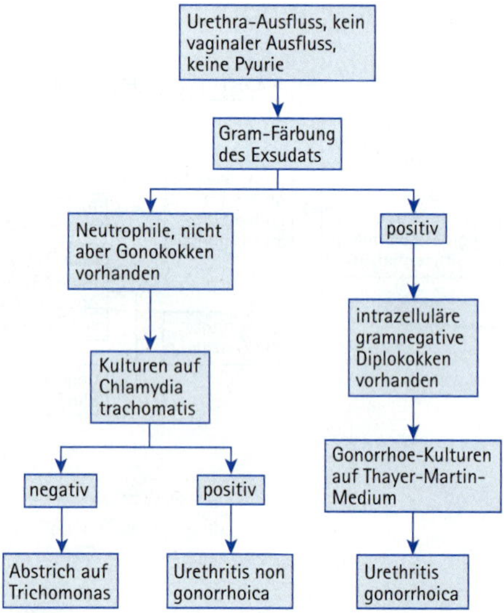

210. Urolithiasis

Bilddiagnostik

Best Test(s)
- CT der ableitenden Harnwege ohne Kontrastmittel

Ergänzende Tests
- Nieren-Sonographie
- Mit Hilfe der i.v. Ausscheidungsurographie lässt sich die Größe und Lokalisation des Steins bestimmen
- Abdomen-Leeraufnahme zum Nachweis röntgendichter Steine (z.B. Kalzium-Steine)

Laborwerte

Best Test(s)
- Urin-Status

Ergänzende Tests
- Chemische Analyse des geborgenen Steins
- Serum-Kalzium, Phosphat, Harnsäure, Harnstoff, Kreatinin
- Urin-Kulturen u. Antibiogramm
- Kalzium im 24h-Sammelurin bei Patienten mit Kalzium-Steinen

Diagnostischer Algorithmus

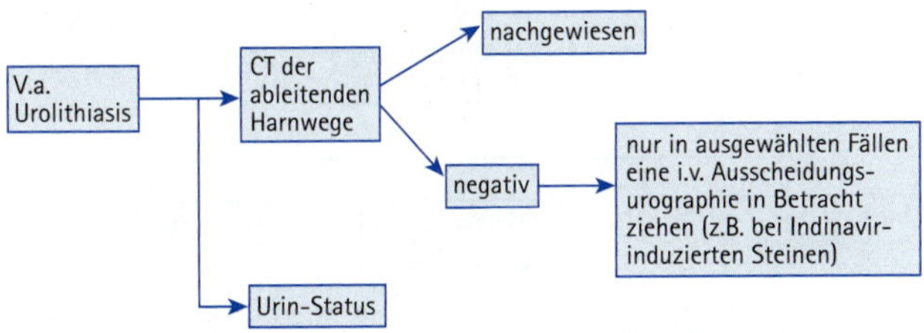

211. Vaginal-Ausfluss

Bilddiagnostik

Best Test(s)
- Ø

Ergänzende Tests
- Ø

Laborwerte

Best Test(s)
- Abstrich und Amintest

Ergänzende Tests
- Gonorrhoe-Kulturen auf Thayer-Martin-Medium
- Kulturen auf Chlamydia trachomatis
- HIV

Diagnostischer Algorithmus

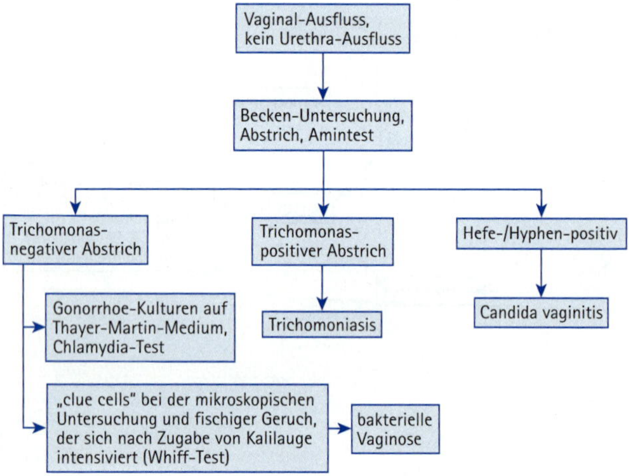

212. Vaginalblutung (im 1. Trimenon)

Bilddiagnostik

Best Test(s)
- Schwangerschafts-Sonographie

Ergänzende Tests
- ∅

Laborwerte

Best Test(s)
- Quantitative Messung von βhCG im Serum

Ergänzende Tests
- Großes Blutbild, Thrombozyten
- Quick, PTT

Diagnostischer Algorithmus

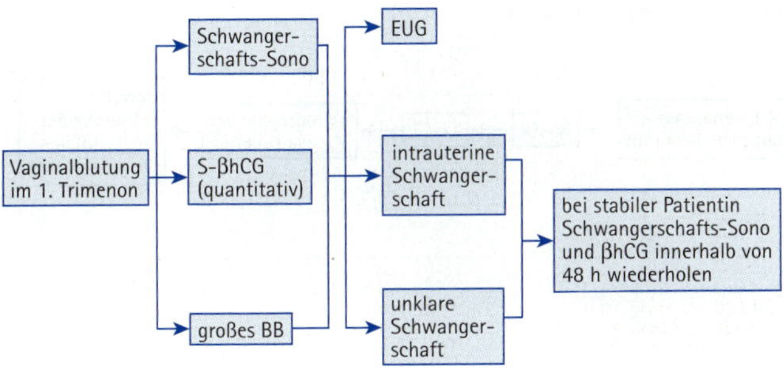

213. Vena-cava-superior-Syndrom (obere Einflussstauung)

Bilddiagnostik

Best Test(s)

- Venographie der Vena cava superior

Ergänzende Tests

- Thorax-CT

Laborwerte

Best Test(s)

- ∅

Ergänzende Tests

- Gewebeentnahme der mediastinalen Raumforderung (z. B. Lymphom, Bronchialkarzinom), die zur Kompression der V. cava superior geführt hat

Diagnostischer Algorithmus

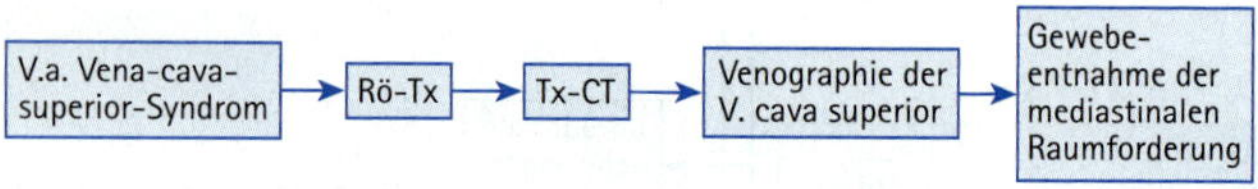

214. Virushepatitis

Bilddiagnostik

Best Test(s)

- ∅

Ergänzende Tests

- ∅

Laborwerte

Best Test(s)

- Hepatitis-Serologie (einschließlich HBsAg, Anti-HBc IgM, Anti-HAV IgM, Anti-HCV)

Ergänzende Tests

- GOT, GPT
- AP, Bilirubin, Quick
- ANA, Anti-SMA-Antikörper, antimitochondriale Antikörper bei V.a. autoimmune Hepatitis

Diagnostischer Algorithmus

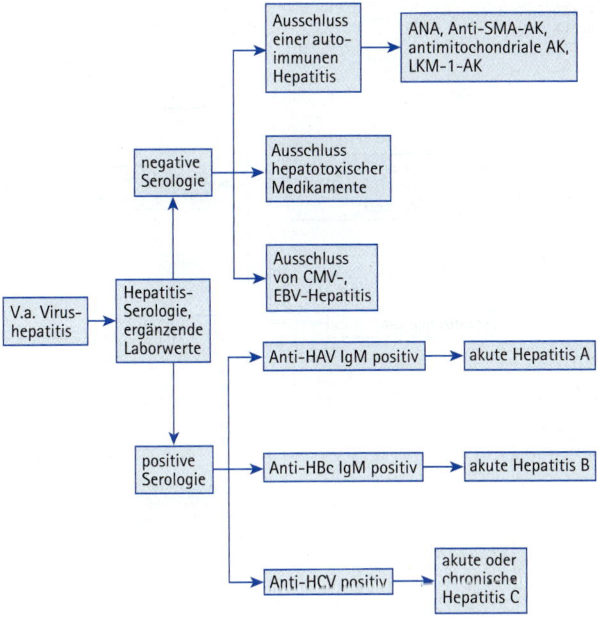

215. Vertigo

Bilddiagnostik

Best Test(s)
- Kraniales MRT

Ergänzende Tests
- MR-Angiographie der posterioren Zirkulation
- CCT der Kleinhirn-Region, wenn ein MRT kontraindiziert ist

Laborwerte

Best Test(s)
- ∅

Ergänzende Tests
- Großes Blutbild mit Differentialblutbild
- Serum-Glukose, Kreatinin, GPT, Elektrolyte

Diagnostischer Algorithmus

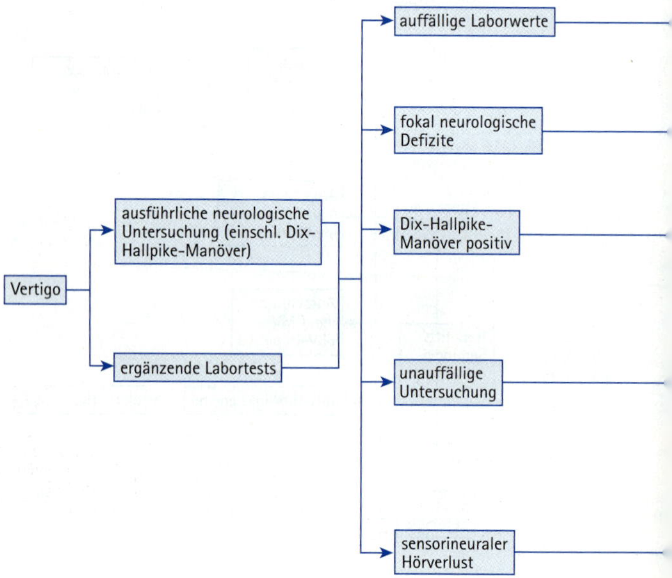

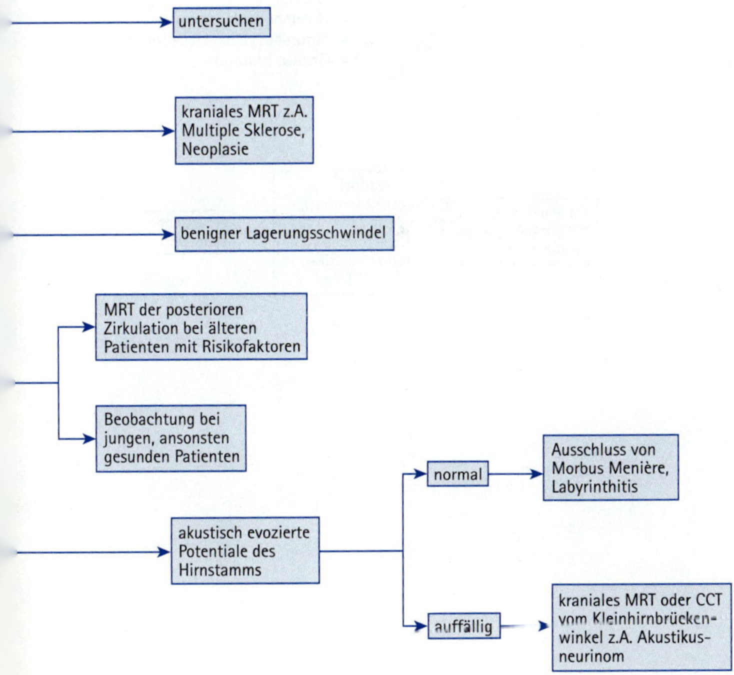
untersuchen
kraniales MRT z.A. Multiple Sklerose, Neoplasie
benigner Lagerungsschwindel
MRT der posterioren Zirkulation bei älteren Patienten mit Risikofaktoren
Beobachtung bei jungen, ansonsten gesunden Patienten
akustisch evozierte Potentiale des Hirnstamms
normal
Ausschluss von Morbus Menière, Labyrinthitis
auffällig
kraniales MRT oder CCT vom Kleinhirnbrückenwinkel z.A. Akustikusneurinom

216. Von Willebrand-Syndrom

Bilddiagnostik

Best Test(s)

- Ø

Ergänzende Tests

- Ø

Laborwerte

Best Test(s)

- von Willebrand-Faktor (vWF) erniedrigt
- Thrombozytenaggregationstest unter Verwendung plättchenreichen patienteneigenen Plasmas bei unterschiedlichen Ristocetin-Konzentrationen (RIPA)
- Blutungszeit (erhöht)
- PTT (verlängert)

Ergänzende Tests

- Faktor-VIII Gerinnungsaktivität (erniedrigt)
- Thrombozyten (normal)
- Thrombozytenaggregation (normal)
- Großes Blutbild

Diagnostischer Algorithmus

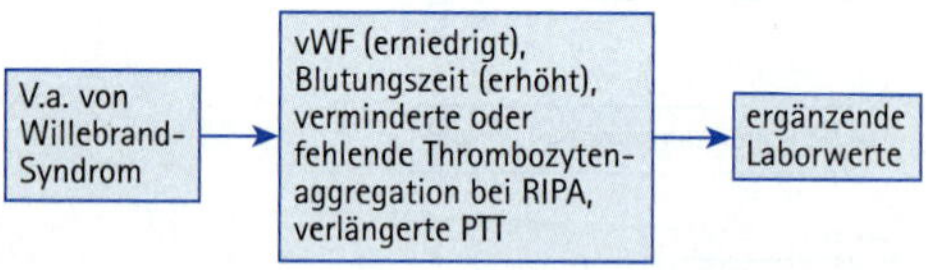

217. Wegener-Granulomatose

Bilddiagnostik

Best Test(s)
- Röntgen-Thorax (zeigt evtl. bilaterale, multiple Knoten, kavitäre Raumforderungen, Pleuraerguss)

Ergänzende Tests
- Nieren-Sonographie
- Sinus- und Thorax-CT

Laborwerte

Best Test(s)
- Biopsie des betroffenen Organs (z.B. Lunge, Nasopharynx)

Ergänzende Tests
- Serum-cANCA-Spiegel
- Urin-Status (Hämaturie, Erythrozytenzylinder, Proteinurie)
- Großes Blutbild (Anämie, Leukozytose)
- Harnstoff, Kreatinin (erhöht)
- BKS (erhöht)

Diagnostischer Algorithmus

218. Wilson, Morbus

Bilddiagnostik

Best Test(s)

- Ø

Ergänzende Tests

- Leber-CT in unklaren Fällen

Laborwerte

Best Test(s)

- GOT, GPT (erhöht)
- Serum-Coeruloplasmin-Spiegel (erniedrigt)
- Serum-Kupfer-Spiegel (erniedrigt)
- Kupfer-Anreicherung im 24h-Sammelurin (erhöht)

Ergänzende Tests

- Großes Blutbild, Bilirubin, Retikulozyten, Haptoglobin bei V.a. hämolytische Anämie
- Leberbiopsie mit Nachweis des erhöhten Kupfergehalts der Leber (> 250 µg/g Trockengewicht; normal sind < 50 µg/g)
- Serum-Harnsäure (erniedrigt), Phosphat (erniedrigt)
- Urin-Status (Hämaturie)

Diagnostischer Algorithmus

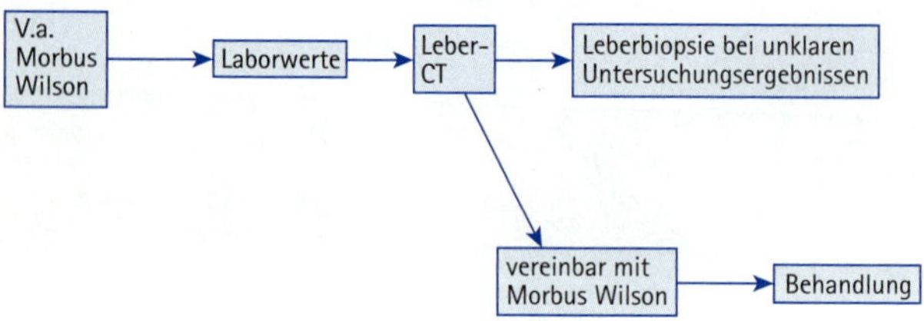

219. Zöliakie (glutensensitive Enteropathie)

Bilddiagnostik

Best Test(s)
- Ø

Ergänzende Tests
- Dünndarmdarstellung

Laborwerte

Best Test(s)
- IgA-Endomysium-Antikörper-Suchtest ist das beste Screeningverfahren
- Anti-Gliadin-Antikörper (erhöht bei >90 % der Patienten)

Ergänzende Tests
- Großes Blutbild, Vitamin-B_{12}-Spiegel, Folsäure
- Serum-Magnesium, Serum-Kalzium

Diagnostischer Algorithmus

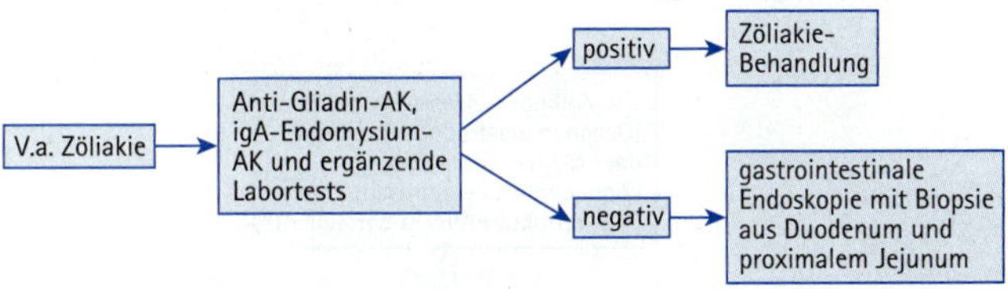

220. Zollinger-Ellison-Syndrom

Bilddiagnostik

Best Test(s)
- Ø

Ergänzende Tests
- Abdomen-CT oder -MRT mit i.v. Kontrastmittel
- Selektive Abdomen-Arteriographie auf Gastrinom
- Somatostatinrezeptor-Szintigraphie (mit Octreotid) kann zur Lokalisation eingesetzt werden

Laborwerte

Best Test(s)
- Serum-Gastrin-Spiegel beim nüchternen Patienten (> 60 pg/ml)

Ergänzende Tests
- Messung der Gastrinkonzentration nach Stimulation (Sekretin-Stimulation, Kalzium-Stimulation)
- GOT, GPT

Diagnostischer Algorithmus

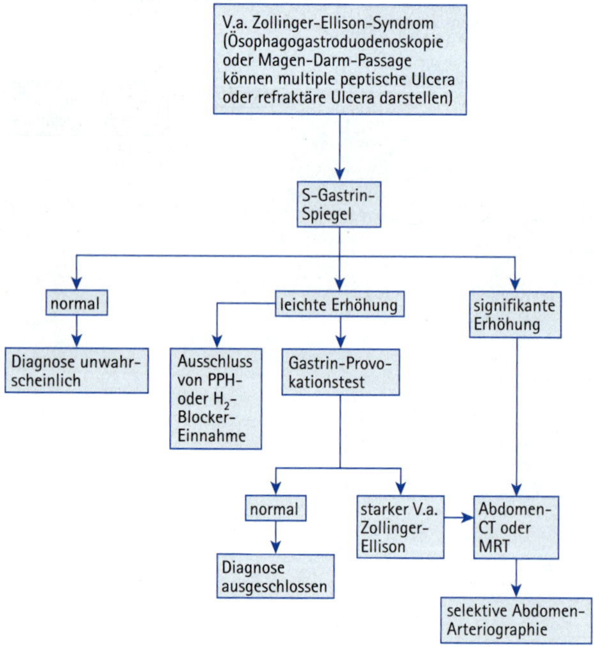

221. Zyanose

Bilddiagnostik

Best Test(s)
- Röntgen-Thorax

Ergänzende Tests
- Echokardiographie
- Thorax-CT

Laborwerte

Best Test(s)
- BGA's

Ergänzende Tests
- ANA, BKS, Kreatinin, GPT
- Großes Blutbild, Hämoglobin-Elektrophorese
- Methämoglobin-Spiegel

Diagnostischer Algorithmus

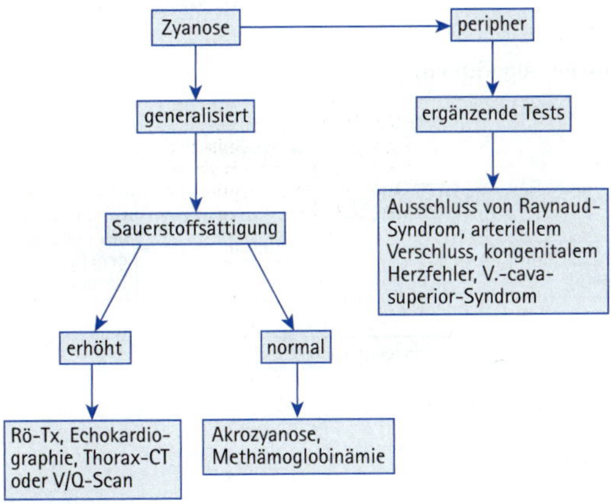

222. Zystennieren

Bilddiagnostik

Best Test(s)
- Nieren-Sonographie ist die beste Initialuntersuchung

Ergänzende Tests
- CT oder MRT der Nieren besitzt eine höhere Sensitivität als die Sonographie und ist indiziert, wenn Bedenken hinsichtlich solider Läsionen bestehen

Laborwerte

Best Test(s)
- Ø

Ergänzende Tests
- Großes Blutbild (Erythrozytose durch erhöhten Erythropoetin-Spiegel)
- Harnstoff, Kreatinin, Elektrolyte, Urin-Status
- Serum-Erythropoetin-Spiegel
- Genetische Untersuchung: Defekt im PKD1-Gen (auf Chromosom 16) oder PKD2-Gen (auf Chromosom 4)

Diagnostischer Algorithmus

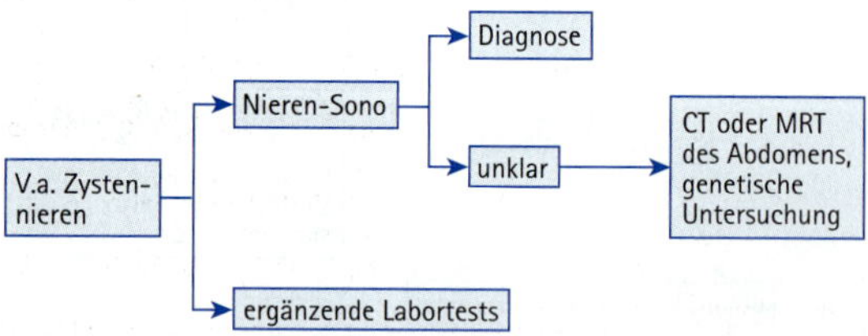

Index

A

G

H

I

K

L

M

Q

R

S

T